高职高专土建专业"互联网＋"创新规划教材

建设工程造价控制与管理

第三版

主　编 ◎ 胡芳珍
副主编 ◎ 黄丙利　佘桂平
主　审 ◎ 苏小梅

内 容 简 介

根据当前国内外建设工程造价管理的最新动态，本书结合大量工程实例，以及建筑行业的注册造价师、注册建造师考试大纲，并依据现行标准文件，系统地阐述了建设工程造价控制与管理的主要内容，包括建设工程造价控制与管理概述、建设工程造价构成、建设工程造价计价依据和计价模式、建设工程决策阶段建设工程造价控制与管理、建设工程设计阶段建设工程造价控制与管理、建设工程招投标阶段建设工程造价控制与管理、建设工程施工阶段建设工程造价控制与管理、建设工程竣工验收阶段建设工程造价控制与管理。

本书采用全新体例编写而成，除附有大量工程案例外，还增加了知识链接、特别提示及推荐阅读资料等模块。此外，章后还附有单项选择题、多项选择题、简答题、案例分析等多种题型供读者练习。通过对本书的学习，读者可以掌握建设工程造价控制与管理的基本原理和实操技能，具备自行编制建设工程造价文件，控制与管理建设工程造价的能力。

本书既可作为高职高专院校建筑工程类相关专业的教材和指导书，也可作为土建施工类及工程管理类各专业职业资格考试的培训教材，还可为备考从业和执业资格考试的人员提供参考。

图书在版编目(CIP)数据

建设工程造价控制与管理 / 胡芳珍主编．—3 版．—北京：北京大学出版社，2023.7
高职高专土建专业"互联网+"创新规划教材
ISBN 978-7-301-34124-7

Ⅰ.①建… Ⅱ.①胡… Ⅲ.①建筑造价管理—高等职业教育—教材 Ⅳ.① TU723.31

中国国家版本馆 CIP 数据核字(2023)第 106781 号

书　　　名	建设工程造价控制与管理（第三版）
	JIANSHE GONGCHENG ZAOJIA KONGZHI YU GUANLI（DI-SAN BAN）
著作责任者	胡芳珍　主编
策划编辑	杨星璐
责任编辑	刘健军　王莉贤
数字编辑	蒙俞材
标准书号	ISBN 978-7-301-34124-7
出版发行	北京大学出版社
地　　　址	北京市海淀区成府路 205 号　100871
网　　　址	http://www.pup.cn　　新浪微博：@北京大学出版社
编辑部邮箱	pup6@pup.cn
总编室邮箱	zpup@pup.cn
电　　　话	邮购部 010-62752015　发行部 010-62750672　编辑部 010-62750667
印刷者	河北文福旺印刷有限公司
经销者	新华书店
	787 毫米×1092 毫米　16 开本　20.25 印张　486 千字
	2014 年 6 月第 1 版　2020 年 8 月第 2 版
	2023 年 7 月第 3 版　2024 年 1 月第 2 次印刷（总第 10 次印刷）
定　　　价	59.00 元

未经许可，不得以任何方式复制或抄袭本书之部分或全部内容。
版权所有，侵权必究
举报电话：010-62752024　电子信箱：fd@pup.pku.edu.cn
图书如有印装质量问题，请与出版部联系，电话：010-62756370

第三版前言

本书为北京大学出版社"高职高专土建专业'互联网＋'创新规划教材"之一。为适应21世纪职业技术教育发展的需要，以建设工程造价专业的岗位标准和职业能力为依据，以学生职业能力培养和职业素养的养成为重要目标，以培养具备建设工程造价专业技能的应用型人才为理念，编者结合建设工程造价控制与管理的基本原理和发展方向编写了本书。

本书内容共分8章，主要包括建设工程造价控制与管理概述、建设工程造价构成、建设工程造价计价依据和计价模式、建设工程决策阶段建设工程造价控制与管理、建设工程设计阶段建设工程造价控制与管理、建设工程招投标阶段建设工程造价控制与管理、建设工程施工阶段建设工程造价控制与管理、建设工程竣工验收阶段建设工程造价控制与管理等内容。

本书内容可按照48～72学时安排，推荐学时分配：第1章2～4学时，第2章8～10学时，第3章4～8学时，第4章6～8学时，第5章8～12学时，第6章6～8学时，第7章10～14学时，第8章4～8学时。教师可根据不同的使用专业灵活安排学时，课堂重点讲解每章的主要知识模块，章节中的知识链接、应用案例和习题等模块可安排学生课后阅读和练习。如专业已经设置了"招投标与合同管理"课程，则第6章中的招投标程序可以选学，重点讲解招标控制价和投标报价内容即可。

本书结合近年来注册造价师和注册建造师考试用教材内容和考试题型，注重理论与实践相结合，并对相关的知识点进行了全面更新（如"营改增"部分，删除"营业税"等内容，修改为"增值税"）。为了方便学生理解和教师教学，我们以"互联网＋"教材模式通过书中二维码链接了相关教学资源，读者可以通过手机"扫一扫"功能，扫描书中的二维码，进行相应知识点的拓展学习。本书内容丰富，案例翔实，并附有多种类型的习题供读者练习。本次再版，融入党的二十大精神，突出职业素养的培养，全面贯彻党的二十大内容。

本书由武汉城市职业学院胡芳珍担任主编，武汉城市职业学院黄丙利、鄂州职业大学佘桂平担任副主编。本书具体章节编写分工为：胡芳珍编写第2、4、5章及第7章中的7.4、7.5节，佘桂平编写第1、3章，黄丙利编写第6章、第7章中的7.1～7.3节和第8章。全书由胡芳珍负责统稿。武汉城市职业学院苏小梅老师对本书进行了审读，并提出了很多宝贵意见，在此一并表示感谢！

本书在编写过程中，参考和引用了国内外相关文献资料，在此谨向相关作者表示衷心的感谢。由于编者水平有限，书中难免存在不足和疏漏之处，敬请广大读者批评指正。

编　者

2023 年 2 月

目录

第1章 建设工程造价控制与管理概述 001
- 1.1 工程造价的基本内容 003
- 1.2 工程造价管理及其基本内容 007
- 1.3 工程造价管理发展的方向——全面造价管理 011
- 本章小结 016
- 习题 017

第2章 建设工程造价构成 019
- 2.1 工程造价构成概述 023
- 2.2 设备及工(器)具购置费的构成 025
- 2.3 建筑安装工程费的构成 033
- 2.4 工程建设其他费的构成 052
- 2.5 预备费与建设期贷款利息 059
- 本章小结 062
- 习题 063

第3章 建设工程造价计价依据和计价模式 067
- 3.1 工程造价计价依据概述 070
- 3.2 建设工程造价计价模式概述 075
- 3.3 定额计价模式 076
- 3.4 工程量清单计价模式 081
- 本章小结 099
- 习题 100

第4章 建设工程决策阶段建设工程造价控制与管理 102
- 4.1 建设工程可行性研究 103
- 4.2 建设投资估算 108
- 4.3 建设项目财务评价 118
- 本章小结 142
- 习题 143

第5章 建设工程设计阶段建设工程造价控制与管理 146
- 5.1 设计方案的优选 147
- 5.2 限额设计 156
- 5.3 设计概算的编制与审查 158
- 5.4 施工图预算的编制与审查 173
- 本章小结 184
- 习题 184

第6章 建设工程招投标阶段建设工程造价控制与管理 189
- 6.1 建设工程招投标概述 191
- 6.2 建设工程招标控制价的编制 203
- 6.3 建设工程投标程序和投标报价的编制 206
- 6.4 建设工程合同价款的确定和施工合同 221
- 本章小结 227
- 习题 227

第7章 建设工程施工阶段建设工程造价控制与管理 233
- 7.1 施工阶段工程造价控制与管理概述 236
- 7.2 工程变更及变更价款的调整 238
- 7.3 工程索赔 244
- 7.4 建设工程价款结算 256

7.5 资金使用计划的编制与应用……266
本章小结……………………………284
习题…………………………………284

第8章 建设工程竣工验收阶段建设工程造价控制与管理……290

8.1 竣工验收………………………292
8.2 竣工决算………………………297
8.3 保修费用的处理………………306
本章小结……………………………309
习题…………………………………310

参考文献………………………………316

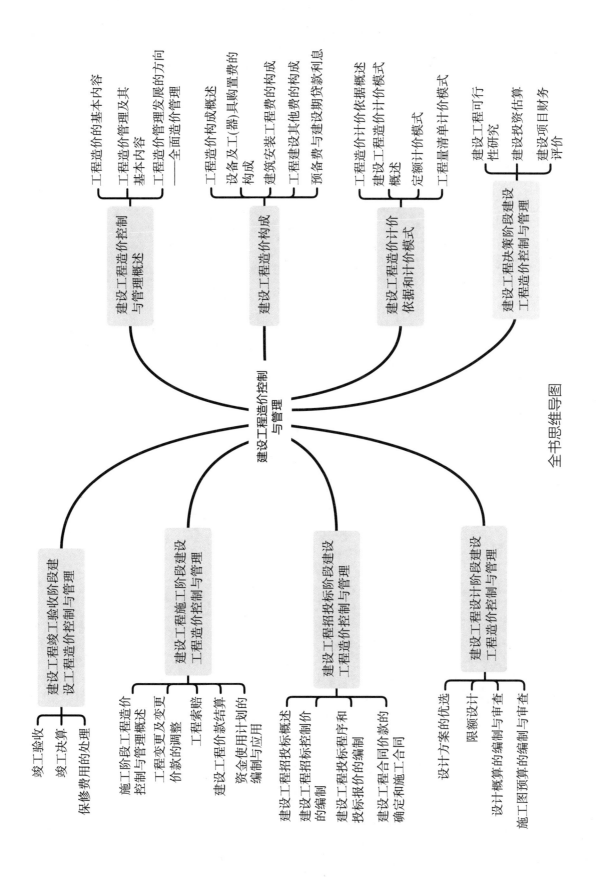

全书思维导图

第 1 章 建设工程造价控制与管理概述

教学目标

本章介绍了建设工程造价控制与管理的相关基础知识。学生通过学习工程造价的概念、特点，以及工程造价管理的含义、基本内容及其发展方向等知识，应重点掌握工程造价的特点、工程造价管理的基本内容及我国工程造价管理的发展方向。

思维导图

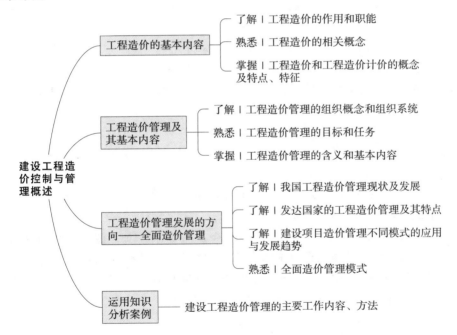

引例

湖南省某办公综合楼工程造价全过程控制与管理

湖南省某办公综合楼项目，占地面积约 46000 m^2，总建筑面积约 35000 m^2，整个项目主要包括主楼、会议中心、人工湖、广场、道路管网及景观绿化等单位工程，其中主楼为框架—剪力墙结构，地下1层，地上12层，涉及桩基、土建、水电、消防、暖通、智能化、网架、装饰、市政、园林绿化等多个专业，总投资约 12450 万元。通过实施全过程造价控制，该项目比计划投资目标节省资金约 1450 万元。

1. 工程项目全过程工程造价控制与管理实施方案分析

① 与工程造价咨询机构签订委托协议书，并成立全过程造价控制小组。

② 合理确定工程控制目标，以免在工程结算时发生不必要的争议或纠纷。

③ 制定工程配套管理办法及相关规章制度，并以书面形式通知相关单位严格执行。

④ 参与设计与施工招标的全过程管理，择优选择设计、施工单位。

⑤ 审核合同条款的严密性、合法性，把好施工合同签订关。

⑥ 编制资金使用计划，把好工程款支付关。

⑦ 做好工程变更管理，实现项目投资的动态控制。

⑧ 做好有关资料的收集、整理和报送，为控制工程造价与掌握资金使用状况提供有力的技术服务与依据。

2. 工程项目全过程工程造价控制与管理措施重点分析

① 设计环节把关。实行限额设计，节省工程造价 127.68 万元。

② 工程款的支付审核与批复。严格按照合同条款和实际施工进度支付工程款，对未能按工程进度要求竣工的工程，付款申请不予批准。

③ 工程变更的管理措施。要求施工单位在工程实施前必须认真熟悉图纸，对设计不合理及各专业施工可能发生冲突的地方尽早提出，尽可能把设计变更控制在实施前，以减少损失。

④ 方案变更部分造价的比较与分析。对业主提出的拟变更项目，及时做出造价比较和分析，提出经济合理的意见，供业主参考。

⑤ 工程造价的核实。按照真实、有效、合理、合法的原则，对工程价款进行反复核实、论证，对不符合规定的项目坚决予以驳回，累计节约资金约 280 万元。

⑥ 隐蔽工程变更部分的复查。对符合规定变更的隐蔽项目，在对变更的工程量和价款进行初步审核后，提请业主、财政、纪检等相关部门复查。

3. 工程项目全过程工程造价控制与管理效果分析

本办公综合楼建设项目计划总投资 12450 万元，通过工程设计、监理和施工单位的招投标、材料和设备的政府采购、造价控制的全过程管理，预计整个项目的投资将控制在 11000 万元以内，较控制目标节省 1450 万元左右，节省率约 11.65%。这个成绩的取得，关键是在业主和其他相关部门的大力支持下，使得工程造价的全过程控制真正落到实处，有效地避免了工程项目竣工结算时因工程变更的随意性造成费用增加，取得了明显的社会效益和经济效益。

第1章 建设工程造价控制与管理概述

1.1 工程造价的基本内容

1.1.1 工程造价的概念、特点及相关概念

1. 工程造价的概念

工程造价是建设工程造价的简称,通常是指工程的建造价格,其含义有两种。

第一种含义:工程造价是指建设一项工程预期开支或实际开支的全部固定资产投资费用,也就是一项工程通过建设形成相应的固定资产、无形资产所需用一次性费用的总和。这一含义是从投资者(即业主)的角度来定义的。投资者选择一个投资项目是为了预期的效益,将通过评估、决策、设计、招标、施工、竣工验收等一系列活动来实现这一目的。在上述活动中所花费的全部费用就构成了工程造价,从这个意义上讲,工程造价也就等于建设项目固定资产投资。

第二种含义:从市场的角度定义,工程造价是指工程价格,即为建成一项工程,预计或实际在土地市场、设备市场、技术劳务市场、承包市场等交易活动中所形成的建筑安装工程的价格和建设工程总价格。显然,工程造价的第二种含义是将工程项目作为特殊的商品形式,通过招投标或其他交易方式,在多次预估的基础上,最终由市场形成的价格。

通常把工程造价的第二种含义认定为工程承发包价格。它是在建筑市场通过招投标,由需求主体投资者和供给主体建筑商共同认可的价格,是工程造价中一种最重要的,也是最典型的价格形式。

> **特别提示**
>
> 所谓工程造价的两种含义,是从不同角度把握同一事物的本质。对建设工程的投资者来说,市场经济条件下的工程造价就是项目投资,是购买项目要付出的价格。对于承包商、供应商和规划设计机构来说,工程造价是他们作为市场供给主体出售商品和劳务的价格总和,或是特定范围的工程造价,如建筑安装工程造价。

2. 工程造价的特点

工程造价的特点由工程建设的特点所决定,其具备以下特点。

(1)大额性

任何一个建设项目或单项工程,不仅实物形体庞大,而且造价高昂,动辄数百万、数千万、数亿、数十亿元人民币,一些特大工程项目造价甚至达到百亿、千亿元人民币。这种大额性关系到有关各方的经济利益,同时也会对宏观经济产生长远影响,这就决定了工程造价的特殊地位,也说明了工程造价管理的重要意义。

(2)个别性

任何一项工程都有特定的用途、功能和规模,对每一项工程的结构、造型、空间分割、设备配置和内外装修都有具体的要求,即工程内容和实物形态都具有个别性。每项工程所处的地区、地段都不相同,这使得工程造价的个别性更加突出。

(3) 动态性

任何一项工程从决策到竣工交付使用都有一个较长的建设期，由于不可控因素的影响，在建设期内存在许多影响工程造价的动态因素，如工程设计变更，设备材料价格、工资标准、利率的变化等，因此工程造价在整个建设期内都处于动态状况，直到竣工决算后才能最终确定工程的实际造价。

(4) 层次性

工程造价的层次性取决于工程的层次性。一个建设项目往往含有多项能够独立发挥设计效能的单项工程（如教学楼、写字楼、住宅楼等），一个单项工程又是由能够各自发挥专业效能的单位工程（如土建工程、建筑安装工程等）组成。与此相适应，工程造价有三个层次：建设项目总造价、单项工程造价和单位工程造价。如果专业工程分工更细，单位工程（如土建部分）的组成部分——分部分项工程也可以成为交换对象，如大型土（石）方工程、桩基础工程、装饰工程等，这样工程造价的层次就增加分部工程和分项工程两个层次而成为五个层次。

(5) 兼容性

工程造价的兼容性首先表现在它具有两种含义，其次表现在工程造价构成因素的广泛性和复杂性。在工程造价中，成本因素非常复杂，其中为获得建设工程用地付出的费用、项目可行性研究费用、规划设计费用、与政府一定时期的政策（特别是产业政策和税收政策）相关的费用占有相当的份额。此外，盈利的构成也较为复杂，资金成本较大。

3. 工程造价的相关概念

(1) 静态投资与动态投资

静态投资是指不考虑物价上涨、建设期贷款利息等因素影响的建设投资。静态投资包括建筑安装工程费、设备和工（器）具购置费、工程建设其他费、基本预备费，以及因工程量误差引起的工程造价增减值等。

动态投资是指考虑物价上涨、建设期贷款利息等因素影响的建设投资。动态投资除包括静态投资所包含的内容之外，还包括建设期贷款利息、涨价预备费等。与静态投资相比，动态投资更符合价格运行机制，它使投资估算和控制更加符合实际。

由上述可知，动态投资包含静态投资，静态投资是动态投资最主要的组成部分，也是动态投资的计算基础。

(2) 建设项目总投资与建设项目总造价

建设项目总投资是指为完成工程项目建设，在建设期（预计或实际）投入的全部费用总和。建设项目按用途分为生产性建设项目和非生产性建设项目。生产性建设项目总投资包括固定资产投资和流动资产投资，非生产性建设项目总投资仅包括固定资产投资。

建设项目总造价是指建设项目总投资中的固定资产投资总额。建设项目固定资产投资也就是建设项目总造价，二者在量上是相等的。

(3) 建筑安装工程造价

建筑安装工程造价即建筑安装产品价格。从投资角度而言，它是建设项目投资中的建筑安装工程投资，也就是工程造价的组成部分。从市场角度而言，建筑安装工程实际造价是投资者和承包商双方共同认可的、由市场形成的价格。

1.1.2 工程造价的作用和职能

1. 工程造价的作用

工程造价不但涉及社会再生产的各个环节,还关系到人民群众的切身利益,它的作用范围和影响程度都很大,其作用主要表现在以下几个方面。

(1) 工程造价是项目决策的依据

工程造价决定着项目的投资费用。投资者是否有足够的财务能力支付这笔费用,是否认为值得支付这笔费用,是项目决策中要考虑的主要问题。因此在项目决策阶段,工程造价就成为项目财务分析和经济评价的重要依据。

(2) 工程造价是制订投资计划和控制投资的有效手段

投资计划是按照建设工期、工程进度和工程造价等逐年分月加以制订的。正确的投资计划有助于合理和有效地使用资金。工程造价在控制投资方面的作用非常明显。工程造价控制是在投资者财务能力的限度内为取得既定的投资效益所必需的。

(3) 工程造价是评价投资效果的重要指标

工程造价是一个包含多层次工程造价的体系。就一个工程项目而言,它既是建设项目的总造价,又包含单项工程的造价和单位工程的造价,同时也包含单位生产能力的造价或单位建筑面积的造价等,所有这些使得工程造价自身形成一个指标体系。因此,它能够为评价投资效果提供多种评价指标,并能够形成新的价格信息,为今后类似项目的投资提供参照。

(4) 工程造价是利益合理分配和产业结构调节的手段

工程造价的高低会影响国民经济各部门和企业间的利益分配。在市场经济体制下,工程造价会受到市场供求状况的影响,并在围绕价值波动的过程中实现对建设规模、产业结构和利益分配的调节。政府也需要在这其中进行正确的宏观调控和价格政策导向。

2. 工程造价的职能

工程造价除具有一般商品价格的职能外,还有自己特有的职能,这是由工程自身的特点决定的。

(1) 评价职能

工程造价既是评价投资合理性和投资效益的主要依据,也是评价土地价格、建筑安装工程和设备价格合理性的依据,同时还是评价建设项目偿还贷款能力、获利能力和宏观效益的重要依据。

(2) 预测职能

由于工程造价具有大额性和动态性的特点,无论是投资者还是承包商,都要对拟建工程进行预先测算。投资者预先测算工程造价不仅可以作为项目决策的依据,同时还可以作为筹集资金、控制造价的依据。承包商对工程造价的预算,既为投标决策提供依据,也为投标报价和成本管理提供依据。

(3) 控制职能

工程造价的控制职能表现在两个方面:一方面是对投资的控制,即在投资的各个阶段,根据对造价多层次性的预算和评估,对造价进行全过程多层次的控制;另一方面,是对以承包商为代表的商品和劳务供应企业的成本控制。

（4）调控职能

由于工程建设直接关系到经济增长、资源分配和资金流向，会对国民经济产生重大影响，因此国家在任何情况下对建设规模、结构进行宏观调控都是不可缺少的。这些调控要以工程造价为经济杠杆，对工程建设中的物资消耗水平、建设规模、投资方向等进行调控。

1.1.3 工程造价计价的概念及特征

1. 工程造价计价的概念

工程造价计价就是计算和确定建设项目的工程造价，简称工程计价，也称工程估价，具体是指工程造价人员在项目实施的各个阶段，根据各个阶段的不同要求，遵循计价原则和程序，采用科学的计价方法，对投资项目最可能实现的合理价格做出科学的计算，从而确定投资项目的工程造价，编制工程造价的经济文件。

2. 工程造价计价的特征

工程造价的特点决定了工程造价计价有以下特征。

（1）计价的单件性

计价的单件性是指由于每一项建设工程都有其不同的结构、造型和装饰，不同的体积和面积，不同的工艺设备和建筑材料等，即使采用同一套施工图的工程，也会由于建造时间和地点的不同，而需要按照国家规定的统一计价程序重新计算工程造价。

（2）计价的多次性

建设工程周期长、规模大、造价高，需要按照建设程序分阶段进行，相应地也要在不同阶段多次性计价，以保证工程造价计算的准确性与控制的有效性。多次性计价是个逐步深化、逐步细化和逐步接近实际造价的过程，其过程如图1.1所示。

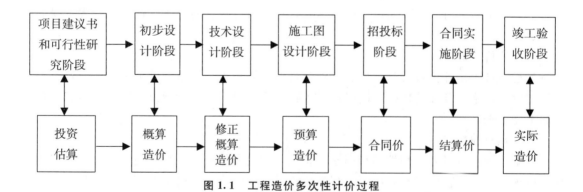

图1.1 工程造价多次性计价过程

（3）计价的组合性

每一个工程项目都可以按照建设项目、单项工程、单位工程、分部工程及分项工程的层次分解，然后再按照相反的次序组合计价，工程计价的最小单位是分项工程或结构构件。工程造价的计算过程和计算顺序为分项工程费用、分部工程费用、单位工程造价、单项工程造价、建设项目总造价。

(4) 计价方法的多样性

工程造价的多次计价各有不同的依据,每次计价要求的精确度也各不相同,由此决定了计价方法的多样性。在可行性研究阶段,工程造价的计价多采用设备系数法、生产能力指数估算法等。在设计阶段,尤其是施工图设计阶段,由于设计图完整,细部构造及做法均有大样图,工程已能准确计算,施工方案比较明确,因此多采用定额法和实物法。

(5) 计价依据的复杂性

影响工程造价的因素很多,计价依据复杂,主要有以下几类。

① 计算设备和工程量的依据,包括项目建议书、可行性研究报告、设计文件等。

② 计算人工、材料、施工机具等实物消耗量的依据,包括各种定额。

③ 计算工程资源单价的依据,包括人工单价、材料单价、施工机具台班单价等。

典型考题:
工程造价

④ 计算设备单价的依据。

⑤ 计算各种费用的依据。

⑥ 政府规定的各种税费依据。

⑦ 调整工程造价的依据,如造价文件规定、物价指数、工程造价指数等。

1.2 工程造价管理及其基本内容

1.2.1 工程造价管理的含义

工程造价管理是以工程项目为研究对象,以工程技术、经济、管理为手段,以效益为目标,与技术、经济、管理相结合的一门交叉的、新兴的边缘学科。

工程造价管理的含义包括两个方面:一是建设工程投资费用管理,二是建设工程价格管理。

1. 建设工程投资费用管理

建设工程投资费用管理是指为了实现投资的预期目标,在拟定规划、设计方案的条件下,预测、确定和监控工程造价及其变动的系统活动。建设工程投资费用管理属于投资管理范畴,它既涵盖了微观层次的项目投资费用管理,又涵盖了宏观层次的项目投资费用管理。

2. 建设工程价格管理

建设工程价格管理属于价格管理范畴。在社会主义市场经济条件下,价格管理分为两个层次:在微观层次上,是生产企业在掌握市场价格信息的基础上,为实现管理目标而进行的成本控制与计价、定价和竞价的系统活动;在宏观层次上,是政府根据社会经济发展的要求,利用法律手段、经济手段和行政手段对价格进行管理和调控,以及通过市场管理规范市场主体价格行为的系统活动。

> **特别提示**
>
> 工程建设关系到国计民生，同时，政府投资建设公共、公益性项目在今后仍然会有相当份额。因此，国家对于工程造价的管理，不仅承担着一般商品价格的调控职能，而且在政府投资项目上也承担着微观主体的管理职能。这种双重角色的双重管理职能，是工程造价管理的一大特色。
>
> 区分不同的管理职能，进而制定不同的管理目标，采用不同的管理方法是一种必然的趋势。

1.2.2 工程造价管理组织

1. 工程造价管理组织的定义

工程造价管理组织是指为了实现工程造价管理目标而进行的有效组织活动，以及与造价管理功能有关的有机群体。它是工程造价动态的组织活动过程和相对静态的造价管理部门的统一，具体来说主要是指国家、地方、部门和企业之间管理权限和职责范围的划分。

2. 工程造价管理组织系统

工程造价管理组织有三个系统。

（1）政府行政管理系统

政府在工程造价管理中既是宏观主体，也是政府投资目的的微观管理主体。在政府的组织系统中，国家建设行政主管部门的造价管理机构在全国范围内行使管理职能。其在工程造价管理工作方面承担的主要职责有以下几个方面。

① 组织制定工程造价管理的有关法规、制度，并组织贯彻实施。

② 组织制定全国统一的经济定额和制定、修订本部门的经济定额。

③ 监督指导全国统一的经济定额和本部门经济定额的实施。

④ 制定工程造价咨询单位的资质标准并监督执行，提出工程造价专业技术职业资格标准。

⑤ 负责全国工程造价咨询企业资质管理工作，审定全国甲级工程造价咨询企业的资质。

各省、自治区、直辖市和国务院其他主管部门的造价管理机构在其管辖范围内行使相应的管理职能，省辖市和地区的造价管理部门在所辖地区内行使相应的管理职能。

（2）企事业单位管理系统

企事业单位对工程造价的管理属于微观管理的范畴。

设计机构和工程造价咨询机构，按照业主或委托方的意图，在可行性研究和规划设计阶段合理确定和有效控制建设项目的工程造价，通过限额设计等手段实现设定的造价管理目标；在招投标工作中编制标底，参加评标、定标；在项目实施阶段，通过对设计变更、工期、索赔和结算等各项的管理进行造价控制。设计机构和造价咨询机构通过在全过程造价管理中的业绩，赢得自己的信誉，提高市场竞争力。

工程承包企业的工程造价管理是企业管理中的重要组成部分，工程承包企业设有专门的职能机构参与企业的投标决策，并通过对市场的调查研究，利用过去积累的经验研究报价策略，提出报价。在施工过程中进行工程造价的动态管理，并注意各种调价因素的发生和工程价款的结算，避免收益的流失，以促进企业盈利目标的实现。工程承包企业在加强工程造价管理的同时，还要加强企业内部的管理，重点是加强成本控制，这样才能切实保证企业取得较高的利润。

（3）行业协会管理系统

在各省、自治区、直辖市及一些大中城市，都成立了一批工程管理协会，这样可以对工程造价咨询工作和造价工程师实行行业管理。

成立于1990年7月的中国建设工程造价管理协会是我国建设工程造价管理的行业协会，其前身是1985年成立的中国工程建设概预算定额委员会。中国建设工程造价管理协会的业务范围包括以下几个方面。

① 研究工程造价咨询与管理改革和发展的理论、方针、政策，参与相关法律法规、行业政策及行业标准规范的研究制定。

② 制定并组织实施工程造价咨询行业的规章制度、职业道德准则、咨询业务操作规程等行规行约，推动工程造价行业诚信建设，开展工程造价咨询成果、文件质量检查等活动，建立和完善工程造价行业自律机制。

③ 研究和探讨工程造价行业改革和发展中的热点、难点问题，开展行业的调查研究工作，倾听会员的呼声，向政府有关部门反映行业和会员的建议和诉求，维护会员的合法权益，发挥联系政府和企业间的桥梁和纽带作用。

④ 接受政府部门委托，协助开展工程造价咨询行业的日常管理工作。开展注册造价工程师考试、注册及继续教育、造价员队伍建设等具体工作。

⑤ 组织行业培训等，开展业务交流，推广工程造价咨询与管理方面的先进经验，开展工程造价先进单位会员、优秀个人会员及优秀工程造价咨询成果的评选和推荐等活动。

⑥ 办好协会的网站，出版《工程造价管理》期刊，组织出版有关工程造价专业和教育培训等书籍，开展行业宣传和信息咨询服务。

⑦ 维护行业的社会形象和会员的合法权益，协调会员和行业内外关系，受理工程造价咨询行业中执业违规的投诉，对违规者实行行业惩戒或提请政府主管部门进行行政处罚。

⑧ 代表中国工程造价咨询行业和中国注册造价工程师与国际组织及各国同行建立联系，履行相关国际组织成员应尽的职责和义务，为会员开展国际交流与合作提供服务。

⑨ 指导中国建设工程造价管理协会各专业委员会和各地方造价协会的业务工作。

⑩ 完成政府及其部门委托或授权开展的其他工作。

知识链接

中国建设工程造价管理协会，简称"中价协"，英译名为China Cost Engineering Association，缩写为CCEA。该协会成立于1990年7月，登记证号为3369，是具有法人资格的全国性社会团体。该协会是由从事工程造价咨询服务与工程造价管理的单位，以及具有注册资格的造价工程师、资深专家和学者自愿组成的全国性工程造价行业协会。该协会接受业务主管部门住房和城乡建设部（原建设部）及社团登记管理机关民政部的业务指导和监督管理。

1.2.3　工程造价管理的基本内容

1. 工程造价管理的目标

工程造价管理的目标是按照经济规律的要求，根据社会主义市场经济的发展形势，利用科学的管理方法和先进的管理手段，合理地确定工程造价和有效地控制工程造价，以提高投资效益和企业的经营效果。

2. 工程造价管理的任务

工程造价管理的任务是加强工程造价的全过程动态管理，强化工程造价的约束机制，维护有关各方的经济利益，规范价格行为，促进微观效益和宏观效益的统一。

3. 工程造价管理的基本内容

工程造价管理的基本内容包括工程造价的合理确定和工程造价的有效控制。

（1）工程造价的合理确定

① 工程造价的合理确定就是在工程建设各阶段，采用科学的计算方法、现行的计价依据及批准的设计方案和设计图纸等文件资料，合理确定投资估算、设计概算、施工图预算、承包合同价、工程结算价、实际造价。

② 在项目建议书阶段，按照有关规定，应编制初步投资估算，经相关部门批准，作为拟建项目列入国家中长期计划和开展前期工作的控制造价；在项目可行性研究阶段，按照有关规定编制的投资估算，经有关部门批准，作为该项目的控制造价。

③ 在初步设计阶段，按照规定编制的初步设计概算，经相关部门批准，作为拟建项目工程造价的最高限额。

④ 在施工图设计阶段，按照规定编制施工图预算，用以核实施工图设计阶段预算造价是否超过批准的初步设计概算。

⑤ 在招投标阶段，对以施工图预算为基础实施招标的工程来说，承包合同价也是以经济合同形式确定的建筑安装工程造价。

⑥ 在合同实施阶段，要按照承包方实际完成的工作量，以承包合同价为基础，同时考虑物价上涨所引起的造价提高，考虑设计中难以预计的实施阶段实际发生的工程费用，合理确定工程结算价。

⑦ 在竣工验收阶段，根据工程建设过程中实际发生的全部费用，编制竣工决算，客观合理地确定该工程建设项目的实际造价。

（2）工程造价的有效控制

所谓工程造价的有效控制，就是在优化建设方案、设计方案和施工方案的基础上，在建设程序的各阶段，采用一定的方法和措施把工程造价的实际发生控制在合理的范围和核定的造价限额内，以求合理地使用人力、物力和财力，从而取得较好的投资效益。具体地说，就是用投资估算价控制设计方案的选择和初步设计概算造价，用概算造价控制技术设计和修正概算造价，用概算造价或修正概算造价控制施工图设计和预算造价。

工程造价的有效控制应体现以下三项原则。

① 以设计阶段为重点的建设全过程造价控制。

② 实施主动控制以取得令人满意的成果。

③ 技术与经济相结合是控制工程造价最有效的手段。

1.3 工程造价管理发展的方向——全面造价管理

1.3.1 我国工程造价管理的现状及发展

1. 工程造价管理历史沿革及现状

（1）工程造价管理历史沿革

20世纪50—70年代，我国的建设工程造价管理制度是政府的计划模式。建设产品价格通过计划分配建设工程任务而形成计划价格，概预算定额基价是量价合一的价格。

1984年，建设工程招投标制开始施行，建设工程造价管理体制开始突破传统模式，形式虽变，但内容实质照旧。概预算定额的法定性地位没有改变。

20世纪90年代初，国家建设主管部门提出"政府宏观指导，企业自主报价，竞争形成价格，加强动态管理"和"控制量，指导价，竞争费"的改革思路，但改革进程十分缓慢，改革也迟迟不见成效。

20世纪90年代中后期以来，《中华人民共和国建筑法》《中华人民共和国价格法》《中华人民共和国招标投标法》等相继出台，定额体系开始出现一系列变化。部分材料价格逐渐放开，工程结算时的材料价格调整已经允许，但仍不能满足市场经济发展的要求。

2001年年初，国家宣布年内国有建筑施工企业将逐渐改制、面向市场，全国大多数省市的定额管理模式出现历史性的改变，量价分离、单项报价提上日程，使材料价格走向市场化，定额的法定性地位也有所下降，变为指导性。

（2）我国工程造价管理现状

① 工程造价管理观念落后，计划经济模式的烙印明显。

② 工程造价管理相关的法律、法规不健全，加强行业立法、与国际惯例接轨已成当务之急。

③ 造价控制重施工轻设计，在客观上造成轻决策重实施、轻经济重技术、先建设后算账的后果。

④ 工程造价咨询机构不健全，工程咨询业发展还不成熟。行业管理体制尚未理顺，行业服务规范和制度建设急需与国际接轨。

⑤ 高素质的工程造价技术人才严重不足，迫切需要一大批为项目投资提供科学决策依据的高素质综合型工程造价专业人才。

2. 工程造价管理体制分析及改革的主要任务与目标

（1）工程造价管理体制分析

从我国工程造价管理的历史沿革及现状可以看出，以往的工程造价既不反映建筑产品的价值，也不反映建设领域的供求关系，主要表现为如下几个方面。

① 未能把建筑产品作为商品，因而工程造价的构成没有体现社会必要劳动消耗，工程造价水平没有体现社会必要劳动水平。

② 由于以办理工程价款结算为主要目的，因而注重工程建设实施阶段，特别是施工阶段的工程造价管理，忽视了设计阶段的工程造价管理，未能在设计阶段通过工程造价管

理影响设计、优化设计，从而未能有效地控制工程造价。

③ 投资估算、设计概算、施工图预算、承包合同价、工程结算价、实际造价分别由建设单位及其主管部门、设计单位和施工企业管理，导致阶段割裂、各管一段、互相脱节，没有一个完整的控制系统。

④ 工程造价管理体制过于集中，使工程造价长期偏离价值，不能体现供求关系，没有建立起一套有效的工程造价管理制度。

(2) 工程造价管理改革的主要任务与目标

① 建立健全工程造价管理计价依据，创造适应社会主义市场经济的价格机制。

② 健全法规体系，实行法制化、规范化管理。

③ 健全工程造价管理机构，充分发挥引导、管理、监督、服务职能。

④ 健全工程造价管理人员的资格准入与考核认证，加强培训，提高人员素质。

⑤ 建立并完善工程造价管理信息系统，运用先进手段实施高效的动态管理。

1.3.2 发达国家的工程造价管理及其特点

1. 发达国家的工程造价管理

(1) 国际造价工程联合会

国际造价工程联合会（International Cost Engineering Council，ICEC），是由美国造价工程师协会（AACE）、英国造价工程师协会（A Cost E）、荷兰造价工程师协会（DACE）和墨西哥经济、财务与造价工程学会（SMIEFC）于1976年在波士顿会议上发起成立的。它是一个旨在推动国际造价工程活动和发展的协调组织，为各国造价工作协会的利益而促进相互间的合作，其会员组织通过代表来管理ICEC的活动。

中国建设工程造价管理协会作为中国工程造价行业唯一的国家组织，2007年3月正式加入ICEC。

(2) 美国、英国、德国的工程造价管理

① 美国的工程造价管理。美国现行的工程造价由两部分构成：一是业主经营所需费用，称之为软费用，主要包括基础上所需资金、设备购置及储备资金、土地征购及动迁补偿、财务费用、税金及其他各种前期费用；二是由业主委托设计咨询公司或者总承包公司编制的建筑安装工程基础上建设实际发生所需费用，一般称之为硬费用，主要包括施工所需的人材机消耗使用费、现场业主代表及施工管理人员工资、办公和其他杂项费用、承包商现场的生活及生产设施费用、各种保险、税金、不可预见费等。此外，承包商的利润一般占建筑安装工程造价的5%～15%，业主通过委托咨询公司实现对工程施工阶段造价的全过程管理。美国有统一的计价依据和标准，是典型的市场化价格。工程估算、概算、人材机消耗定额，不是由政府部门组织制定的，而是由几个大区的行会（协会）组织，按照各施工企业工程积累的资料和本地区的实际情况，根据工程结构、材料种类、装饰方式等，制定出平方英尺（1 英尺＝0.3048 m）建筑面积的消耗量和基价，并以此作为依据，将数据输入计算机，推向市场。这些数据资料虽不是出自政府部门的强制性法规，但因其建立在科学性、准确性、公正性及实际工程资料的基础上，能反映实际情况，所以得到社会的普遍公认，并能顺利加以实施。因此，工程造价计价主要由各咨询机构制

定单位建筑面积消耗量、基价和费用估算格式，再由承发包双方通过一定的市场交易行为确定工程造价。

② 英国的工程造价管理。英国的工程造价管理有着悠久的历史，经过几百年的实践形成了全英统一的工程量标准计算规则（SMM）和工程造价管理体系，使工程造价管理工作形成了一个科学化、规范化的颇有影响的独立专业。政府投资的工程项目由财政部门依据不同类别工程的建设标准和造价标准，并考虑通货膨胀对造价的影响等确定投资额，各部门在核定的建设规模和投资额范围内组织实施，不得突破。对于私人投资的项目，政府不进行干预，投资者一般是委托中介组织进行投资估算。英国无统一定额，工程量标准计算规则就成为参与工程建设的各方共同遵守的计量、计价的基本规则，投标报价原则上是工程量、单价合同（即 BQ 方式）。在英国工程造价的控制贯穿于立项、设计、招标、签约和施工结算等全过程，在既定的投资范围内随阶段性工作的不断深化使工期、质量、造价的预期目标得以实现。

③ 德国的工程造价管理。任何建设工程，不论是政府项目，还是私人投资项目，对工程项目的管理贯穿于全过程的质量、进度和成本控制，以科学合理地确定工程造价为基础，实施动态管理与控制。只要工程项目投资额确定后（政府工程经政府审批，私人工程经业主批准），在实施过程中，必须严格按照投资估算执行，不能随意修改和突破。

从上述几个经济发达国家的管理方式来看，工程造价管理均处于有序的市场运行环境，进行系统化、规范化、标准化的管理，而在价格的确定和管理上以市场和社会认同为取向，在行业的管理归属上民间行业协会组织发挥着巨大作用。同时，政府的宏观调控，先进的计价依据、计价方法，发达的咨询业，多渠道的信息发布等做法，基本上代表了现行工程造价管理的国际惯例，完全适合 WTO（世界贸易组织）的基本原则。

综上所述，可以简要概括得到国外有关工程造价管理体制的特点如下：一是行之有效的政府间接调控，二是有章可循的计价依据，三是多渠道的信息发布体系，四是量价分离的计算方法，五是发达的工程造价咨询业。

2. 建设项目造价管理模式类型及其核心思想

经过长期的发展与探索，建设项目造价管理的理论和方法得到了极大的丰富与完善，现在国际上存在的基本模式可以归纳为以下三个：一是以英国建设项目工程造价管理界为主提出的全生命周期造价管理（Life Cycle Cost Management）的理论与方法，二是以中国建设项目工程造价管理界为主推出的全过程造价管理（Whole Process Cost Management）的思想和方法，三是以美国建设项目工程造价管理界为主推出的全面造价管理（Total Cost Management）的理论和方法。

（1）建设项目全生命周期造价管理

建设项目全生命周期造价管理的核心概念如下。

① 它是用于建设项目投资分析和决策的一种工具，是一种用来选择项目备选方案的数学决策方法，但是它不能用来做建设项目全过程的成本管理与控制。其核心思想是在建设项目投资决策和建设项目备选方案评选中，要遵循项目建造和运营维护两个方面成本最优的原则。

② 它是建筑设计中的一种指导思想和手段，用它可以计算一个建设项目全生命周期（包括建设项目前期、建设期、运营期和拆除期）的全部成本及相应的社会与环境成本等。

它是用来确定建设项目设计方案的一种技术方法，因为它能够帮助人们从项目成本和价值两个方面去安排建设项目的建筑设计方案。

③ 它是一种实现建设项目全生命周期造价最小化的计划方法，是一种追求项目全生命周期造价最小化和项目价值最大化的计划技术。

(2) 建设项目全过程造价管理

建设项目全过程造价管理的核心概念如下。

① 它是一种基于活动和过程的建设项目造价管理模式，是一种用来确定和控制建设项目全过程造价的方法。它强调建设项目是由一系列活动所构成的过程，所以其造价的确定与控制应该使用基于活动和过程的方法，因此人们必须按照全过程管理的模式和方法去开展这种管理工作。

② 它要求在建设项目工程造价确定中使用基于活动的造价确定方法，这种方法将一个建设项目的全部工作分解成一系列的项目活动，然后分别确定出每项活动消耗或占用的资源，最终根据这些资源及其价格信息确定出一个建设项目全过程的造价。

③ 它要求在建设项目工程造价控制中使用基于活动的造价管理方法，这种方法强调建设项目造价控制必须从项目活动数量和方法的控制入手，通过削减不必要的项目活动和改进低效的活动方法去减少资源消耗，进而实现对工程造价的控制。

(3) 建设项目全面造价管理

建设项目全面造价管理的核心概念如下。

① 它是系统观在建设项目造价管理上的反映，可以用来分析、评价、确定和控制建设项目的工程造价。它强调在建设项目工程造价管理中要全面考虑项目各种要素的影响，要集成管理建设项目全过程中确定性和不确定性的造价，要促使全体项目相关利益主体都参与建设项目的造价管理。

② 它包含了建设项目全生命周期造价管理的思想和方法，同样要求在评价、分析和设计建设项目时要考虑项目建造和运营维护这两种成本。此外，它还包含通过全体项目相关利益主体参与造价管理去实现项目利益最大化的思想和方法。

③ 它包含了建设项目全过程造价管理的思想和方法，要求人们按照基于活动的确定和管理方法去确定和控制建设项目全过程的造价。此外，它还包含了建设项目造价的全要素集成管理和全风险造价管理等方面的思想和方法。

3. 建设项目造价管理不同模式的应用与发展趋势

(1) 全生命周期造价管理模式的特点与应用

建设项目全生命周期造价管理模式主要是在项目设计和决策阶段使用的一种全面考虑建设项目成本和价值原理的方法，有助于人们在项目全过程中统筹考虑建设项目全生命周期的成本，并帮助人们提升项目的价值。因此这种建设项目工程造价管理模式主要是一种指导建设项目投资决策与建筑设计的方法，但是它并不能用于对建设项目造价的估算、预算和全过程造价控制，所以其适用性存在较大的局限性。

(2) 全过程造价管理模式的特点与应用

全过程造价管理模式要求使用基于活动的方法去确定和控制一个建设项目的造价，要求针对项目活动及其方法进行分析和改进，力求降低或消除项目的无效或低效活动，从而实现建设项目造价的全面控制。

(3) 全面造价管理模式的特点与应用

建设项目全面造价管理这一模式最突出的特点是"全面",它不但包括了项目全生命周期造价管理和全过程造价管理的思想和方法,同时还包括了项目全要素、全团队和全风险造价管理等系统论的建设项目造价管理思想和方法;该模式实际上是现有建设项目工程造价管理思想和方法的一种全面集成,即集成管理的思想和方法,如图1.2所示。

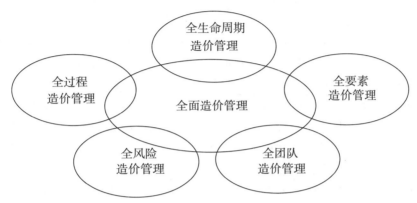

图 1.2　全面造价管理模式与其他造价管理模式的关系

对照分析前面所述的三种建设项目工程造价管理的基本模式,人们不难发现,不管从其蕴含的管理知识内容的广泛性来看,还是从其中的管理知识历史发展变化逻辑规律来看,建设项目全面造价管理的模式都最有可能成为我国未来建设项目造价管理的主导模式。因为这一工程造价管理模式不但同时包含了建设项目全生命周期造价管理和全过程造价管理的思想与方法,而且在此基础上进一步发展了全要素、全团队和全风险等造价管理的原理和方法。

根据上述有关建设项目造价管理模式的讨论,我们得出的结论是,我国的建设项目工程造价管理模式科学转换必须经历两个阶段,其一是我国正在进行的由基于定额的传统建设项目工程造价管理模式向有中国特色的建设项目全过程造价管理模式的转换,其二是在此基础上进一步向建设项目全面造价管理模式的转换。我国这种"两步走"的建设项目工程造价管理模式科学转换过程与步骤如图1.3所示,其中每一步转向的新模式都必须充分吸取旧模式中的精华,从而实现一个具有扬弃性质的建设项目工程造价管理新旧模式的科学转换。

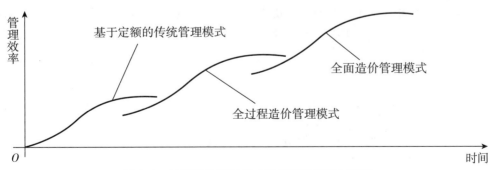

图 1.3　工程造价管理模式科学转换过程与步骤

综合应用案例

【案例概况】

某项目的造价管理模式

某项目位于城市 CBD（中央商务区）地带，为某报业集团的综合办公大楼。项目的占地面积为 65235 m^2，建筑面积为 46589 m^2，高度为 21.6 m。下面以项目招投标阶段为例，阐述本项目的造价管理模式。

对于施工方的招标，由于本项目的价格管理重点在于工程量清单及工程最终报价，因此对项目进行研究后，确定报价值不能与审定值相差 10% 以上，否则即计作一次违约。

在具体的造价控制方面，通过详细审核，造价人员发现并督促整改了以下问题：首先，由于该项目建设方所提供的图纸等资料不够完备，由此而导致对工程量估计的偏差，很容易导致造价失控；其次，一些报价文档中的单价分析表还欠细致，由于这些中间数据的偏差很可能导致总价超标，因此也有导致造价失控的风险；第三，一些项目中的价格估算存在虚高的现象，从保险角度考虑，以高出市场价的数字进行计算，存在造假的隐患；第四，在工程量清单中存在一些失误，未能对项目具体特征进行详细表述，容易导致总价计算不规范；第五，由于对工程量的计算不够精确，导致一部分工程量与图纸相比明显偏少，容易造成不平衡报价行为的发生；最后，在定额套用中，有些地方不够准确，出现了重复或者遗漏，容易使造价偏离真实值。

通过多次反馈和商讨，最终投标方按照造价人员所提出的不足之处与完善建议进行了进一步的标书修改，并达到了业主的要求。

造价管理是一项系统性很强的工程，需要工作人员和管理者不断探索和总结经验，以实现企业经济效益与社会效益的双赢，增强企业的综合竞争力。

本章小结

建设工程造价控制贯穿于项目的全过程，即项目决策阶段、项目设计阶段、项目实施阶段和项目竣工阶段。加强建设工程造价管理，能促进优化设计，准确地编制投资估算，保证估算起到控制造价作用，把造价控制在建设单位同意的限额内。同时，建设工程造价管理，能把建设项目的投资用在各工程项目、各单位以至各分部分项工程之间，并在各投资项目之间进行均衡而合理的分配，以使建设单位的投资获得尽可能高的效益。控制成本费用，有利于我国建筑业节省大量的建设资金，推进我国现代化建设的进程。

 推荐阅读资料

1. 《中华人民共和国建筑法》
2. 《中华人民共和国民法典》（第三编 合同）
3. 《建设项目工程总承包管理规范》（GB/T 50358—2017）

第1章 建设工程造价控制与管理概述

《中华人民共和国建筑法》

《中华人民共和国民法典》

《湖北省建设工程造价管理办法》

《建设项目工程总承包管理规范》

习 题

一、单项选择题

1. 建设项目总造价与（　　）在量上相等。
   A. 固定资产投资　　　　　　　　B. 流动资产投资
   C. 无形资产投资　　　　　　　　D. 递延资产投资

2. 建设工程造价从业主和承包商的角度可分别理解为（　　）。
   A. 建设工程固定资产投资和建设工程承发包价格
   B. 建设工程总投资和建设工程承发包价格
   C. 建设工程总投资和建设工程固定资产投资
   D. 建设工程动态投资和建设工程静态投资

3. 生产性建设项目的总投资包括（　　）两部分。
   A. 建筑安装工程投资和设备、工（器）具购置费
   B. 建筑安装工程投资和工程建设其他费
   C. 固定资产投资和流动资产投资
   D. 固定资产静态投资和动态投资

4. 在建设项目的各个阶段，需要分别编制投资估算、设计概算、施工图预算及竣工结算等，这体现了工程造价（　　）的计价特征。
   A. 复杂性　　　　B. 多次性　　　　C. 组合性　　　　D. 多样性

5. 一栋学生宿舍楼属于（　　）。
   A. 单项工程　　　B. 单位工程　　　C. 建设项目　　　D. 建设工程

6. 工程造价的两种管理是指（　　）。
   A. 建设工程投资费用管理与工程造价计价依据管理
   B. 建设工程投资费用管理与过程价格管理
   C. 工程价格管理与工程造价专业队伍建设管理
   D. 工程造价管理与工程造价计价依据管理

7. 控制造价的关键阶段是（　　）。
   A. 施工阶段　　　B. 设计阶段　　　C. 可行性研究阶段　D. 结算阶段

8. 我国现阶段工程造价管理的模式是（　　）。
   A. 全生命周期造价管理　　　　　　B. 全过程造价管理
   C. 全面造价管理　　　　　　　　　D. 全要素造价管理

9. 项目可行性研究报告中一般包括（　　）。
   A. 投资估算　　　B. 投资概算　　　C. 设计概算　　　D. 工程预算
10. 建设项目工程造价的计算顺序是（　　）。
    ①建设项目总造价；②单项工程造价；③单位工程造价；④分部分项工程造价。
    A. ①②③④　　　B. ①③②④　　　C. ④②③①　　　D. ④③②①

二、多项选择题

1. 工程造价的特点有（　　）。
   A. 大额性　　　　　　　　　　　　B. 个别性
   C. 动态性　　　　　　　　　　　　D. 层次性
   E. 兼容性
2. 工程造价具有多次性计价特征，其中各阶段与造价对应关系正确的是（　　）。
   A. 招投标阶段——合同价　　　　　B. 施工阶段——合同价
   C. 竣工验收阶段——实际造价　　　D. 竣工验收阶段——结算价
   E. 可行性研究阶段——概算造价
3. 建设工程项目的全生命周期包括（　　）。
   A. 决策阶段　　　　　　　　　　　B. 实施阶段
   C. 使用阶段　　　　　　　　　　　D. 可行性研究阶段
   E. 设计阶段
4. 关于工程造价基本概念的理解正确的是（　　）。
   A. 从投资者角度看，工程造价就是工程的发包价格
   B. 静态投资包含动态投资
   C. 动态投资包含静态投资
   D. 静态投资就是建设项目总投资
   E. 非生产性工程项目的总投资就是固定资产投资
5. 建设工程项目静态投资包括（　　）。
   A. 基本预备费
   B. 因工程量变更所增加的工程造价
   C. 涨价预备费
   D. 建设期贷款利息
   E. 设备购置费

三、简答题

1. 简述工程造价与工程造价管理的概念。
2. 简述工程造价管理的基本内容。
3. 简述建设项目全面造价管理模式。

第 2 章 建设工程造价构成

教学目标

本章介绍了建设工程造价构成。学生通过学习工程造价的各组成部分，应熟练掌握人工费、材料费、施工机具使用费、企业管理费、利润、规费、税金的组成及计算方法，学会计算建筑安装工程造价。

思维导图

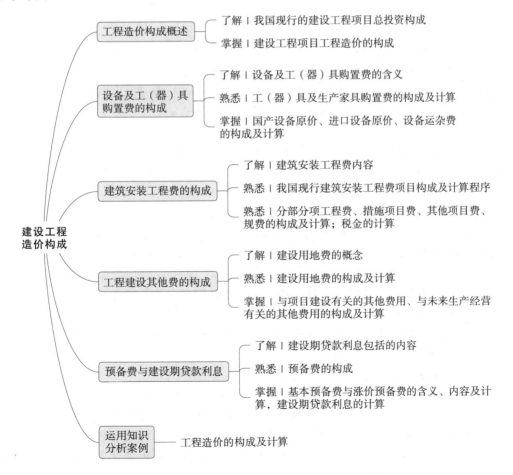

引例

【背景】

由某美国公司引进年产 6 万吨全套工艺设备和技术的某精细化工项目,在我国某港口城市建设。该项目占地 10 hm^2,绿化覆盖率为 36%。建设期 2 年,固定资产投资 11800 万元,流动资产投资 3600 万元。引进部分的合同总价 682 万美元,用于主要生产工艺装置的外购费用。厂房、辅助生产装置、公用工程、服务项目、生活福利及厂外配套工程等均由国内设计配套。引进合同价款的细项如下。

(1) 硬件费 620 万美元,其中工艺设备费 460 万美元、仪表费 60 万美元、电气设备费 56 万美元、工艺管道费 36 万美元、特种材料费 8 万美元。

(2) 软件费 62 万美元,其中计算关税的项目有设计费、非专利技术及技术秘密费 48 万美元;不计算关税的有技术服务及资料费 14 万美元(不计海关监管手续费)。

美元兑换人民币的汇率均按 1 美元=7.00 元计算。

(3) 中国远洋公司的海运费费率为 6%,海运保险费费率为 3.5‰,外贸手续费费率、中国银行财务手续费费率、增值税税率和关税税率分别按 1.5%、5‰、13%、17% 计取。

(4) 国内供销手续费费率为 0.4%,运输、装卸和包装费费率为 0.1%,采购保管费费率为 1%。

问题:

(1) 该引进工程项目工程造价应包括哪些投资内容?

(2) 该引进工程项目中的引进部分硬、软件从属费用有哪些?应如何计算?

(3) 该引进工程项目引进部分购置投资的估算价格是多少?

(4) 该引进工程项目中,有关引进技术和进口设备的其他费用应包括哪些内容?

(5) 该引进工程项目中,如何体现互利共赢、贸易自由化?

【案例解析】

本案例主要考核引进工程项目的工程造价构成,从属费用的计算内容和计算方法,引进设备国内运杂费和设备购置费的计算方法,有关引进技术和进口设备的其他费用内容等。同时了解党的二十大报告中提到的"中国坚持对外开放的基本国策,坚定奉行互利共赢的开放战略"。本案例应解决以下几个主要概念性问题。

(1) 编制一个引进工程项目的工程造价与编制一个国内工程项目的工程造价在编制内容上是一样的,所不同的只是增加了一些由于引进而引起的费用和特定的计算规则。所以编制时应考虑这方面的投资费用,先将引进部分和国内配套部分的投资内容分别编制再进行汇总。

(2) 引进项目减免关税的技术资料、技术服务等软件部分不计国外运输费、国外运输保险费、外贸手续费和增值税。

外贸手续费、关税计算依据是硬件到岸价和应计关税软件的货价之和;银行财务费计算依据是全部硬、软件的货价,本例是引进工艺设备,故增值税的计算依据是关税完税价与关税之和,不考虑消费税。

硬件到岸价=硬件货价+国外运输费+国外运输保险费

关税完税价=硬件到岸价+应计关税软件的货价

(3) 引进部分的购置投资=引进部分的原价+引进部分的国内运杂费。

其中,引进部分的原价=货价+国外运输费+外贸手续费+银行财务费+关税+增值税(不考虑进口车辆的消费税和附加费)。

第2章 建设工程造价构成

引进部分的国内运杂费包括供销手续费、运输装卸费和包装费（设备原价中未包括的，而运输过程中需要的包装费）及采购保管费等内容，并按以下公式计算。

引进部分的国内运杂费＝引进部分的原价×国内运杂费费率

【参考答案】

问题（1）

解：该引进工程项目的工程造价应包括以下投资内容。

① 引进国外技术、设备和材料的投资费用（含相应的从属费用）。
② 引进国外设备和材料在国内的安装费用。
③ 国内进行配套的设备制造及安装费用。
④ 厂房等国内所有配套工程的建造费用。
⑤ 与工程项目建设有关的其他费用（含引进部分的其他费用）。
⑥ 工程项目的预备费、建设期贷款利息等。

问题（2）

解：本案例引进部分为工艺设备的硬、软件，其价格组成除货价外的从属费用包括国外运输费、国外运输保险费、关税、消费税（价内税）、增值税、银行财务费、外贸手续费、海关监管手续费等费用。引进项目硬、软件各项费用的计算方法如表2-1所示。

表2-1 引进项目硬、软件各项费用的计算方法

名称	计算公式	备注
货价	货价＝合同中硬、软件的离岸价外币金额×外汇牌价	合同生效，第一次付款日期的兑汇牌价
国外运输费	国外运输费＝合同中硬件货价×国外运输费费率	海运费费率通常取6%，空运费费率通常取8.5%，铁路运输费费率通常取1%
国外运输保险费	国外运输保险费＝（合同中硬件货价＋国外运输费）×运输保险费费率÷（1－运输保险费费率）	海运保险费费率通常取0.35%，空运保险费费率通常取0.455%，陆运保险费费率通常取0.266%
关税	硬件关税＝（合同中硬件货价＋国外运输费＋国外运输保险费）×关税税率＝合同中硬件到岸价×关税税率 软件关税＝合同中应计关税软件的货价×关税税率	应计关税的软件指设计费、技术秘密、专利许可证、专利技术等
消费税（价内税）	消费税＝[（到岸价＋关税）÷（1－消费税税率）]×消费税税率（进口车辆才有此税）	消费税税率（进口车辆才有此税）：越野车、小汽车取5%，小轿车取8%，轮胎取10%
增值税	增值税＝（硬件到岸价＋应计关税软件的货价＋关税）×增值税税率	增值税税率取13%
银行财务费	合同中硬、软件的货价×银行财务费费率	银行财务费费率取0.4%～0.5%
外贸手续费	（合同中硬件到岸价＋应计关税软件的货价）×外贸手续费费率	外贸手续费费率取1.5%
海关监管手续费	减免关税部分到岸价×海关监管手续费费率	海关监管手续费费率取0.3%

问题（3）

解：本项目引进部分的购置投资＝引进部分的原价＋引进部分的国内运杂费

式中，引进部分的原价是指引进部分的货价与从属费用之和，其计算见表 2-2。

表 2-2 引进部分的原价计算　　　　　　　　　　　　　　　单位：万元

序号	费用名称	计算公式	费用
1	货价	货价＝620×7.00＋62×7.00＝4340.00＋434.00＝4774.00	4774.00
2	国外运输费	国外运输费＝4340.00×6%＝260.40	260.40
3	国外运输保险费	国外运输保险费＝（4340.00＋260.40）×0.35%/（1－0.35%）≈16.16	16.16
4	关税	硬件关税＝（4340.00＋260.40＋16.16）×17%＝4616.56×17%≈784.82 软件关税＝48×7.00×17%＝336.00×17%＝57.12	841.94
5	增值税	增值税＝（4616.56＋336.00＋841.94）×13%＝5794.52×13%≈753.29	753.29
6	银行财务费	银行财务费＝4774.00×0.5%＝23.87	23.87
7	外贸手续费	外贸手续费＝（4340.00＋260.40＋16.16＋48×7.00）×1.5%≈74.29	74.29
8	引进部分原价	引进部分原价＝4774.00＋260.40＋16.16＋841.94＋753.29＋23.87＋74.29＝6743.95	6743.95

由表 2-2 得知，引进部分的原价为 6743.95 万元。

引进部分的国内运杂费＝6743.95×（0.4%＋0.1%＋1%）≈101.16（万元）

引进部分的购置投资＝6743.95＋101.16＝6845.11（万元）

问题（4）

解：该引进工程项目中，有关引进技术和进口设备的其他费用应包括以下内容。

① 国外工程技术人员来华费用（差旅费、生活费、接待费和办公费等）。

② 出国人员费用。

③ 技术引进费及引进设备、材料的检验鉴定费。

④ 引进项目担保费。

⑤ 延期或分期付款利息等。

问题（5）

解：引例背景可知从美国引进某精细化工项目，体现了党的二十大报告所提出的"中国坚持经济全球化正确方向，推动贸易和投资自由化便利化"，体现了我国对外开放的基本国策。

具体来说，体现了如下几点：一是说明我国对外开放政策全面开花，不仅涵盖了商贸、加工等领域，还涵盖了工业领域，体现了我国海纳百川的气度与格局；二是引进国外先进化工项目有效盘活了我国相关生产要素，提升我国工业化水平及其在全球产业分工体系中的参与度，进一步完善全球产业链。三是引进化工项目，顺应了经济全球化，深化了国际合作，推进了贸易自由化便利化。

2.1 工程造价构成概述

2.1.1 我国现行的建设工程项目总投资构成

建设工程项目总投资是指进行某项工程建设所花费的全部费用。根据建设工程项目性质的不同，建设工程项目分为生产性建设工程项目和非生产性建设工程项目。性质不同的建设工程项目，其总投资的构成也不同。生产性建设工程项目总投资包括固定资产投资和流动资产投资，非生产性建设工程项目总投资仅包括固定资产投资。

固定资产投资是指建造和购置固定资产的经济活动，即固定资产再生产活动。固定资产再生产过程包括固定资产更新（局部更新和全部更新）、改建、扩建、新建等活动。从工程造价的角度来说，固定资产投资在量上与建设工程项目的工程造价相等。

流动资产投资即流动资金，和固定资产投资相对应。流动资产投资是指投资主体用以获得流动资产的投资，即项目在投产前预先垫付、在投产后生产经营过程中为保证生产和经营的正常进行而周转使用的资金。

知识链接 2-1

固定资产投资与流动资产投资的关系

从价值周转的角度看，固定资产投资和流动资产投资不同，前者属于长期投资，后者属于短期投资；但是，从价值被占用的角度看，固定资产投资和流动资产投资一样，两者都要被生产过程长期占用。两者的关系具体体现在以下几个方面。

（1）固定资产投资的结果是形成劳动手段，对未来企业生产什么、如何生产、在什么地方以多大规模进行生产有着决定性影响。流动资产投资的结果是劳动对象，而投在劳动对象上的价值要和固定资本的大小所决定的生产规模相适应，流动资产投资的数量及其结构是由固定资产投资的规模及其结构所决定的。

（2）固定资产和流动资产都是生产过程中不可缺少的生产要素，固定资产投资必须有流动资产投资的配合。

（3）固定资产投资从项目动工到建成交付使用，往往要经历较长的时间。在这期间，只有投入，没有产出，投入的资金好像被冻结起来一样。因此一个企业究竟能在多大规模上经受得住这种暂时的"冻结"而不至于影响再生产的正常进行，客观上有一个界限。而流动资产投资，一般时间短，只要流动资产投资的规模与固定资产投资的规模相适应，产品适销对路，流动资产投资很快就可以收回。

（4）固定资产价值的收回依赖于流动资产的顺利周转。这是因为，固定资产的转移价值以折旧的形式，只能在列入生产成本以后，作为产品销售成本的一部分，通过产品销售，从销售收入中得到实现。假如流动资产不能顺利周转，则意味着存货不能顺利地转化为货币资金，也就难以实现销售收入。

因此，固定资产投资和流动资产投资是相互依存、密不可分的。

2.1.2 建设工程项目工程造价的构成

工程造价是指一项工程预计开支或实际开支的全部固定资产投资费用。从这个意义上来讲，工程造价与固定资产投资的概念是一致的。

工程造价的构成按工程项目建设过程中各类费用支出或花费的性质、途径等来确定，是通过费用划分和汇集所形成的工程造价的费用分解结构。在工程造价基本构成中，包括用于购买工程项目所含各种设备的费用，用于建筑施工和安装施工所需支出的费用，用于委托工程勘察设计应支付的费用，用于购置土地所需的费用，也包括用于建设单位自身进行项目筹建和项目管理所花费的费用等。总之，工程造价是工程项目按照确定的建设内容、建设规模、建设标准、功能要求和使用要求等全部建成并验收合格交付使用所需的全部费用。

典型考题：
我国现行工程造价的构成

我国现行工程造价的构成主要划分为设备及工（器）具购置费、建筑安装工程费、工程建设其他费、预备费、建设期贷款利息、固定资产投资方向调节税（根据《中华人民共和国固定资产投资方向调节税暂行条例》规定，固定资产投资方向调节税从 2000 年 1 月 1 日起暂停征收，并未取消）等几项。我国现行工程造价的构成如图 2.1 所示。

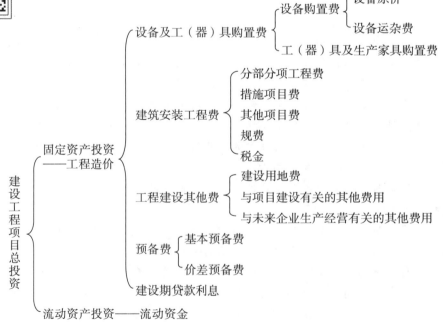

图 2.1 我国现行工程造价的构成

应用案例 2-1

【案例概况】

某建设项目投资构成中,设备及工(器)具购置费为2000万元,建筑安装工程费为1000万元,工程建设其他费为500万元,预备费为200万元,建设期贷款为1800万元,应计利息为80万元,流动资金贷款为400万元,则该建设项目的工程造价和总投资分别为多少万元?

【案例解析】

根据我国现行的建设工程项目总投资和工程造价的构成,总投资由固定资产投资和流动资产投资构成,而工程造价在量上等于固定资产投资,因此,该建设项目的工程造价=2000+1000+500+200+80=3780(万元),该建设项目的总投资=3780+400=4180(万元)。

2.2 设备及工(器)具购置费的构成

设备及工(器)具购置费由设备购置费和工(器)具及生产家具购置费组成,它是固定资产投资中的积极部分。在生产性工程建设中,设备及工(器)具购置费占工程造价比重的增大,意味着生产技术的进步和资本有机构成的提高。

2.2.1 设备购置费的构成及计算

设备购置费是指为建设项目购置或自制的达到固定资产标准的各种国产或进口设备、工(器)具的购置费。它是由设备原价和设备运杂费构成,即

$$设备购置费 = 设备原价 + 设备运杂费 \tag{2-1}$$

根据来源地的不同,设备分为国产设备和进口设备。因此,式(2-1)中设备原价是指国产设备或进口设备的原价;设备运杂费是指除设备原价之外的关于设备采购、运输、途中包装及仓库保管等方面支出费用的总和。

知识链接 2-2

固定资产标准

原《企业会计制度》规定:固定资产是指企业使用期限超过1年的房屋、建筑物、机器、机械、运输工具,以及其他与生产、经营有关的设备、器具、工具等。不属于生产经营主要设备的物品,单位价值在2000元以上,并且使用年限超过2年的,也应当作固定资产。

新《会计准则》中对固定资产的定义为:"固定资产是指同时具备以下特征的有形资产:①为生产商品、提供劳务、出租或经营管理而持有;②使用年限超过1年;③单位价值较高。"新《会计准则》只是强调"单位价值较高",没有给出具体的价值判断标准,并突出固定资产持有的目的和实物形态的特征,因此,可以参考原《企业会计制度》对固定资产价值的规定。

1. 国产设备原价的构成及计算

国产设备原价一般是指设备制造厂的交货价、出厂价或订货合同价，通常根据生产厂家或供应商的询价、报价、合同价确定，或采用一定的方法计算确定。国产设备原价分为国产标准设备原价和国产非标准设备原价。

（1）国产标准设备原价

国产标准设备是指按照主管部门颁布的标准图纸和技术要求，由我国设备生产厂批量生产的，符合国家质量检测标准的设备。国产标准设备原价有两种，即带有备件的原价和不带有备件的原价。在计算时，通常采用带有备件的原价。国产标准设备一般有完善的交易市场，因此可通过查询相关的交易市场价格或向设备生产厂家询价得到。

（2）国产非标准设备原价

国产非标准设备是指国家尚无定型标准，各设备生产厂不可能在工艺过程中采用批量生产，只能按一次订货，并根据具体的设计图纸制造的设备。通常国产非标准设备无市场交易价格，只能按其成本构成或相关技术参数估算其价格。国产非标准设备原价有多种不同的计算方法，如成本计算估价法、系列设备插入估价法、分部组合估价法、定额估价法等。无论采用哪种计算方法，国产非标准设备的计价都应接近出厂价。在这些计算方法中，最常用的是成本计算估价法。

按成本计算估价法，国产非标准设备的原价由以下各项组成。

① 材料费，其计算公式如下。

$$材料费 = 材料净重 \times (1 + 加工损耗系数) \times 每吨材料综合价 \quad (2-2)$$

② 加工费，包括生产工人工资和工资附加费、燃料动力费、设备折旧费、车间经费等。其计算公式如下。

$$加工费 = 设备总质量（t） \times 设备每吨加工费 \quad (2-3)$$

③ 辅助材料费（简称辅材费），包括焊条、焊丝、氧气、氩气、氮气、油漆、电石等费用。其计算公式如下。

$$辅助材料费 = 设备总质量 \times 辅助材料费指标 \quad (2-4)$$

④ 专用工具费，按第①～③项之和乘以一定百分比计算。

⑤ 废品损失费，按第①～④项之和乘以一定百分比计算。

⑥ 外购配套费，按设备设计图纸所列的外购配套件的名称、型号、规格、数量、质量，根据相应的价格加运杂费计算。

⑦ 包装费，按以上第①～⑥项之和乘以一定百分比计算。

> **特别提示**
> 计算包装费时应把外购配套件费加上。

⑧ 利润，可按第①～⑤项加第⑦项之和乘以一定利润率计算。

> **特别提示**
>
> 计算利润时不包括外购配套件费,但包含包装费。因为对非标准设备生产厂商来说,它是通过生产产品并销售获取利润,而不是通过商品的买卖赚取差价。

⑨ 税金,主要指增值税。其计算公式如下。

$$应纳增值税税额 = 销项税额 - 进项税额 \qquad (2-5)$$

$$销项税额 = 销售额 \times 适用增值税税率 \qquad (2-6)$$

式中,销售额为①~⑧项之和。

> **特别提示**
>
> 党的二十大报告在社会主义市场经济"高水平[①]"的发展要求中,明确提出要"优化税制结构[②]",表明高水平社会主义市场经济对税收"高站位"的要求。
>
> 销项税额是指增值税纳税人销售货物和应缴税劳务,按照销售额和适用税率计算并向购买方收取的增值税税额。
>
> 进项税额是指当期购进货物或应税劳务缴纳的增值税税额。在企业计算时,销项税额扣减进项税额后的数字,才是应纳增值税税额。因此进项税额的多少直接关系到应纳增值税税额的多少。一般在财务报表计算过程中采用以下公式进行计算:进项税额=(外购原料、燃料、动力)×税率/(1+税率)。
>
> 根据《中华人民共和国增值税暂行条例》规定,对于国产非标准设备生产厂家为生产国产非标准设备而购入的零配件准予从销项税额当中抵扣进项税额。
>
> 而在国产非标准设备原价计算时,通常仅考虑销项税额。因为增值税是针对流通环节的增值部分计税,通过层层转嫁,税费由最后的消费者承担。在固定资产投资中,投资人是最后的消费者,所以没有抵扣。

⑩ 国产非标准设备设计费,按国家规定的设计费收费标准计算。

综上所述,单台国产非标准设备原价可用下面的公式表达。

单台国产非标准设备原价={[(材料费+加工费+辅助材料费)×(1+专用工具费费率)×(1+废品损失费费率)+外购配套件费]×(1+包装费费率)-外购配套件费}×(1+利润率)+销项税额+国产非标准设备设计费+外购配套件费 (2-7)

典型考题:国产非标准设备购置费的构成与计算

[①] 党的二十大报告第四条加快构建新发展格局,着力推动高质量发展"构建高水平社会主义市场经济体制"。

[②] 党的二十大报告第四条加快构建新发展格局,着力推动高质量发展"健全现代预算制度,优化税制结构,完善财政转移支付体系。"

应用案例 2-2

【案例概况】

某工厂采购一台国产非标准设备,制造厂生产该台设备所用材料费 20 万元,加工费 2 万元,辅助材料费 4000 元,制造厂为制造该设备,在材料采购过程中发生进项税额 4 万元。专用工具费费率 2%,废品损失费费率 10%,外购配套件费 5 万元,国产包装费费率 2%,利润率 7%,增值税 4 万元,国产非标准设备设计费 2 万元,则该国产非标准设备的原价为多少万元?

【案例解析】

该案例是关于单台国产非标准设备原价的计算。

单台国产非标准设备原价={[(材料费+加工费+辅助材料费)×(1+专用工具费费率)×(1+废品损失费费率)+外购配套件费]×(1+包装费费率)−外购配套件费}×(1+利润率)+销项税额+国产非标准设备设计费+外购配套件费={[(20+2+0.4)×(1+2%)×(1+10%)+5]×(1+2%)−5}×(1+7%)+(4+4)+2+5≈40.29(万元)。

增值税需要用销项税额减去进项税额,针对流通环节的增值部分计税,通过层层转嫁,税费由最后的消费者承担。在固定资产投资中,投资人是最后的消费者,所以没有抵扣。案例中的进项税额 4 万元是干扰项。

> **特别提示**
>
> 采用成本计算估价法计算非标准设备原价时,为了保证计算结果的准确,通常采用逐项计算再汇总的方法,即将设备原价构成的 10 项费用分别列项计算,最后汇总。

2. 进口设备原价的构成及计算

进口设备的原价是指进口设备的抵岸价,即抵达买方边境港口或边境车站,且交完关税等税费后形成的价格。进口设备抵岸价的构成与进口设备的交货类别有关。

(1) 进口设备的交货类别

在国际贸易中,交易双方根据所使用的交货类别不同,其交易价格的构成内容也不同。进口设备的交货类别可分为内陆交货类、目的地交货类、装运港交货类。

① 内陆交货类,即卖方在出口国内陆的某个地点交货。在交货地点,卖方及时提交合同规定的货物和有关凭证,并负担交货前的一切费用和风险;买方按时接受货物,交付货款,负担接货后的一切费用和风险,并自行办理出口手续和装运出口。货物的所有权也在交货后由卖方转移给买方。

② 目的地交货类,即卖方在进口国的港口或内地交货,有目的港船上交货价、目的港船边交货价 (FOS)、目的港码头交货价(关税已付)及完税后交货价(进口国指定地点)等几种交货价。它们的特点是:买卖双方承担的责任、费用和风险以目的地约定交货点为分界线,只有当卖方在交货点将货物置于买方控制下才算交货,才能向买方收取货款。这种交货类别对卖方来说承担的风险较大,在国际贸易中卖方一般不愿采用。

③ 装运港交货类,即卖方在出口国装运港交货,主要有离岸价 (FOB)、运费在内价

（C&F）和到岸价（CIF）。它们的特点是：卖方按照约定的时间在装运港交货，只要卖方把合同规定的货物装船后提供货运单据便完成交货任务，可凭单据收回货款。

知识链接 2-3

常见的进口设备交易价格有以下几个。

(1) FOB（Free on Board，离岸价）

离岸价即装运港船上交货价。

卖方的基本义务如下。

① 办理出口清关手续，自负风险和费用，领取出口许可证及其他官方文件。

② 在约定的日期或期限内，在合同规定的装运港，按港口惯常的方式，把货物装上买方指定的船只，并及时通知买方。

③ 承担货物在装运港越过船舷之前的一切费用和风险。

④ 向买方提供商业发票和证明货物已交至船上的装运单据或具有同等效力的电子单证。

买方的基本义务如下。

① 负责租船或订舱，按时派船到合同约定的装运港接运货物，支付运费，并将船期、船名及装船地点及时通知卖方。

② 负担货物装船后的各种费用和一切风险。

③ 负责获取进口许可证或其他官方文件，以及办理货物入境手续。

④ 受领卖方提供的各种单证，按合同规定支付货款。

(2) C&F（Cost and Freight，运费在内价）

卖方的基本义务如下。

① 办理出口清关手续，自负风险和费用，领取出口许可证及其他官方文件。

② 提供货物，负责签订运输合同并租船，在合同规定的装运港和规定的期限内把货物装上船，并及时通知买方，支付运费。

③ 承担货物在装运港越过船舷之前的一切费用和风险。

④ 向买方提供商业发票和证明货物已交至船上的装运单据或具有同等效力的电子单证。

买方的基本义务如下。

① 负担货物装船后的额外费用和一切风险。

② 在规定的港口受领货物，办理进口清关手续，交纳进口税。

③ 受领卖方提供的各种单证，按合同规定支付货款。

(3) CIF（Cost, Insurance and Freight，到岸价）

到岸价，即运费、保险费在内价。

卖方的基本义务如下。

卖方除负有与运费在内价相同的义务外，还应办理货物在运输途中最低险别的海运保险，并应支付保险费。

买方的基本义务如下。

除保险外，其他与运费在内价相同。

(2) 进口设备原价的构成及计算

进口设备原价是指进口设备的抵岸价，通常是由进口设备到岸价和进口从属费构成，即

$$进口设备原价＝抵岸价＝进口设备到岸价＋进口从属费 \qquad (2-8)$$

① 进口设备到岸价的构成及计算。进口设备到岸价是指抵达买方边境港口或边境车站的价格。进口设备采用最多的是离岸价，有时也会采用运费在内价。

$$进口设备到岸价＝离岸价＋国际运费＋运输保险费$$
$$＝运费在内价＋运输保险费 \qquad (2-9)$$

A. 离岸价，即装运港船上交货价。设备的离岸价按照币种不同分为原币货价和人民币货价，其中原币货价按有关生产厂商询价、报价或合同价折算为美元表示，人民币货价按原币货价乘以外汇市场美元兑换人民币的汇率折算。我国进口设备货价通常要折算为人民币表示。

B. 国际运费，即从装运港（站）到达我国抵达港（站）的运费。国际运输方式中海洋运输的运费最低，铁路运输其次，航空运输最贵，所以我国进口设备大多数采用海洋运输，小部分采用铁路运输，个别采用航空运输。进口设备国际运费计算公式为

$$国际运费（海、陆、空）＝原币货价（FOB）\times 运费费率 \qquad (2-10)$$

$$国际运费（海、陆、空）＝运量\times 单位运价 \qquad (2-11)$$

其中，运费费率或单位运价参照有关部门或进出口公司的规定执行。

C. 运输保险费。对外贸易货物运输保险是由保险人（保险公司）与被保险人（出口人或进口人）订立保险契约，在被保险人交付议定的保险费后，保险人根据保险契约的规定对货物在运输过程中发生的承保责任范围内的损失给予经济上的补偿。这是一种财产保险，其计算公式为

$$运输保险费＝\frac{原币货价（FOB）＋国外运费}{1-运输保险费费率}\times 运输保险费费率 \qquad (2-12)$$

其中，运输保险费费率按保险公司规定的进口货物保险费费率计算。

② 进口从属费的构成及计算。进口从属费包括银行财务费、外贸手续费、关税、消费税、增值税、海关监管手续费、车辆购置附加费7种相关费税，即

$$进口从属费＝银行财务费＋外贸手续费＋关税＋消费税＋增值税＋$$
$$海关监管手续费＋车辆购置附加费 \qquad (2-13)$$

A. 银行财务费。它一般是指中国银行手续费，可按下式简化计算。

$$银行财务费＝人民币货价（FOB）\times 银行财务费费率 \qquad (2-14)$$

其中，银行财务费费率通常按银行规定为 $0.4\%\sim 0.5\%$。

> **特别提示**
>
> 以上国际运费、运输保险费、银行财务费均采用离岸价（FOB）作为计算基础，以下各项则采用到岸价（CIF）作为计算基础。

B. 外贸手续费。按对外经济贸易部规定的外贸手续费费率计取的费用规定，外贸手续费费率一般取 1.5%。其计算公式为

$$外贸手续费＝到岸价\times 外贸手续费费率 \qquad (2-15)$$

C. 关税。关税是海关对进出国境或关境的货物和物品征收的一种税。其计算公式为

$$关税 = 到岸价 \times 进口关税税率 \qquad (2-16)$$

其中，到岸价包括离岸价、国际运费、运输保险费。由于到岸价是缴纳关税的基数，也称关税完税价格。进口关税税率分为优惠税率和普通税率两种。优惠税率适用于与我国签订关税互惠条款的贸易条约或协定的国家的进口设备；普通税率适用于未与我国签订关税互惠条款的贸易条约或协定的国家的进口设备。具体关税税率按我国海关总署发布的进口关税税率计算。

D. 消费税。它仅对部分进口设备（如轿车、摩托车等）征收。其计算公式为

$$消费税 = \frac{到岸价 + 关税}{1 - 消费税税率} \times 消费税税率 \qquad (2-17)$$

其中，消费税税率根据规定的税率计算。

E. 增值税。它是对从事进口贸易的单位和个人，在进口商品报关进口后征收的税种。《中华人民共和国增值税暂行条例》规定，进口应税产品均按组成计税价格和增值税税率直接计算应纳税额，即

$$进口产品增值税额 = 组成计税价格 \times 增值税税率 \qquad (2-18)$$

$$组成计税价格 = 关税完税价格 + 关税 + 消费税 \qquad (2-19)$$

F. 海关监管手续费。它指海关对进口减税、免税、保税货物实施监督、管理、提供服务的手续费。对于全额征收进口关税的货物不计本项费用，其公式如下。

$$海关监管手续费 = 到岸价 \times 海关监管手续费费率 \qquad (2-20)$$

典型考题：进口设备购置费的构成与计算

其中，海关监管手续费费率一般为0.3%。

G. 车辆购置附加费。进口车辆需缴纳进口车辆购置附加费，其公式如下。

$$进口车辆购置附加费 = (到岸价 + 关税 + 消费税 + 增值税) \times 进口车辆购置附加费费率 \qquad (2-21)$$

 应用案例 2-3

【案例概况】

从某国进口设备，质量为1000 t，离岸价为400万美元，工程建设项目位于国内某省会城市。如国际运费标准为300美元/t，海上运输保险费费率为3‰，银行财务费费率为5‰，外贸手续费费率为1.5%，关税税率为22%，消费税税率为10%，增值税税率为13%，银行外汇牌价为1美元=6.8元人民币。试对该设备的原价进行估算。

【案例解析】

该案例是关于进口设备原价的计算。根据公式"进口设备原价=抵岸价=进口设备到岸价+进口从属费=离岸价+国际运费+运输保险费+银行财务费+外贸手续费+关税+消费税+增值税+海关监管手续费+车辆购置附加费"来计算。

（1）进口设备离岸价 = $400 \times 6.8 = 2720$（万元）

（2）国际运费 = $300 \times 1000 \times 6.8 = 204$（万元）

（3）运输保险费 = $\dfrac{2720 + 204}{1 - 0.3\%} \times 0.3\% \approx 8.80$（万元）

（4）进口设备到岸价 = 2720 + 204 + 8.80 = 2932.80（万元）

（5）银行财务费 = 2720 × 5‰ = 13.6（万元）

（6）外贸手续费 = 2932.80 × 1.5% ≈ 43.99（万元）

（7）关税 = 2932.80 × 22% ≈ 645.22（万元）

（8）消费税 = $\dfrac{2932.80+645.22}{1-10\%} \times 10\%$ ≈ 397.56（万元）

（9）增值税 = (2932.80 + 645.22 + 397.56) × 13% ≈ 516.83（万元）

（10）进口从属费 = 13.6 + 43.99 + 645.22 + 397.56 + 516.83 = 1617.20（万元）

该进口设备原价 = 2932.80 + 1617.20 = 4550.00（万元）

3. 设备运杂费的构成及计算

设备运杂费是指除设备原价之外的关于设备采购、运输、途中包装及仓库保管等方面支出费用的总和。

（1）设备运杂费的构成

① 运费和装卸费。国产设备的运费和装卸费是指由设备制造厂交货地点起至工地仓库（或施工组织设计指定的需要安装设备的堆放地点）止所发生的运费和装卸费；进口设备的运费和装卸费是指由我国到岸港口或边境车站起至工地仓库（或施工组织设计指定的需安装设备的堆放地点）止所发生的运费和装卸费。

② 包装费。它是指在设备原价中没有包含的，为运输而进行的包装支出的各种费用。

③ 供销部门的手续费。它是按有关部门规定的统一费率计算。

④ 采购与仓库保管费。它是指采购、验收、保管和收发设备所发生的各种费用，包括设备采购人员、保管人员和管理人员的工资、工资附加费、办公费、差旅交通费，设备供应部门办公和仓库所占固定资产使用费、工具用具使用费、劳动保护费、检验试验费等。这些费用可按主管部门规定的采购及保管费费率计算。

典型考题：
设备运杂费

（2）设备运杂费的计算

设备运杂费按设备原价乘以设备运杂费费率计算，其公式如下：

$$\text{设备运杂费} = \text{设备原价} \times \text{设备运杂费费率} \quad (2-22)$$

其中，设备运杂费费率按各部门及省、市等的规定计取。

2.2.2 工（器）具及生产家具购置费的构成及计算

工（器）具及生产家具购置费是指新建或扩建项目初步设计规定的，保证初期正常生产必须购置的没有达到固定资产标准的设备、仪器、工卡模具、器具、生产家具和备品备件等的购置费用，其计算公式如下。

$$\text{工（器）具及生产家具购置费} = \text{设备购置费} \times \text{定额费率} \quad (2-23)$$

2.3 建筑安装工程费的构成

2.3.1 建筑安装工程费内容及构成概述

1. 建筑安装工程费内容

(1) 建筑工程费内容

① 各类房屋建筑工程和列入房屋建筑工程预算的供水、供暖、卫生、通风、煤气等设备费用及其装设、油饰工程的费用,列入建筑工程预算的各种管道、电力、电信和电缆导线敷设工程的费用。

② 设备基础、支柱、工作台、烟囱、水塔、水池、灰塔等建筑工程及各种炉窑的砌筑工程和金属结构工程的费用。

③ 为施工而进行的场地平整,工程和水文地质勘察,原有建筑物和障碍物的拆除,施工临时用水、电、气、路和完工后的场地清理,以及环境绿化、美化等工作的费用。

④ 矿井开凿、井巷延伸、露天矿剥离,石油、天然气钻井,修建铁路、公路、桥梁、水库、堤坝、灌渠及防洪等工程的费用。

(2) 安装工程费内容

① 生产、动力、起重、运输、传动、医疗和试验等各种需要安装的机械设备的装配费用,与设备相连的工作台、梯子、栏杆等设施的工程费用,附属于被安装设备的管线敷设的工程费用,以及被安装设备的绝缘、防腐、保温、油漆等工作的材料费和安装费。

② 为测定安装工程质量,对单台设备进行单机试运转、对系统设备进行系统联动无负荷试运转工作的调试费。

2. 我国现行建筑安装工程费项目构成

建筑安装工程费,也就是建筑安装工程造价,是指在建筑安装工程施工过程中直接发生的费用和施工企业在施工组织管理中间接地为工程支出的费用,以及按国家规定施工企业应获得利润和应缴纳税金的总和。

根据住房和城乡建设部、财政部颁布的《建筑安装工程费用项目组成》(建标〔2013〕44 号,自 2013 年 7 月 1 日起施行)规定,我国现行建筑安装工程费项目构成分成两大类:①按费用构成要素划分为人工费、材料费、施工机具使用费、企业管理费、利润、规费和税金(图 2.2)。②按工程造价形成顺序划分为分部分项工程费、措施项目费、其他项目费、规费和税金(图 2.3)。

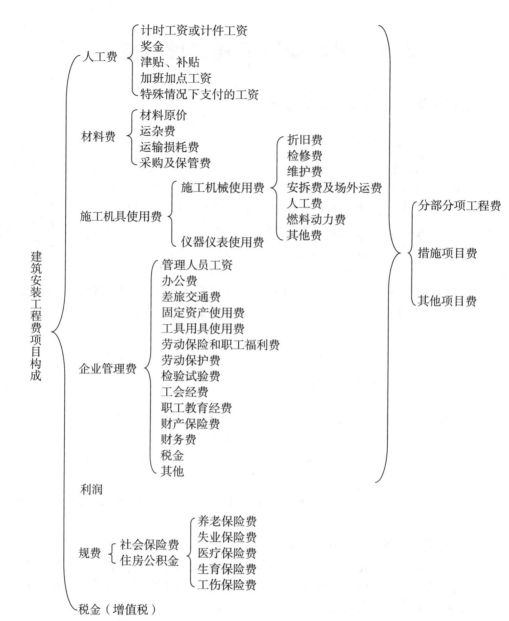

图 2.2 建筑安装工程费项目构成（按费用构成要素划分）

建筑安装工程费项目构成（按费用构成要素划分）

第2章 建设工程造价构成

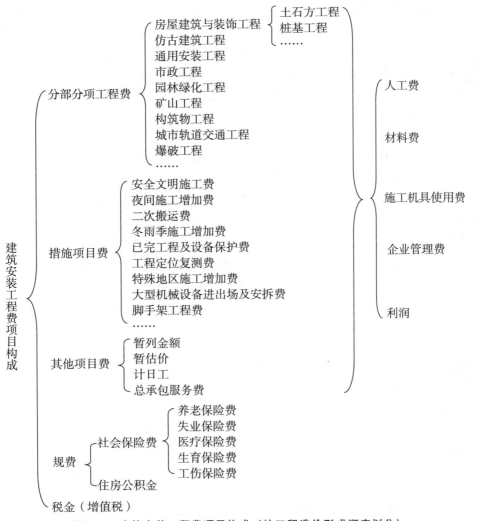

图 2.3 建筑安装工程费项目构成（按工程造价形成顺序划分）

2.3.2 分部分项工程费

分部分项工程费是指各专业工程的分部分项工程应予列支的各项费用。分部分项工程指按现行国家计量规范对各专业工程划分的项目，如房屋建筑工程与装饰工程划分的土石

人工费

建筑安装工程费用参考计算方法

建筑安装工程计价程序

方工程、桩基工程、地基处理与边坡支护工程、砌筑工程、钢筋及钢筋混凝土工程、楼地面工程、墙柱面装饰工程、天棚装饰工程等；通用安装工程划分的机械设备安装工程、热力设备安装工程、电气设备安装工程等；市政工程划分的道路工程、桥涵工程、隧道工程、管网工程、水处理工程等。

$$分部分项工程费 = \sum(分部分项工程量 \times 综合单价) \quad (2-24)$$

其中，综合单价包括人工费、材料费、施工机具使用费、企业管理费、利润及一定范围的风险费用（下同）。

分部分项工程费、措施项目费、其他项目费包含人工费、材料费、施工机具使用费、企业管理费和利润。为了更好地阐述各项组成要素，下面将人工费、材料费、施工机具使用费、企业管理费和利润安排在分部分项工程费中详述。

1. 人工费

人工费是指按工资总额构成规定，支付给直接从事建筑安装工程施工的生产工人和附属生产单位工人的各项费用。

（1）人工费的内容

人工费的内容包括如下 5 项。

① 计时工资或计件工资。

计时工资或计件工资是指按计时工资标准和工作时间，或对已做工作按计件单价支付给个人的劳动报酬。

② 奖金。

奖金是指对超额劳动和增收节支支付给个人的劳动报酬，如节约奖、劳动竞赛奖等。

③ 津贴、补贴。

津贴、补贴是指为了补偿职工特殊或额外的劳动消耗和因其他特殊原因支付给个人的津贴，以及为了保证职工工资水平不受物价影响支付给个人的物价补贴，如流动施工津贴、特殊地区施工津贴、高温（寒）作业临时津贴、高空津贴等。

④ 加班加点工资。

加班加点工资是指按规定支付的在法定节假日工作的加班工资和在法定日工作时间外延时工作的加点工资。

⑤ 特殊情况下支付的工资。

特殊情况下支付的工资是指根据国家法律、法规和政策规定，因病、工伤、产假、计划生育假、婚丧假、事假、探亲假、定期休假、停工学习、执行国家或社会义务等原因按计时工资标准或计时工资标准的一定比例支付的工资。

（2）人工费的计算

人工费的计算有两种方法。

① 公式 1。

$$人工费 = \sum(工日消耗量 \times 日工资单价) \quad (2-25)$$

$$日工资单价 = \frac{生产工人平均月工资（计时、计件）+ 平均月（奖金 + 津贴 + 补贴 + 特殊情况下支付的工资）}{年平均每月法定工作日}$$

第 2 章 建设工程造价构成

公式 1 主要适用于施工企业投标报价时自主确定人工费,也是工程造价管理机构编制计价定额确定人工单价或发布人工成本信息的参考依据。

② 公式 2。

$$人工费 = \Sigma(工程工日消耗量 \times 日工资单价) \tag{2-26}$$

日工资单价是指施工企业平均技术熟练程度的生产工人在每工作日(国家法定工作时间内)按规定从事施工作业应得的日工资总额。

工程造价管理机构确定日工资单价应通过市场调查并根据工程项目的技术要求,参考实物工程量人工单价综合分析确定,最低日工资单价不得低于工程所在地人力资源和社会保障部门所发布的最低工资标准的:普通技工 1.3 倍、一般技工 2 倍、高级技工 3 倍。

典型考题:
人工费

工程计价定额不可只列一个综合工日单价,应根据工程项目技术要求和工种差别适当划分多种人工工日单价,确保各分部工程人工费的合理构成。

公式 2 适用于工程造价管理机构编制计价定额时确定人工费,是施工企业投标报价的参考依据。

2. 材料费

材料费(含工程设备)是指施工过程中耗费的各种原材料、辅助材料、构配件、零件、半成品或成品、工程设备等的费用,以及周转材料等的摊销、租赁费用。其内容包括如下几项。

(1) 材料原价

材料原价是指国内采购材料、工程设备的出厂价格,国外采购材料、工程设备抵达买方边境、港口或车站并交纳各种手续费、税费(不含增值税)后形成的价格。在确定材料原价时,凡同一种材料因来源地、交货地、供货单位、生产厂家不同,而有几种价格(原价)时,根据不同来源地供货数量比例,采取加权平均的方法确定其综合原价。其计算公式如下。

$$加权平均原价 = \frac{K_1 C_1 + K_2 C_2 + \cdots + K_n C_n}{K_1 + K_2 + \cdots + K_n} \tag{2-27}$$

式中,K_1,K_2,$\cdots$,K_n——各不同供应量或各不同使用地点的需要量;

C_1,C_2,$\cdots$,C_n——各不同供应地点的原价。

若材料供货价格为含税价格,则材料原价应以购进货物适用的税率(13% 或 9%)或征收率(3%)扣减增值税进项税额。

(2) 运杂费

运杂费是指国内采购材料、工程设备自来源地,国外采购材料、工程设备自到岸港运至工地仓库或指定堆放地点所发生的全部费用(不含增值税,含外埠中转运输过程中发生的一切费用和过境过桥费用),包括调车和驳船费、装卸费、运输费及附加工作费等。

同一品种的材料有若干个来源地,应采用加权平均的方法计算材料运杂费。其计算公式如下。

$$加权平均运杂费 = \frac{K_1 T_1 + K_2 T_2 + \cdots + K_n T_n}{K_1 + K_2 + \cdots + K_n} \tag{2-28}$$

式中,K_1,K_2,$\cdots$,K_n——各不同供应量或各不同使用地点的需要量;

T_1，T_2，…，T_n——各不同运距的运费。

若运输费为含税价格，则需要按"两票制"和"一票制"两种支付方式分别调整。

①"两票制"支付方式。所谓"两票制"材料，是指材料供应商就收取的货物销售价款和运杂费向建筑业企业分别提供货物销售和交通运输两张发票的材料。在这种方式下，运杂费以接受交通运输与服务适用税率9%扣减增值税进项税额。

②"一票制"支付方式。所谓"一票制"材料，是指材料供应商就收取的货物销售价款和运杂费合计金额向建筑业企业仅提供一张货物销售发票的材料。在这种方式下，运杂费采用与材料原价相同的方式扣减增值税进项税额。

（3）运输损耗费

运输损耗费是指材料在运输装卸过程中不可避免的损耗。其计算公式如下。

$$运输损耗费＝（材料原价＋运杂费）\times 运输损耗率 \quad (2-29)$$

（4）采购及保管费

采购及保管费是指在组织采购、供应和保管材料、工程设备的过程中所需要的各项费用，包括采购费、仓储费、工地保管费、仓储损耗。

采购及保管费一般按照材料运到工地仓库价格以费率取定。其计算公式如下。

$$采购及保管费＝材料运到工地仓库价格\times 采购及保管费费率 \quad (2-30)$$

或

$$采购及保管费＝（材料原价＋运杂费＋运输损耗费）\times 采购及保管费费率 \quad (2-31)$$

由此，材料费的计算公式为

$$材料费＝\sum（材料消耗量\times 材料单价） \quad (2-32)$$

$$材料单价＝[（材料原价＋运杂费）\times（1＋运输损耗率）]\times（1＋采购及保管费费率） \quad (2-33)$$

工程设备是指构成或计划构成永久工程一部分的机电设备、金属结构设备、仪器装置及其他类似的设备和装置。工程设备费的计算公式如下。

$$工程设备费＝\sum（工程设备量\times 工程设备单价） \quad (2-34)$$

$$工程设备单价＝（设备原价＋运杂费）\times（1＋采购及保管费费率） \quad (2-35)$$

典型考题：
材料费

应用案例 2-4

【案例概况】

某材料（适用13%增值税税率）自甲、乙两地采购，材料采购信息如表2-3所示，求该材料单价（表中原价、运杂费均为含税价格，且材料采用"两票制"支付方式）。

表 2-3 材料采购信息

采购地	采购量/t	原价/(元/t)	运杂费/(元/t)	运输损耗率（%）	采购及保管费费率（%）
甲地	300	50	10	2	3
乙地	200	55	8		

【案例解析】

首先应将含税的原价和运杂费调整为不含税价格，具体处理过程如表2-4所示。

表 2-4　材料价格信息不含税价格处理过程

采购地	采购量/t	原价/(元/t)	原价（不含税）/(元/t)	运杂费/(元/t)	运杂费（不含税）/(元/t)	运输损耗率（%）	采购及保管费费率（%）
甲地	300	50	50/1.13≈44.25	10	10/1.09≈9.17	2	3
乙地	200	55	55/1.13≈48.67	8	8/1.09≈7.34		

$$加权平均原价=\frac{300\times44.25+200\times48.67}{300+200}\approx46.02（元/t）$$

$$加权平均运杂费=\frac{300\times9.17+200\times7.34}{300+200}\approx8.44（元/t）$$

甲地运输损耗费=(44.25+9.17)×2%≈1.07（元/t）

乙地运输损耗费=(48.67+7.34)×2%≈1.12（元/t）

$$加权平均运输损耗费=\frac{300\times1.07+200\times1.12}{300+200}\approx1.09（元/t）$$

材料单价=(46.02+8.44+1.09)×(1+3%)≈57.22（元/t）

3. 施工机具使用费

施工机具使用费是指施工作业所发生的施工机械、仪器仪表使用费或其租赁费。

(1) 施工机械使用费

施工机械使用费是以施工机械台班耗用量乘以施工机械台班单价表示，施工机械台班单价应由下列 7 项费用组成。

① 折旧费。折旧费指施工机械在规定的使用年限内，陆续收回其原值的费用，其计算公式如下。

$$折旧费=\frac{施工机械预算价格\times(1-残值率)}{耐用总台班} \quad (2-36)$$

式中

$$耐用总台班=折旧年限\times年工作台班=检修间隔台班\times检修周期 \quad (2-37)$$

$$检修周期=检修次数+1 \quad (2-38)$$

② 检修费。检修费指施工机械按规定的检修间隔台班进行必要的检修，以恢复其正常功能所需的费用。检修费是施工机械使用期限内全部检修费之和在台班费用中的分摊额，它取决于一次检修费、检修次数和耐用总台班的数量。其计算公式如下。

$$检修费=\frac{一次检修费\times检修次数}{耐用总台班}\times除税系数 \quad (2-39)$$

式中，除税系数——考虑一部分检修可以购买服务，从而需扣除检修费中包括的增值税进项税额。

$$除税系数=\frac{自行检修比例+委外检修比例}{1+税率} \quad (2-40)$$

自行检修比例、委外检修比例是指施工机械自行检修、委托专业修理修配部门检修占检修费的比例。具体比值应结合本地区（部门）施工机械检修实际综合取定。税率按增值税修理修配劳务适用税率计取。

③ 维护费。维护费指施工机械除检修以外的各级维护和临时故障排除所需的费用，

包括为保障施工机械正常运转所需替换设备与随机配备工具附具的摊销和维护费用，施工机械运转中日常保养所需润滑与擦拭材料的费用及施工机械停滞期间的维护和保养费用等。各项费用分摊到台班中，即为维护费。其计算公式如下。

$$维护费 = \frac{\sum(各级维护一次费用 \times 除税系数 \times 各级维护次数) + 临时故障排除费}{耐用总台班} \quad (2-41)$$

式中，除税系数——考虑一部分维护可以购买服务，从而需扣除维护费中包括的增值税进项税额。

$$除税系数 = \frac{自行维护比例 + 委外维护比例}{1 + 税率} \quad (2-42)$$

④ 安拆费及场外运费。安拆费指施工机械（大型施工机械除外）在现场进行安装与拆卸所需的人工、材料、施工机械和试运转费用，以及施工机械辅助设施的折旧、搭设、拆除等费用；场外运费指施工机械整体或分体自停放地点运至施工现场或由一施工地点运至另一施工地点的运输、装卸、辅助材料及架线等费用。其计算公式如下。

$$安拆费及场外运费 = \frac{一次安拆费及场外运费 \times 年平均安拆次数}{年工作台班} \quad (2-43)$$

⑤ 人工费。人工费指机上司机（司炉）和其他操作人员的人工费。其计算公式如下。

$$人工费 = 人工消耗量 \times \left(1 + \frac{年制度工作日 - 年工作台班}{年工作台班}\right) \times 人工单价 \quad (2-44)$$

✓ 应用案例 2-5

【案例概况】

某施工机械设备司机 2 人，若年制度工作日为 254 天，年工作台班为 250 台班，人工单价为 80 元/天，求该施工机械的台班人工费。

【案例解析】

根据式（2-44）人工费的计算公式，即

$$人工费 = 人工消耗量 \times \left(1 + \frac{年制度工作日 - 年工作台班}{年工作台班}\right) \times 人工单价$$

$$= 2 \times \left(1 + \frac{254 - 250}{250}\right) \times 80 = 162.56 \text{（元/台班）}$$

⑥ 燃料动力费。燃料动力费指施工机械在运转作业中所消耗的各种燃料及水、电等费用。其计算公式如下。

$$燃料动力费 = \sum(燃料动力消耗量 \times 燃料动力单价) \quad (2-45)$$

$$燃料动力消耗量 = \frac{实测数 \times 4 + 定额平均值 + 调查平均值}{6} \quad (2-46)$$

⑦ 其他费。其他费指施工机械按照国家规定应缴纳的车船使用税、保险费及检测费等。其计算公式如下。

$$其他费 = \frac{年车船使用税 + 年保险费 + 年检测费}{年工作台班} \quad (2-47)$$

综上所述，施工机械台班单价的计算公式为

$$施工机械台班单价 = 折旧费 + 检修费 + 维护费 + 安拆费及场外运费 +$$
$$人工费 + 燃料动力费 + 其他费 \quad (2-48)$$

第2章 建设工程造价构成

$$施工机械使用费=\Sigma(施工机械台班消耗量 \times 施工机械台班单价) \quad (2-49)$$

工程造价管理机构在确定计价定额中的施工机械使用费时,应根据《建筑施工机械台班费用编制规则》结合市场调查编制施工机械台班单价。施工企业可以参考工程造价管理机构发布的台班单价,自主确定施工机械使用费的报价,如租赁施工机械,公式为

$$施工机械使用费=\Sigma(施工机械台班消耗量 \times 施工机械台班租赁单价) \quad (2-50)$$

(2) 仪器仪表使用费

仪器仪表使用费是指工程施工所需使用的仪器仪表的摊销及维修费用。与施工机械使用费类似,仪器仪表使用费的基本计算公式如下。

$$仪器仪表使用费=\Sigma(仪器仪表台班消耗量 \times 仪器仪表台班单价) \quad (2-51)$$

仪器仪表台班单价通常由台班折旧费、台班维护费、台班校验费和台班动力费组成,不包括检测软件的相关费用。

① 台班折旧费。施工仪器仪表台班折旧费是指施工仪器仪表在耐用总台班内,陆续收回其原值的费用。其计算公式如下。

$$台班折旧费=\frac{施工仪器仪表原值 \times (1-残值率)}{耐用总台班} \quad (2-52)$$

② 台班维护费。施工仪器仪表台班维护费是指施工仪器仪表各级维护、临时故障排除所需的费用及为保证仪器仪表正常使用所需备件(备品)的维护费用。其计算公式如下。

$$台班维护费=\frac{年维护费}{年工作台班} \quad (2-53)$$

③ 台班校验费。施工仪器仪表台班校验费是指按国家与地方政府规定的标定与检验的费用。其计算公式如下。

$$台班校验费=\frac{年校验费}{年工作台班} \quad (2-54)$$

④ 台班动力费。施工仪器仪表台班动力费是指施工仪器仪表在施工过程中所耗用的电费。其计算公式如下。

$$台班动力费=台班耗电量 \times 电价 \quad (2-55)$$

当一般纳税人采用一般计税方法时,施工机械台班单价和仪器仪表台班单价中的相关子项均需扣除增值税进项税额。

✓ 应用案例 2-6

【案例概况】

某施工机械原值为 50000 元,耐用总台班为 2000 台班,一次检修费为 3000 元,检修周期数为 4,台班维护费系数为 20%,每台班发生的其他费用合计为 30 元/台班,忽略残值,求该施工机械台班单价。

【案例解析】

本题为老版本内容,检修费中没有涉及除税系数。若该施工机械自行检修比例为 100%,则

$$折旧费=50000/2000=25(元/台班)$$

$$检修费=3000 \times (4-1)/2000=4.5(元/台班)$$

维护费＝4.5×20％＝0.9（元/台班）

施工机械台班单价＝25＋4.5＋0.9＋30＝60.4（元/台班）

4. 企业管理费

企业管理费是指建筑安装企业组织施工生产和经营管理所需的费用。

（1）企业管理费的内容

企业管理费的内容包括如下几项。

① 管理人员工资。管理人员工资是指按规定支付给管理人员的计时工资、奖金、津贴、补贴、加班加点工资及特殊情况下支付的工资等。

② 办公费。办公费是指企业管理办公用的文具、纸张、账表、印刷、邮电、书报、办公软件、现场监控、会议、水电、烧水和集体取暖降温（包括现场临时宿舍取暖降温）等费用。当一般纳税人采用一般计税方法时，办公费中增值税进项税额的抵扣原则为：以购进货物适用的相应税率扣减，其中购进自来水、暖气、冷气、图书、报纸、杂志等适用的税率为9％，接受邮政和基础电信服务等适用的税率为9％，接受增值电信服务等适用的税率为6％，其他一般为13％。

③ 差旅交通费。差旅交通费是指职工因公出差、调动工作的差旅费、住勤补助费，市内交通费和误餐补助费，职工探亲路费，劳动力招募费，职工退休、退职一次性路费，工伤人员就医路费，工地转移费及管理部门使用的交通工具的油料、燃料等费用。

④ 固定资产使用费。固定资产使用费是指管理和试验部门及附属生产单位使用的属于固定资产的房屋、设备、仪器等的折旧、大修、维修或租赁费。设备、仪器的折旧、大修、维修或租赁费以购进货物、接受修理修配劳务或租赁有形动产服务适用的税率扣减，均为13％。

⑤ 工具用具使用费。工具用具使用费是指企业施工生产和管理使用的不属于固定资产的工具、器具、家具、交通工具，以及检验、试验、测绘、消防用具等的购置、维修和摊销费。当一般纳税人采用一般计税方法时，工具用具使用费中增值税进项税额的抵扣原则为：以购进货物或接受修理修配劳务适用的税率扣减，均为13％。

⑥ 劳动保险和职工福利费。劳动保险和职工福利费是指由企业支付的职工退职金、按规定支付给离休干部的经费、集体福利费、夏季防暑降温、冬季取暖补贴、上下班交通补贴等。

⑦ 劳动保护费。劳动保护费是企业按规定发放的劳动保护用品的支出。例如工作服、手套、防暑降温饮料及在有碍身体健康的环境中施工的保健费用等。

⑧ 检验试验费。检验试验费是指施工企业按照有关标准规定，对建筑材料、构件、建筑安装物进行一般鉴定、检查所发生的费用，包括自设实验室进行试验所耗用的材料等费用。检验试验费不包括新结构、新材料的试验费，对构件做破坏性试验及其他特殊要求检验试验的费用和建设单位委托检测机构进行检测的费用。对此类检测发生的费用，由建设单位在工程建设其他费用中列支。但对施工企业提供的具有合格证明的材料进行检测不合格的，该检测费用由施工企业支付。当一般纳税人采用一般计税方法时，检验试验费中增值税进项税额现代服务业以适用的税率6％扣减。

《中华人民共和国工会法》

⑨ 工会经费。工会经费是指企业按《中华人民共和国工会法》规定的全部职工工资总额比例计提的工会经费。

⑩ 职工教育经费。职工教育经费是指按职工工资总额的规定比例计提，

企业为职工进行专业技术和职业技能培训、专业技术人员继续教育、职工职业技能鉴定、职业资格认定及根据需要对职工进行各类文化教育所发生的费用。

⑪ 财产保险费。财产保险费是指施工管理用财产、车辆等的保险费用。

⑫ 财务费。财务费是指企业为施工生产筹集资金或提供预付款担保、履约担保、职工工资支付担保等所发生的各种费用。

⑬ 税金。税金是指企业按规定缴纳的房产税、车船使用税、土地使用税、印花税、城市维护建设税、教育费附加、地方教育附加等各项税费。

⑭ 其他。其他包括技术转让费、技术开发费、投标费、业务招待费、绿化费、广告费、公证费、法律顾问费、审计费、咨询费、保险费等。

（2）企业管理费的计算

企业管理费通常采用企业管理费费率来计算。企业管理费费率的计算依据计算基础的不同分为以下三种方法。

① 以分部分项工程费为计算基础。

$$企业管理费费率 = \frac{生产工人年平均管理费}{年有效施工天数 \times 人工单价} \times 人工费占分部分项工程费比例（\%）$$

(2-56)

② 以人工费和施工机具使用费合计为计算基础。

$$企业管理费费率 = \frac{生产工人年平均管理费}{年有效施工天数 \times （人工单价 + 每一台班施工机具使用费）} \times 100\%$$

(2-57)

③ 以人工费为计算基础。

$$企业管理费费率 = \frac{生产工人年平均管理费}{年有效施工天数 \times 人工单价} \times 100\%$$
(2-58)

上述公式适用于施工企业投标报价时自主确定企业管理费，是工程造价管理机构编制计价定额、确定企业管理费的参考依据。

工程造价管理机构在确定计价定额中的企业管理费时，应以人工费或人工费与施工机具使用费之和作为计算基数，其费率根据历年工程造价积累的资料，辅以调查数据确定，列入分部分项工程和措施项目中。

典型考题：
企业管理费

5. 利润

利润是指施工企业完成所承包工程获得的盈利。

施工企业根据企业自身需求并结合建筑市场实际自主确定，将利润列入报价中。

工程造价管理机构在确定计价定额中的利润时，应以人工费或人工费与施工机具使用费之和作为计算基数，其费率根据历年工程造价积累的资料，并结合建筑市场实际情况确定，以单位（单项）工程测算，利润在税前建筑安装工程费的比重可按不低于5%且不高于7%的费率计算。利润应列入分部分项工程和措施项目中。

2.3.3　措施项目费

措施项目费是指为完成建设工程施工，发生于该工程施工前和施工过程中的技术、生活、安全、环境保护等方面的费用。

(1) 措施项目费的内容

措施项目费的内容包括如下几项。

① 安全文明施工费。

安全文明施工费是指工程项目施工期间，施工单位为保证安全施工、文明施工和保护现场内外环境等所发生的措施项目费用，包括环境保护费、文明施工费、安全施工费、临时设施费。

A. 环境保护费是指施工现场为达到环保部门要求所需要的各项费用。

B. 文明施工费是指施工现场文明施工所需要的各项费用。

C. 安全施工费是指施工现场安全施工所需要的各项费用。

D. 临时设施费是指施工企业为进行建设工程施工所必须搭设的生活和生产用的临时建筑物、构筑物和其他临时设施所需要的各项费用，包括临时设施的搭设、维修、拆除、清理费或摊销费等。

$$安全文明施工费 = 计算基数 \times 安全文明施工费费率 \quad (2-59)$$

计算基数应为定额基价（定额分部分项工程费＋定额中可以计量的措施项目费）、人工费或人工费与施工机具使用费之和，其费率由工程造价管理机构根据各专业工程的特点综合确定。

② 夜间施工增加费。

夜间施工增加费是指因夜间施工所发生的夜班补助费、夜间施工降效、夜间施工照明设备摊销及照明用电等费用。

$$夜间施工增加费 = 计算基数 \times 夜间施工增加费费率 \quad (2-60)$$

③ 非夜间施工照明费。

非夜间施工照明费是指为保证工程施工正常进行，在地下室等特殊施工部位施工时，所采用的照明设备的安拆、维护及照明用电等费用。

$$非夜间施工照明费 = 计算基数 \times 非夜间施工照明费费率 \quad (2-61)$$

④ 二次搬运费。

二次搬运费是指因施工场地条件限制而发生的材料、构配件、半成品等一次运输不能到达堆放地点，必须进行二次或多次搬运所发生的费用。

$$二次搬运费 = 计算基数 \times 二次搬运费费率 \quad (2-62)$$

⑤ 冬雨季施工增加费。

冬雨季施工增加费是指在冬季或雨季施工需增加的临时设施、防滑、排除雨雪，人工及施工机具效率降低等费用。

$$冬雨季施工增加费 = 计算基数 \times 冬雨季施工增加费费率 \quad (2-63)$$

⑥ 地上、地下设施和建筑物的临时保护设施费。

地上、地下设施和建筑物的临时保护设施费是指在工程施工过程中，对已建成的地上、地下已完设施和建筑物进行的遮盖、封闭、隔离等必要保护措施所发生的费用。

$$地上、地下设施和建筑物的临时保护设施费 = 计算基数 \times$$
$$地上、地下设施和建筑物的临时保护设施费费率 \quad (2-64)$$

⑦ 已完工程及设备保护费。

已完工程及设备保护费是指竣工验收前，对已完工程及设备采取的必要保护措施所发生的费用。

$$已完工程及设备保护费=计算基数×已完工程及设备保护费费率 \quad (2-65)$$

上述②～⑦项措施项目的计算基数应为人工费或人工费与施工机具使用费之和,其费率由工程造价管理机构根据各专业工程特点和调查资料综合分析后确定。

上述①～⑦项为国家计量规范规定不宜计量的措施项目,因此其分别按照不同的费率计算。

⑧ 脚手架工程费。

脚手架工程费是指施工需要的各种脚手架搭、拆、运输费用,以及脚手架购置费的摊销(或租赁)费用。

⑨ 混凝土模板及支架(撑)费。

混凝土模板及支架(撑)费是指混凝土施工过程中需要的各种钢模板、木模板、支架等的支拆、运输费用,以及模板、支架的摊销(或租赁)费用。

⑩ 垂直运输费。

垂直运输费是指现场所用材料、施工机具从地面运至相应高度,以及职工人员上下工作面等所发生的运输费用。

⑪ 超高施工增加费。

当单层建筑物檐口高度超过20m,多层建筑物超过6层时,需计算超高施工增加费。

⑫ 大型施工机械设备进出场及安拆费。

大型施工机械设备进出场及安拆费是指施工机械整体或分体自停放场地运至施工现场或由一个施工地点运至另一个施工地点,所发生的施工机械进出场运输及转移费用及施工机械在施工现场进行安装和拆卸所需的人工费、材料费、施工机具使用费、试运转费和安装所需的辅助设施的费用。

⑬ 施工排水、降水费。

施工排水、降水费是指将施工期间有碍施工作业和影响工程质量的水排到施工场地以外,以及防止因在地下水位较高的地区开挖深基坑而出现基坑浸水,地基承载力下降,流砂、管涌和边坡失稳等现象所必须采取的有效的降水和排水措施费用。该项费用由成井和排水、降水两个独立的费用项目组成。

⑭ 其他。

根据项目的专业特点或所在地区不同,可能会出现其他的措施项目,如工程定位复测费和特殊地区施工增加费等。

上述⑧～⑬项国家计量规范规定应予计量的措施项目费计算公式为

$$措施项目费=\sum(措施项目工程量×综合单价) \quad (2-66)$$

(2) 措施项目费工程量的计算单位

不同的措施项目其工程量的计算单位不同,分列如下。

① 脚手架工程费通常按照建筑面积或垂直投影面积以"m^2"计算。

② 混凝土模板及支架(撑)费通常按照模板与现浇混凝土构件的接触面积以"m^2"计算。

③ 垂直运输费可根据不同情况用两种方法进行计算:按照建筑面积以"m^2"计算;按照施工工期日历天数以"天"计算。

④ 超高施工增加费通常按照建筑物超高部分的建筑面积以"m^2"计算。

典型考题：
措施项目费

⑤ 大型施工机械设备进出场及安拆费通常按照机械设备的使用数量以"台次"计算。

⑥ 施工排水、降水费分两个不同的独立部分计算：成井费用通常按照设计图示尺寸以钻孔深度按"m"计算；排水、降水费用通常按照排、降水日历天数以"昼夜"计算。

2.3.4 其他项目费

其他项目费包括暂列金额、暂估价、计日工、总承包服务费。

（1）暂列金额

暂列金额是指建设单位在工程量清单中暂定并包括在工程合同价款中的一笔款项，用于施工合同签订时尚未确定或者不可预见的所需材料、工程设备、服务的采购，施工中可能发生的工程变更、合同约定调整因素出现时的工程价款调整，以及发生的索赔、现场签证确认等。暂列金额由建设单位根据工程特点，按有关计价规定估算，施工过程中由建设单位掌握使用、扣除合同价款调整后如有余额，归建设单位所有。

（2）暂估价

暂估价是指招标人在工程量清单中提供的用于支付必然发生但暂时不能确定价格的材料、工程设备的单价及专业工程的金额。

（3）计日工

计日工是指在施工过程中，施工企业完成建设单位提出的施工图纸以外的零星项目或工作所需的费用。计日工由建设单位和施工单位按施工过程中形成的有效签证来计价。

典型考题：
其他项目费

（4）总承包服务费

总承包服务费是指总承包人为配合、协调建设单位进行的专业工程发包，对建设单位自行采购的材料、工程设备等进行保管，以及施工现场管理、竣工资料汇总整理等服务所需的费用。总承包服务费由建设单位在招标控制价中根据总包范围和有关计价规定编制，施工单位投标时自主报价，施工过程中按签约合同价执行。

2.3.5 规费

规费是指按国家法律、法规规定，由省级政府和省级有关权力部门规定必须缴纳或计取的费用，包括以下几种。

1. 社会保险费

① 养老保险费，是指企业按照规定标准为职工缴纳的基本养老保险费。

② 失业保险费，是指企业按照规定标准为职工缴纳的失业保险费。

③ 医疗保险费，是指企业按照规定标准为职工缴纳的基本医疗保险费。

④ 生育保险费，是指企业按照规定标准为职工缴纳的生育保险费。

⑤ 工伤保险费，是指企业按照规定标准为职工缴纳的工伤保险费。

2. 住房公积金

住房公积金是指企业按规定标准为职工缴纳的住房公积金。

社会保险费和住房公积金应以人工费为计算基础，根据工程所在地省、自治区、直辖市或行业建设主管部门规定的费率计算。

社会保险费和住房公积金＝∑(工程人工费×社会保险费和住房公积金费率)
（2—67）

其中，社会保险费和住房公积金费率可按每万元发承包价的生产工人人工费和管理人员工资含量与工程所在地规定的缴纳标准综合分析取定。

典型考题：规费

2.3.6 税金

建筑安装工程费中的税金是指按照国家税法规定的应计入建筑安装工程造价内的增值税额，按税前造价乘以增值税税率确定。

增值税知识拓展

1. 采用一般计税方法时增值税的计算

当采用一般计税方法时，建筑业增值税税率为9％。其计算公式为

增值税＝税前造价×9％　　　　　　（2—68）

税前造价为人工费、材料费、施工机具使用费、企业管理费、利润和规费之和，各费用项目均以不包含增值税可抵扣进项税额的价格计算。

2. 采用简易计税方法时增值税的计算

（1）简易计税的适用范围

根据《营业税改征增值税试点实施办法》及《营业税改征增值税试点有关事项的规定》，简易计税方法主要适用于以下4种情况。

《营业税改征增值税试点实施办法》

① 小规模纳税人发生应税行为时。小规模纳税人通常是指纳税人提供建筑服务的年应征增值税销售额未超过500万元，并且会计核算不健全，不能按规定报送有关税务资料的增值税纳税人。年应税销售额超过500万元，但不经常发生应税行为的单位也可选择按照小规模纳税人计税。

② 一般纳税人以清包工方式提供建筑服务时。以清包工方式提供建筑服务，是指施工方不采购建筑工程所需的材料或只采购辅助材料，并收取人工费、企业管理费或者其他费用的建筑服务。

《营业税改征增值税试点有关事项的规定》

③ 一般纳税人为甲供工程提供建筑服务时。甲供工程是指全部或部分设备、材料、动力由工程发包方自行采购的建筑工程。

④ 一般纳税人为建筑工程老项目提供建筑服务时。建筑工程老项目是指：建筑工程施工许可证注明的合同开工日期在2016年4月30日前的建筑工程项目；未取得建筑工程施工许可证的，且建筑工程承包合同注明的开工日期在2016年4月30日前的建筑工程项目。

增值税的基本原理

（2）简易计税的计算方法

当采用简易计税方法时，建筑业增值税税率为3％。其计算公式为

$$增值税 = 税前造价 \times 3\% \qquad (2-69)$$

税前造价为人工费、材料费、施工机具使用费、企业管理费、利润和规费之和，各费用项目均以包含增值税进项税额的含税价格计算。

应用案例 2-7

典型考题：增值税

增值税案例分析

【案例概况】

某承包商于 6 月与某业主签订了某工程施工合同。合同约定不含税造价为 510 万元，增值税（销项税额）税率按 9% 计取。施工期间发生的合同内工程费用支出及增值税专用发票情况汇总如表 2-5 所示。

施工期间还增加了经业主确认的合同外工程内容（签订了补充协议），含税造价 40 万元，实际费用支出（不含税）30 万元，进项税额 2.6 万元（其中：普通发票 0.9 万元，专用发票 1.7 万元）。

表 2-5 合同内工程费用支出及增值税专用发票情况汇总

序号	费用支出项目	不含税金额/万元	计税方法	发票类型	税率（%）	进项税额/万元
1	购买材料 A	52	简易	专用发票	3	
2	购买材料 B	38	一般	专用发票	13	
3	购买材料 C	26	一般	普通发票	3	
4	购买材料 D	8	一般	专用发票	13	1.04
5	专业分包	48	一般	专用发票	9	4.32
6	劳务分包	96	简易	专用发票	3/5	3.66
7	施工机械租赁 1	18	简易	专用发票	3	0.54
8	施工机械租赁 2	10	一般	专用发票	13	1.3
9	管理费用 1	12	一般	普通发票	3/6	0.48
10	管理费用 2	24	一般	专用发票	6/9	2.16
11	规费	20	免税	收据	—	0
12	其他支出	98	简易/一般	普通发票	3/6	2.1
				专用发票	3/6/9/13	4.8
	合计	450				

注：购买材料 D 是承包商非正常损失引起的。

问题：

(1) 合同内工程应计增值税（销项税额）为多少万元？含税造价为多少万元？

(2) 表 2-5 中前 3 项进项税额分别为多少万元？对于合约内工程，根据实际发生情况，可用于抵扣销项税额的进项税额为多少万元？不可用于抵扣销项税额的进项税额为多少万元？进项税额合计为多少万元？

(3) 合同外工程销项税额为多少万元？

(4) 承包商总计应向税务部门缴纳的增值税为多少万元？

第2章 建设工程造价构成

【案例解析】

掌握增值税知识及其管理方法,需弄清楚如下几个问题。

(1) 纳税人身份。纳税人分为一般纳税人和小规模纳税人。建筑业中,年销售额在500万元及以下的企业为小规模纳税人;年销售额在500万元以上的企业为一般纳税人。

(2) 计税方法。计税方法分为简易计税方法和一般计税方法。

(3) 免征增值税政策。国家对于销售利用工业废渣、废料自产的某些材料(货物)实行免征增值税政策(需查阅相关规定)。

(4) 增值税征收税率。根据纳税人身份、计税方法和应征收税额项目不同,采取不同的增值税税率。对于建筑施工承包服务来讲,采取简易计税方法增值税征收税率大多为3%(也有5%的情况),采取一般计税方法增值税征收税率一般为9%。现行规费中,政策规定的基本标准部分免征增值税;企业管理费需根据不同进项内容,采取差别税率征收增值税。

(5) 增值税发票。增值税发票分为专用发票和普通发票。税务政策规定,能够用于抵扣销项税额的进项费用支出,宜尽量索要专用发票;不能抵扣销项税额的进项费用支出,可以索要普通发票。进项费用支出取得增值税专用发票,并在开具之日起规定时间内(180天)认证后,可以抵扣销项税额。对于有些进项费用支出,虽取得增值税专用发票,但税务政策规定也不可用于抵扣销项税额(如因非正常损失引起的材料购买等。如果非正常损失的责任方是承包商的话,业主不会额外追加工程款)。

(6) 增值税应缴纳税额计算。

① 简易计税方法。

$$应缴纳税额 = 不含税销售额 \times 税率$$

② 一般计税方法。

A. 无可抵扣进项税额时:

$$应缴纳税额 = 不含税销售额 \times 税率$$

B. 有可抵扣进项税额时:

$$应缴纳税额 = 销项税额 - 进项税额$$

$= 不含税销售额 \times 税率 - 可抵扣进项费用 \times 税率 - 可抵扣设备投资 \times 税率$

$= 含税销售额/(1+税率) \times 税率 - 可抵扣进项费用 \times 税率 - 可抵扣设备投资 \times 税率$

因此,本题解答如下。

解:(1) 应计增值税。

$$应计增值税 = 不含税造价 \times 税率 = 510 \times 9\% = 45.9 (万元)$$

$$含税总造价 = 不含税造价 + 应计增值税 = 510 + 45.9 = 555.9 (万元)$$

(2) ① 表2-3中前3项进项税额。进项税额=不含税费用×税率。

$$材料 A:52 \times 3\% = 1.56 (万元)$$

$$材料 B:38 \times 13\% = 4.94 (万元)$$

$$材料 C:26 \times 3\% = 0.78 (万元)$$

② 可抵扣进项税额。可抵扣进项税额为可抵扣专用发票进项税额之和。

$$1.56 + 4.94 + 4.32 + 3.66 + 0.54 + 1.3 + 2.16 + 4.8 = 23.28 (万元)$$

③ 不可抵扣进项税额。不可抵扣进项税额为普通发票进项税额与不可抵扣专用发票进项税额之和。

$$0.78+1.04+0.48+2.1=4.4（万元）$$

④ 进项税额合计。进项税额合计为可抵扣进项税额与不可抵扣进项税额之和。

$$23.28+4.4=27.68（万元）$$

（3）合同外工程销项税额。

合同外工程销项税额＝含税造价$/(1+$税率$)\times$税率$=40/(1+9\%)\times9\%\approx3.303$（万元）

（4）应缴纳增值税额。

应缴纳增值税额＝总销项税额－总可抵扣进项税额＝$(45.9+3.303)-(23.28+1.7)=24.223$（万元）

营业税金及附加的相关内容

特别提示

纳税人所在地是指纳税人承包工程所在地。

2.3.7 建筑安装工程费计算程序

根据住房和城乡建设部令第16号《建筑工程施工发包与承包计价管理办法》（2014年2月1日起施行）和建标〔2013〕44号文中的《建筑安装工程计价程序》的规定，建筑安装工程费用计价程序有如下3种，见表2-6～表2-8。

表2-6 建设单位工程招标控制价计价程序

工程名称： 标段：

序号	内容	计算方法	金额/元
1	分部分项工程费	按计价规定计算	
1.1			
1.2			
1.3			
1.4			
1.5			
⋮			
2	措施项目费	按计价规定计算	
2.1	其中：安全文明施工费	按规定标准计算	
3	其他项目费		
3.1	其中：暂列金额	按计价规定估算	
3.2	其中：专业工程暂估价	按计价规定估算	
3.3	其中：计日工	按计价规定估算	
3.4	其中：总承包服务费	按计价规定估算	

(续)

序号	内容	计算方法	金额/元
4	规费	按规定标准计算	
5	税金（扣除不列入计税范围的工程设备金额）	(1+2+3+4)×规定税率	

招标控制价合计＝1+2+3+4+5

表 2-7　施工企业工程投标报价计价程序

工程名称：　　　　　　　　　　　　标段：

序号	内容	计算方法	金额/元
1	分部分项工程费	自主报价	
1.1			
1.2			
1.3			
1.4			
1.5			
⋮			
2	措施项目费	自主报价	
2.1	其中：安全文明施工费	按规定标准计算	
3	其他项目费		
3.1	其中：暂列金额	按招标文件提供金额计列	
3.2	其中：专业工程暂估价	按招标文件提供金额计列	
3.3	其中：计日工	自主报价	
3.4	其中：总承包服务费	自主报价	
4	规费	按规定标准计算	
5	税金（扣除不列入计税范围的工程设备金额）	(1+2+3+4)×规定税率	

投标报价合计＝1+2+3+4+5

表 2-8　竣工结算计价程序

工程名称：　　　　　　　　　　　　标段：

序号	汇总内容	计算方法	金额/元
1	分部分项工程费	按合同约定计算	
1.1			
1.2			
1.3			
1.4			
1.5			
⋮			

(续)

序号	汇总内容	计算方法	金额/元
2	措施项目费	按合同约定计算	
2.1	其中：安全文明施工费	按规定标准计算	
3	其他项目费		
3.1	其中：专业工程结算价	按合同约定计算	
3.2	其中：计日工	按计日工签证计算	
3.3	其中：总承包服务费	按合同约定计算	
3.4	索赔与现场签证	按发承包双方确认数额计算	
4	规费	按规定标准计算	
5	税金（扣除不列入计税范围的工程设备金额）	(1+2+3+4)×规定税率	
竣工结算总价合计＝1＋2＋3＋4＋5			

2.4 工程建设其他费的构成

工程建设其他费是指从工程筹建到工程竣工验收交付使用的整个建设期间，除建筑安装工程费和设备及工（器）具购置费以外的，为保证工程建设顺利完成和交付使用后能够正常发挥效用而发生的各项费用。工程建设其他费大体可分为三类：①建设用地费；②与项目建设有关的其他费用；③与未来生产经营有关的其他费用。

2.4.1 建设用地费

建设用地费也就是土地使用费，是指通过划拨方式取得土地使用权而支付的土地征用及迁移补偿费，或者通过土地使用权出让方式取得土地使用权而支付的土地使用权出让金。

《中华人民共和国土地管理法》

1. 土地征用及迁移补偿费

土地征用及迁移补偿费是指建设项目通过划拨方式取得无限期的土地使用权，依照《中华人民共和国土地管理法》等规定所支付的费用。其总和一般不得超过被征土地年产值的30倍，土地年产值则按该地被征用前3年的平均产量和国家规定的价格计算。其内容包括以下6项。

（1）土地补偿费

土地补偿费是征用耕地（包括菜地）的补偿标准，按政府规定，为该耕地被征用前3年平均年产值的6～10倍，具体补偿标准由省、自治区、直辖市人民政府在此范围内制定。征用园地、鱼塘、藕塘、苇塘、宅基地、林地、牧场、草原等的补偿标准，由省、自治区、直辖市参照征用耕地的土地补偿费制定。征收无收益的土地不予补偿。土地补偿费归农村集体经济组织所有。

（2）青苗补偿费和被征用土地上的房屋、水井、树木等附着物补偿费

这些补偿费的标准由省、自治区、直辖市人民政府制定。征用城市郊区的菜地时，还

应按照有关规定向国家缴纳新菜地开发建设基金。地上附着物及青苗补偿费归地上附着物及青苗的所有者所有。

(3) 安置补助费

征用耕地、菜地的，其安置补助费按照需要安置的农业人口数计算。每一个需要安置的农业人口的安置补助费标准，为该耕地被征用前3年平均年产值的4～6倍。但是，每公顷被征用耕地的安置补助费，最高不得超过被征用前3年平均年产值的15倍。征用土地的安置补助费必须专款专用，不得挪作他用。需要安置的人员由农村集体经济组织安置的，安置补助费支付给农村集体经济组织，由农村集体经济组织管理和使用；由其他单位安置的，安置补助费支付给安置单位；不需要统一安置的，安置补助费发放给被安置人员个人或者征得被安置人员同意后用于支付被安置人员的保险费用。市、县和乡（镇）人民政府应当加强对安置补助费使用情况的监督。

(4) 缴纳的耕地占用税或城镇土地使用税、土地登记费及征地管理费等

缴纳的耕地占用税或城镇土地使用税、土地登记费及征地管理费等是市、县土地管理机关从征地费中提取土地管理费的比率，按征地工作量大小，视不同情况，在1‰～4‰幅度内提取。

(5) 征地动迁费

征地动迁费包括征用土地上的房屋及附属构筑物、城市公共设施等拆除、迁建补偿费、搬迁运输费，企业单位因搬迁造成的减产、停工损失补贴费、拆迁管理费等。

(6) 水利水电工程水库淹没处理补偿费

水利水电工程水库淹没处理补偿费包括农村移民安置迁建费，城市迁建补偿费，库区工矿企业、交通、电力、通信、广播、管网、水利等的恢复、迁建补偿费，库底清理费，防护工程费，环境影响补偿费等。

2. 土地使用权出让金

土地使用权出让金指建设项目通过土地使用权出让方式，取得有限期的土地使用权，依照《中华人民共和国城镇国有土地使用权出让和转让暂行条例》规定支付的土地使用权出让金。

《中华人民共和国城镇国有土地使用权出让和转让暂行条例》

① 明确国家是城市土地的唯一所有者，并分层次、有偿、有限期出让、转让城市土地使用权。第一层次是城市政府将国有土地使用权出让给用地者，该层次属于城市政府垄断经营。出让对象可以是有法人资格的企事业单位，也可以是外商。第二层次及以下层次的转让则发生在使用者之间。

② 城市土地使用权的出让和转让可采用协议、招标、公开拍卖等方式。

A. 协议方式是由用地单位申请，经市政府批准同意后双方洽谈具体地块及地价。该方式适用于市政工程、公益事业用地，需要减免地价的机关、部队用地和需要重点扶持、优先发展的产业用地。

B. 招标方式是在规定的期限内，由用地单位以书面形式投标，市政府根据投标报价、所提供的规划方案及企业信誉综合考虑，择优而取。该方式适用于一般工程建设用地。

C. 公开拍卖是指在指定的地点和时间，由申请用地者叫价应价，价高者得。这完全是由市场竞争决定，适用于盈利高的行业用地。

③ 在有偿出让和转让土地使用权时，政府对地价不做统一规定，但应坚持以下原则。

A. 地价对目前的投资环境不产生大的影响。

B. 地价与当地的社会经济承受能力相适应。

C. 地价要考虑已投入的土地开发费用、土地市场供求关系、土地用途和使用年限。

④ 关于政府有偿出让土地使用权的年限，各地可根据时间、区位等各种条件做不同的规定。根据《中华人民共和国城镇国有土地使用权出让和转让暂行条例》，土地使用权出让最高年限按下列用途确定。

A. 居住用地 70 年。

B. 工业用地 50 年。

C. 教育、科技、文化、卫生、体育用地 50 年。

D. 商业、旅游、娱乐用地 40 年。

E. 综合或者其他用地 50 年。

⑤ 土地使用权有偿出让和转让，土地使用者和所有者要签约，明确使用者对土地享有的权利和土地所有者应承担的义务。

A. 有偿出让和转让土地使用权，要向土地受让者征收契税。

B. 转让土地使用权如有增值，要向转让者征收土地增值税。

C. 在土地使用权转让期间，国家根据不同地段、不同用途向土地使用者收取土地占用费。

2.4.2 与项目建设有关的其他费用

1. 建设管理费

建设管理费是指建设单位从项目筹建开始到工程竣工验收合格或交付使用为止发生的项目建设管理费。

（1）建设管理费的内容

① 建设单位管理费，是指建设单位发生的管理性质的开支，包括：工作人员工资、工资性补贴、施工现场津贴、职工福利费、住房基金、基本养老保险费、基本医疗保险费、失业保险费、工伤保险费、办公费、差旅交通费、劳动保护费、工具用具使用费、固定资产使用费、必要的办公及生活用品购置费、必要的通信设备及交通工具购置费、零星固定资产购置费、招募生产工人费、技术图书资料费、业务招待费、设计审查费、工程招标费、合同契约公证费、法律顾问费、咨询费、完工清理费、竣工验收费、印花税和其他管理性质开支。

② 工程监理费，是指建设单位委托工程监理单位实施工程监理的费用。按照《国家发展改革委关于进一步放开建设项目专业服务价格的通知》（发改价格〔2015〕299 号）的规定，建设工程监理费实行市场调节价。

③ 工程总承包管理费。如建设管理采用工程总承包方式，其工程总承包管理费由建设单位与总包单位根据总包工作范围在合同中商定，从建设管理费中列支。

（2）建设单位管理费的计算

建设单位管理费按照工程费用之和［包括设备工（器）具购置费和建筑安装工程费］乘以建设单位管理费费率计算。

$$建设单位管理费 = 工程费用 \times 建设单位管理费费率 \qquad (2-70)$$

建设单位管理费费率按照建设项目的不同性质、不同规模确定。有的建设项目按照建设工期和规定的金额计算建设单位管理费费率。如采用监理，建设单位部分管理工作量转移至监理单位。监理费应根据委托的监理工作范围和监理深度在监理合同中商定或按当地或所属行业部门有关规定计算。

2. 可行性研究费

可行性研究费是指在工程项目投资决策阶段，依据调研报告对有关建设方案、技术方案或生产经营方案进行的技术经济论证，以及编制、评审可行性研究报告所需的费用。此项费用应依据前期研究委托合同计列，按照《国家发展改革委关于进一步放开建设项目专业服务价格的通知》（发改价格〔2015〕299号）的规定，此项费用实行市场调节价。

3. 研究试验费

研究试验费是指为建设项目提供和验证设计参数、数据、资料等所进行的必要的试验费用，以及设计规定在施工中必须进行试验、验证所需的费用，包括自行或委托其他部门研究试验所需的人工费、材料费、试验设备及仪器使用费等。这项费用按照设计单位根据本工程项目的需要提出的研究试验内容和要求计算。在计算时要注意不应包括以下项目。

① 应由科技三项费用（即新产品试制费、中间试验费和重要科学研究补助费）开支的项目。

② 应在建筑安装费用中列支的施工企业对建筑材料、构件和建筑物进行一般鉴定、检查所发生的费用及技术革新的研究试验费。

③ 应由勘察设计费或工程费用中开支的项目。

4. 勘察设计费

勘察设计费是指委托勘察设计单位进行工程水文地质勘察、工程设计所发生的各项费用，包括工程勘察费、初步设计费（基础设计费）、施工图设计费（详细设计费）、设计模型制作费。按照《国家发展改革委关于进一步放开建设项目专业服务价格的通知》（发改价格〔2015〕299号）的规定，此项费用实行市场调节价。

5. 专项评价及验收费

专项评价及验收费包括环境影响评价费、安全预评价及验收费、职业病危害预评价及控制效果评价费、地震安全性评价费、地质灾害危险性评价费、水土保持评价及验收费、压覆矿产资源评价费、节能评估及评审费、危险与可操作性分析及安全完整性评价费，以及其他专项评价及验收费。按照《国家发展改革委关于进一步放开建设项目专业服务价格的通知》（发改价格〔2015〕299号）的规定，这些专项评价及验收费均实行市场调节价。

（1）环境影响评价费

环境影响评价费是指在工程项目投资决策过程中，对其进行环境污染或影响评价所需的费用，包括编制环境影响报告书（含大纲）、环境影响报告表和评估等所需的费用，以及建设项目竣工验收阶段环境保护验收调查和环境监测、编制环境保护验收报告的费用。

（2）安全预评价及验收费

安全预评价及验收费是指为预测和分析建设项目存在的危害因素种类和危险危害程度，提出先进、科学、合理可行的安全技术和管理对策，而编制评价大纲、编写安全评价报告书和评估等所需的费用，以及在竣工阶段验收时所发生的费用。

（3）职业病危害预评价及控制效果评价费

职业病危害预评价及控制效果评价费是指建设项目因可能产生职业病危害，而编制职业病危害预评价书、职业病危害控制效果评价书和评估所需的费用。

(4) 地震安全性评价费

地震安全性评价费是指通过对建设场地和场地周围的地震活动与地震、地质环境的分析，而进行的地震活动环境评价、地震地质构造评价、地震地质灾害评价，编制地震安全评价报告书和评估所需的费用。

(5) 地质灾害危险性评价费

地质灾害危险性评价费是指在灾害易发区对建设项目可能诱发的地质灾害和建设项目本身可能遭受的地质灾害危险程度的预测评价，编制评价报告书和评估所需的费用。

(6) 水土保持评价及验收费

水土保持评价及验收费是指对建设项目在生产建设过程中可能造成水土流失进行预测，编制水土保持方案和评估所需的费用，以及在施工期间的监测、竣工阶段验收时所发生的费用。

(7) 压覆矿产资源评价费

压覆矿产资源评价费是指对需要压覆重要矿产资源的建设项目，编制压覆重要矿床评价和评估所需的费用。

(8) 节能评估及评审费

节能评估及评审费是指对建设项目的能源利用是否科学合理进行分析评估，并编制节能评估报告及评估所发生的费用。

(9) 危险与可操作性分析及安全完整性评价费

危险与可操作性分析及安全完整性评价费是指对应用于生产具有流程性工艺特征的新建、改建、扩建项目进行工艺危害分析和对安全仪表系统的设置水平及可靠性进行定量评估所发生的费用。

(10) 其他专项评价及验收费

其他专项评价及验收费是指根据国家法律法规，建设项目所在省、自治区、直辖市人民政府有关规定，以及行业规定需进行的其他专项评价、评估、咨询和验收所需的费用。如重大投资项目社会稳定风险评估、防洪评价等。

6. 场地准备及临时设施费

(1) 场地准备及临时设施费的内容

① 场地准备费是指建设项目为达到工程开工条件进行的场地平整和对建设场地余留的有碍于施工建设的设施进行拆除清理的费用。

② 建设单位临时设施费是指为满足施工建设需要而供到场地界区的，未列入工程费用的临时水、电、路、气、通信等其他工程费和建设单位的现场临时建（构）筑物的搭设、维修、拆除、摊销或建设期间租赁费用，以及施工期间专用公路或桥梁的加固、养护、维修等费用。

(2) 场地准备及临时设施费的计算

① 场地准备及临时设施应尽量与永久性工程统一考虑。建设场地的大型土石方工程应进入工程费用中的总图运输费中。

② 新建项目的场地准备和临时设施费应根据实际工程量估算，或按工程费用的比例计算。改扩建项目一般只计拆除清理费。

$$场地准备和临时设施费 = 工程费用 \times 费率 + 拆除清理费 \qquad (2-71)$$

③ 发生拆除清理费时可按新建同类工程造价或主材费、设备费的比例计算。凡可回

收材料的拆除工程采用以料抵工方式冲抵拆除清理费。

④ 此项费用不包括已列入建筑安装工程费中的施工单位临时设施费。

7. 引进技术和引进设备其他费

引进技术和引进设备其他费是指引进技术和设备发生的但未计入设备购置费中的费用。其具体包括如下内容。

(1) 引进项目图纸资料翻译复制费、备品备件测绘费

可根据引进项目的具体情况计列或按引进货价（FOB）的比例估列；引进项目发生备品备件测绘费时按具体情况估列。

(2) 出国人员费用

出国人员费用包括买方人员出国设计联络、出国考察、联合设计、监造、培训等所发生的旅费、生活费等。依据合同或协议规定的出国人次、期限及相应的费用标准计算。生活费按照财政部、外交部规定的现行标准计算，旅费按照中国民航公布的票价计算。

(3) 来华人员费用

来华人员费用包括卖方来华工程技术人员的现场办公费、往返现场交通费、接待费等。依据引进合同或协议有关条款及来华技术人员派遣计划进行计算。来华人员接待费可按每人次费用指标计算。引进合同价款中已包括的费用内容不得重复计算。

(4) 银行担保及承诺费

银行担保及承诺费指引进项目由国内外金融机构出面承担风险和责任担保所发生的费用，以及支付贷款机构的承诺费用。银行担保及承诺费应按担保或承诺协议计取，投资估算和概算编制时可以担保金额或承诺金额为基数乘以费率计算。

8. 工程保险费

工程保险费是指建设项目在建设期间根据需要对建筑工程、安装工程、机器设备和人身安全进行投保而发生的保险费用。工程保险费包括建筑安装工程一切险、进口设备财产保险和人身意外伤害险等。工程保险费不包括已列入施工企业管理费中的施工管理用财产、车辆保险费。不投保的工程不计取此项费用。

工程保险费根据不同的工程类别，分别以其建筑、安装工程费乘以建筑、安装工程保险费费率计算。民用建筑（住宅楼、综合性大楼、商场、旅馆、医院、学校）占建筑工程费的 2‰～4‰，其他建筑（工业厂房、仓库、道路、码头、水坝、隧道、桥梁、管道等）占建筑工程费的 3‰～6‰，安装工程（农业、工业、机械、电子、电器、纺织、矿山、石油、化学及钢铁工业、钢结构桥梁）占建筑工程费的 3‰～6‰。

9. 特殊设备安全监督检验费

特殊设备安全监督检验费是指在施工现场组装的锅炉及压力容器、压力管道、消防设备、燃气设备、电梯等特殊设备和设施，由安全监察部门按照有关安全监察条例、实施细则及设计技术要求进行安全检验，应由建设项目支付的、向安全监察部门缴纳的费用。此项费用按照建设项目所在省、自治区、直辖市安全监察部门的规定标准计算。无具体规定的，在编制投资估算和概算时可按受检设备现场安装费的比例估算。

10. 市政公用设施及绿化补偿费

市政公用设施及绿化补偿费是指使用市政公用设施的建设项目，按照项目所在地省级人民政府有关规定建设或缴纳的市政公用设施建设配套费用，以及绿化工程补偿费用。此

项费用按工程所在地人民政府规定的标准计列，不发生或按规定免征项目不计取。

2.4.3 与未来生产经营有关的其他费用

1. 联合试运转费

联合试运转费是指新建项目或新增加生产能力的工程，在交付生产前按照批准的设计文件所规定的工程质量标准和技术要求，进行整个生产线或装置的负荷联合试运转或局部联动试车所发生的费用净支出（试运转支出大于收入的差额部分费用）。试运转支出包括试运转所需原材料、燃料及动力消耗、低值易耗品、其他物料消耗、工具用具使用费、施工机具使用费、保险金、施工单位参加试运转人员工资，以及专家指导费等。试运转收入包括试运转期间的产品销售收入和其他收入。联合试运转费不包括应由设备安装工程费开支的调试及试车费用，以及在试运转中暴露出来的因施工原因或设备缺陷等发生的处理费用。

2. 专利及专有技术使用费

专利及专有技术使用费是指在建设期内为取得专利、专有技术、商标权、商誉、特许经营权等发生的费用。

（1）专利及专有技术使用费的主要内容

① 国外设计及技术资料费，引进有效专利、专有技术使用费和技术保密费。

② 国内有效专利、专有技术使用费。

③ 商标权、商誉和特许经营权费等。

（2）专利及专有技术使用费的计算

在专利及专有技术使用费计算时应注意以下问题。

① 按专利使用许可协议和专有技术使用合同的规定计列。

② 专有技术的界定应以省、部级鉴定批准为依据。

③ 项目投资中只计需在建设期支付的专利及专有技术使用费。协议或合同规定在生产期支付的使用费应在生产成本中核算。

④ 一次性支付的商标权、商誉及特许经营权费按协议或合同规定计列。协议或合同规定在生产期支付的商标权或特许经营权费应在生产成本中核算。

⑤ 为项目配套的专用设施投资，包括专用铁路线、专用公路、专用通信设施、送变电站、地下管道、专用码头等，如由项目建设单位负责投资但产权不归属本单位的，应做无形资产处理。

3. 生产准备及开办费

（1）生产准备及开办费的内容

生产准备及开办费是指建设项目为保证正常生产（或营业、使用）而发生的人员培训费、提前进厂费，以及投产使用必备的生产办公、生活家具用具及工（器）具等购置费。其主要包括以下内容。

① 生产职工培训费及提前进厂费。生产职工培训费包括自行组织培训或委托其他单位培训的人员工资、工资性补贴、职工福利费、差旅交通费、劳动保护费、学费、学习资料费等。提前进厂费包括提前进厂参加施工、设备安装、调试等，以及熟悉工艺流程和设备性能等人员的工资、工资性补贴、职工福利费、差旅交通费、劳动保护费等。

② 办公和生活家具购置费，是指为保证新建、改建、扩建项目初期正常生产、使用和管理所必须购置的办公和生活家具用具的费用。改建、扩建项目所需的办公和生活用具购置费应低于新建项目。其范围包括办公室、会议室、资料档案室、阅览室、文娱室、食堂、浴室、理发室和单身宿舍。

③ 为保证初期正常生产（或营业、使用）必需的第一套不够固定资产标准的生产工具、器具、用具购置费，不包括备品备件费。

（2）生产准备及开办费的计算

① 新建项目的生产准备及开办费以设计定员为基数计算，改建、扩建项目的以新增设计定员为基数计算。

$$生产准备及开办费 = 设计定员 \times 生产准备及开办费指标（元/人） \quad (2-72)$$

② 生产准备及开办费可采用综合的生产准备及开办费指标进行计算，也可以按费用内容的分类指标计算。

2.5　预备费与建设期贷款利息

2.5.1　预备费

预备费是指在建设期内因各种不可预见因素的变化而预留的可能增加的费用。按我国现行规定，预备费包括基本预备费和涨价预备费。

1. 基本预备费

（1）基本预备费的内容

基本预备费是指在投资估算或概算内难以预料的而在工程建设期间可能发生的，需要事先预留的工程费用，又称为工程建设不可预见费，主要指工程变更及施工过程中可能增加工程量的费用。基本预备费一般由以下4部分构成。

① 工程变更及洽商。在批准的初步设计范围内，技术设计、施工图设计及施工过程中所增加的工程费用；设计变更、工程变更、材料代用、局部地基处理等增加的费用。

② 一般自然灾害处理。一般自然灾害造成的损失和预防自然灾害所采取的措施费用。实行工程保险的工程项目，该费用应适当降低。

③ 不可预见的地下障碍物处理的费用。

④ 超规超限设备运输增加的费用。

（2）基本预备费的计算

基本预备费是以设备及工（器）具购置费，建筑安装工程费和工程建设其他费三者之和为计取基础，乘以基本预备费费率进行计算的。

$$基本预备费 = [设备及工（器）具购置费 + 建筑安装工程费 + \\ 工程建设其他费] \times 基本预备费费率 \quad (2-73)$$

基本预备费费率的取值应执行国家及部门的有关规定。在项目建议书阶段和可行性研究阶段，一般取值10%～15%；在初步设计阶段，一般取值7%～10%。

2. 涨价预备费

（1）涨价预备费的内容

涨价预备费是指建设项目在建设期间由于利率、汇率或价格等因素变化引起工程造价变化的预留费用。费用内容包括：人工、设备、材料、施工机具的价差费，建筑安装工程费及工程建设其他费用调整，利率、汇率调整等增加的费用。

（2）涨价预备费的计算

涨价预备费的测算方法，一般根据国家规定的投资综合价格指数，以估算年份价格水平的投资额为基数，采用复利方法计算。其计算公式为

$$PF = \sum_{t=1}^{n} I_t \left[(1+f)^{m+t-0.5} - 1 \right] \quad (2-74)$$

式中，PF——涨价预备费；

n——建设期年份数；

I_t——建设期第 t 年的静态投资计划额，包括工程费、工程建设其他费及基本预备费；

f——年涨价率；

m——建设前期年限（编制估算到开工建设，单位为年）。

应用案例 2-8

【案例概况】

某建设项目建筑安装工程费为 5000 万元，设备购置费为 3000 万元，工程建设其他费为 2000 万元，已知基本预备费费率为 5%，项目建设前期年限为 1 年，建设期为 3 年，各年投资计划额为：第一年完成投资 20%，第二年完成投资 60%，第三年完成投资 20%。年均投资价格上涨率为 6%，则该建设项目建设期间涨价预备费为多少？

【案例解析】

本案例根据涨价预备费的计算公式逐步进行计算。

基本预备费 = (5000+3000+2000)×5% = 500（万元）

静态投资 = 5000+3000+2000+500 = 10500（万元）

建设期第一年完成投资 = 10500×20% = 2100（万元）

第一年涨价预备费 = 2100×[(1+6%)$^{1.5}$-1] ≈ 191.81（万元）

建设期第二年完成投资 = 10500×60% = 6300（万元）

第二年涨价预备费 = 6300×[(1+6%)$^{2.5}$-1] ≈ 987.95（万元）

建设期第三年完成投资 = 10500×20% = 2100（万元）

第三年涨价预备费 = 2100×[(1+6%)$^{3.5}$-1] ≈ 475.07（万元）

PF = 191.81+987.95+475.07 = 1654.83（万元）

2.5.2 建设期贷款利息

建设期贷款利息是指建设项目向国内银行和其他非银行金融机构贷款、出口信贷、外

国政府贷款、国际商业银行贷款及在境内外发行的债券等在建设期间内所产生的利息。

建设期贷款利息的计算前提条件包括如下 3 点。

① 建设期资金是均衡投入使用的,视作年中发生。为简化计算和节省贷款利息,建设项目贷款通常是分年均衡发放的,而在编制投资估算时通常假定借款均在每年年中发生,因此建设期贷款利息的计算可按当年借款在年中支用考虑,即当年贷款按半年计息,上年贷款按全年计息。

② 建设期贷款利息在建设期只计息,不支付。建设项目在建设期未产生经济效益,没有支付利息的收入来源,在建设期通常只计息,不支付,因此采用复利计息的方法计算。

③ 建设期贷款利息采用分年计算,然后汇总的方法。

根据上述前提条件,建设期贷款利息的计算公式如下。

$$q_j = \left(P_{j-1} + \frac{1}{2}A_j\right) i \tag{2-75}$$

$$Q = \sum q_j \tag{2-76}$$

式中,q_j——建设期第 j 年利息;

P_{j-1}——建设期第 $j-1$ 年年末贷款累计金额与利息累计金额之和;

A_j——建设期第 j 年贷款额;

i——年利率;

Q——建设期利息。

 应用案例 2-9

【案例概况】

某新建项目,建设期为 3 年,分年均衡进行贷款,第一年贷款 1000 万元,第二年贷款 2000 万元,第三年贷款 500 万元。年贷款利率为 6%,建设期只计息,不支付,则该建设项目第三年贷款利息为多少?

【案例解析】

本案例虽然仅计算第三年贷款利息,但还是涉及第一、二年的贷款利息,所以在计算时要逐年计算。

$$q_1 = (0 + 0.5 \times 1000) \times 6\% = 30 \text{(万元)}$$

$$q_2 = (1000 + 30 + 0.5 \times 2000) \times 6\% = 121.8 \text{(万元)}$$

$$q_3 = (1000 + 30 + 2000 + 121.8 + 0.5 \times 500) \times 6\% = 204.108 \text{(万元)}$$

所以第三年的贷款利息为 204.108 万元。如果要计算整个建设期贷款利息,则要将三年的贷款利息累加,即 $Q = 30 + 121.8 + 204.108 = 355.908$(万元)。

 综合应用案例

【案例概况】

已知某建筑工程清包工项目,商业楼建筑面积 10000 m²,其中建筑工程(土建)工程各分部工程的各项费用如表 2-9 所示。

表 2-9　各分部工程的各项费用　　　　　　　　　　　　　　　单位：万元

序号	项目	人工费	材料费	施工机具使用费
1	基础工程	50	250	20
2	结构工程	21	150	34
3	屋面工程	5	40	15
4	装饰工程	21	150	34

其中：企业管理费以人工费和施工机具使用费合计为计算基础，费率为18%，利润率以人工费为计算基础，费率为30%，规费为80万元，增值税税率为9%，试计算建筑工程各项费用：①利润；②税金；③建筑工程造价。

【案例解析】

根据建筑安装工程费构成，建筑工程税前造价＝人工费＋材料费＋施工机具使用费＋企业管理费＋利润＋规费。因为规费是按照建筑工程（土建）部分来给定的，所以下面计算时暂时将规费略去，后面再加上。

基础工程税前造价＝人工费＋材料费＋施工机具使用费＋企业管理费＋利润＝50＋250＋20＋(50＋20)×18%＋50×30%＝347.6（万元）

结构工程税前造价＝人工费＋材料费＋施工机具使用费＋企业管理费＋利润＝21＋150＋34＋(21＋34)×18%＋21×30%＝221.2（万元）

屋面工程税前造价＝人工费＋材料费＋施工机具使用费＋企业管理费＋利润＝5＋40＋15＋(5＋15)×18%＋5×30%＝65.1（万元）

装饰工程税前造价＝人工费＋材料费＋施工机具使用费＋企业管理费＋利润＝21＋150＋34＋(21＋34)×18%＋21×30%＝221.2（万元）

建筑工程税前造价＝347.6＋221.2＋65.1＋221.2＋80＝935.1（万元）

其中人工费＝基础工程人工费＋结构工程人工费＋屋面工程人工费＋装饰工程人工费＝50＋21＋5＋21＝97（万元）

① 利润＝人工费×利润率＝97×30%＝29.1（万元）
② 税金＝建筑工程税前造价×税率＝935.1×9%＝84.159（万元）
③ 建筑工程含税造价＝建筑工程税前造价＋税金＝935.1＋84.159＝1019.259（万元）

本章小结

本章结合全国造价工程师、一级建造师执行资格考试用书，按照建设工程项目总投资和工程造价的构成，全面、详细地进行阐述。本章主要内容包括：设备及工（器）具购置费的构成及计算、建筑安装工程费的构成及计算、工程建设其他费的构成及计算、预备费的构成及计算、建设期贷款利息的计算。

通过本章的学习，学习者能掌握我国现行建筑安装工程费的构成与计算，学会通过工程造价的构成与计算程序进行简单工程造价的计算。

第 2 章 建设工程造价构成

 推荐阅读资料

1. 《建设工程计价》（全国造价工程师执业资格考试培训教材）
2. 《建设工程经济》（全国一级建造师执业资格考试用书）
3. 《建筑安装工程费用项目组成》（建标〔2013〕44 号）

习 题

一、单项选择题

1. 国产标准设备原价，一般是按照（　　）计算的。
   A. 带有备件的原价　　　　　　　　B. 定额估价
   C. 系列设备插入估价　　　　　　　D. 分组组合估价

2. 在不同的进口设备交易价格方式下，费用划分与风险转移的分界点相一致的是（　　）。
   A. 离岸价　　　　　　　　　　　　B. 运费在内价
   C. 到岸价　　　　　　　　　　　　D. 抵岸价

3. 某公司进口 10 辆轿车，装运港船上交货价 5 万美元/辆，国际运费 500 美元/辆，运输保险费 300 美元/辆，银行财务费费率 0.5%，外贸手续费费率 1.5%，关税税率 100%，计算该公司进口 10 辆轿车的关税为（　　）万元人民币。（假设外汇汇率：1 美元＝8.3 元人民币）
   A. 415.00　　　B. 421.64　　　C. 423.72　　　D. 430.04

4. 已知某进口工程设备 FOB 为 50 万美元，假设美元与人民币汇率为 1∶6.9，银行财务费费率为 0.2%，外贸手续费费率为 1.5%，关税税率为 10%，增值税税率为 13%，假设该进口设备无消费税。若该进口设备抵岸价为 586.7 万元人民币，则该进口工程设备到岸价为（　　）万元人民币。
   A. 406.8　　　B. 450.0　　　C. 456.0　　　D. 586.7

5. 根据《建筑安装工程费用项目组成》（建标〔2013〕44 号）文件的规定，下列属于材料费的是（　　）。
   A. 塔式起重机基础的混凝土费用
   B. 现场预制构件地胎模的混凝土费用
   C. 保护已完石材地面而铺设的大芯板费用
   D. 独立柱基础混凝土垫层费用

6. 根据《建筑安装工程费用项目组成》（建标〔2013〕44 号）文件的规定，下列属于人工费的是（　　）。
   A. 6 个月以上的病假人员的工资　　B. 装卸机司机工资
   C. 劳动力招募工资　　　　　　　　D. 电焊工产、婚假期的工资

7. 某施工项目分部分项工程费为 1200 万元，其中人工费为 450 万元，施工机具使用费为 300 万元，可计量的措施项目费为 400 万元，该施工项目的安全文明施工费以人工费和施工机具使用费为计算基础，费率为 2%，则该施工项目的安全文明施工费为（　　）万元。

063

A. 32　　　　　　B. 24　　　　　　C. 23　　　　　　D. 15

8. 在建筑安装工程造价中，当采用一般计税方法时，增值税税率为（　　）。

A. 9%　　　　　　B. 13%　　　　　　C. 5%　　　　　　D. 3%

9. 某工程采用施工企业工程投标报价计价程序。已知该工程分部分项工程费为8520万元，措施项目费为640万元，其他项目费为300万元，规费为240万元，增值税税率为9%，则该工程的含税造价为（　　）万元。

A. 9788　　　　　　B. 12109　　　　　　C. 10573　　　　　　D. 9886

10. 根据《建筑安装工程费用项目组成》（建标〔2013〕44号）文件的规定，检验试验费属于建筑安装工程的（　　）

A. 企业管理费　　　　　　　　　　B. 施工机具使用费
C. 材料费　　　　　　　　　　　　D. 规费

11. 工程造价管理机构在确定计价定额中的利润时，应以（　　）为基数计算。

A. 人工费和施工机具使用费合计
B. 人工费、材料费、施工机具使用费合计
C. 人工费
D. 材料费和施工机具使用费合计

12. 施工企业为从事危险作业的建筑安装施工人员支付的意外伤害保险费属于建筑安装工程的（　　）。

A. 人工费　　　　B. 措施费　　　　C. 企业管理费　　　　D. 规费

13. 某建筑安装工程税前造价为5000万元，按照简易计税方法计算增值税，则该工程的税金为（　　）万元。

A. 850　　　　　　B. 250　　　　　　C. 150　　　　　　D. 550

14. 下列不属于人工费的是（　　）。

A. 奖金　　　　　　　　　　　　B. 津贴补贴
C. 劳动保险费　　　　　　　　　D. 计件工资

15. 某建设项目建筑安装工程费10000万元，设备购置费6000万元，工程建设其他费4000万元，已知基本预备费费率为5%，项目建设前期年限为1年，建设期为3年，各年投资计划额为：第一年完成投资20%，第二年完成投资60%，第三年完成投资20%。年均投资价格上涨率为6%，则该建设项目第二年涨价预备费为（　　）万元。

A. 197.59　　　　　　B. 1150.84　　　　　　C. 1975.89　　　　　　D. 2634.53

二、多项选择题

1. 下列各项费用中属于设备及工（器）具购置费的是（　　）。

A. 设备采购人员的工资、工资附加费
B. 新建项目购置的不够固定资产标准的生产家具和备品备件费
C. 进口设备消费税
D. 进口设备担保费
E. 进口设备关税

2. 国产非标准设备原价按成本计算法估价确定时，其包装费的计算基数包括（　　）。

A. 材料费　　　　　　　　　　　　B. 辅助材料费

C. 加工费 D. 非标准设备设计费
E. 外购配套件费

3. 下列费用中属于设备运杂费的是（　　）。
   A. 进口设备由出口国口岸运至进口国口岸的费用
   B. 在设备原价中没有包含的，为运输而进行包装支出的各种费用
   C. 设备供销部门手续费
   D. 国产设备由设备制造厂交货地点至工地仓库的运费
   E. 采购与仓库保管费

4. 根据《建筑安装工程费用项目组成》（建标〔2013〕44号）的规定，下列各项中属于施工机械使用费的是（　　）。
   A. 施工机械夜间施工增加费 B. 大型施工机械设备进出场费
   C. 施工机械燃料动力费 D. 施工机械经常修理费
   E. 司机的人工费

5. 下列费用中，属于工程建设其他费中与未来企业生产经营有关的其他费是（　　）。
   A. 工程咨询费 B. 生产职工培训费
   C. 合同契约公证费 D. 提前进场费
   E. 办公和生活家具购置费

6. 下列哪些费用属于土地征用及迁移补偿费？（　　）
   A. 征地动迁费 B. 土地使用权出让金
   C. 安置补助费 D. 土地清理费
   E. 青苗补偿费

7. 工程保险费是指建设项目在建设期间根据需要实施工程保险所需的费用，其内容包括（　　）。
   A. 各种建筑工程及其在施工过程中的物料、机器设备保险费
   B. 机械损坏保险费
   C. 人身安全保险费
   D. 安装工程保险费
   E. 工人工资

8. 建设项目投资构成中的基本预备费是指（　　）。
   A. 在初步设计中难以预料的工程费增加
   B. 预防自然灾害采取的措施费
   C. 由于一般自然灾害造成的损失
   D. 由于物价变化引起的费用
   E. 由于汇率、税率、贷款利率等变化引起的费用

9. 在有偿出让和转让土地使用权时，应坚持以下（　　）原则。
   A. 土地对目前的投资环境不产生大影响
   B. 地价与当地的社会经济承受能力适应
   C. 地价应考虑土地开发费用、市场供求关系等
   D. 应考虑土地用途和使用年限

E. 可以随意转让

10. 当计算进口设备的消费税时，计算基础中应该包括（   ）。

A. 货价　　　　　　　　　　　　B. 国际运费

C. 关税　　　　　　　　　　　　D. 增值税

E. 消费税

三、简答题

1. 什么是建设工程项目总投资？它由哪些部分构成？
2. 简述我国现行的工程造价构成。
3. 设备运杂费包括哪些内容？
4. 简述施工机械台班单价的构成。
5. 基本预备费由哪些部分构成？

四、案例分析

1. 某建筑公司承接一体育馆改造项目，计算得到的人工费为 2500 万元，材料费为 1600 万元，施工机具使用费为 700 万元，企业管理费以人工费和施工机具使用费合计为计算基础，费率为 18%，规费按人工费的 8% 计算，利润率以人工费为计算基础，费率为 30%，税金按一般计税方法计取，费率为 9%。

(1) 请按费用构成要素划分，简单说明建筑工程费项目的构成。

(2) 请按造价形成划分，简单说明建筑工程费项目的构成。

(3) 请列表计算该项目的建筑安装工程造价（保留到小数点后 3 位）。

2. 某新建项目，建设期为 3 年，分年均衡进行贷款，第一年贷款 300 万元，第二年贷款 600 万元，第三年贷款 400 万元，年利率为 12%，计算建设期贷款利息。

第 2 章
在线答题

第 3 章 建设工程造价计价依据和计价模式

教学目标

本章介绍了建设工程造价计价依据及我国现行的计价模式。本章内容主要有工程造价计价依据的分类与作用，定额计价模式与工程量清单计价模式的概念、特点及其计价程序，应重点掌握建设工程工程量清单计价模式。

思维导图

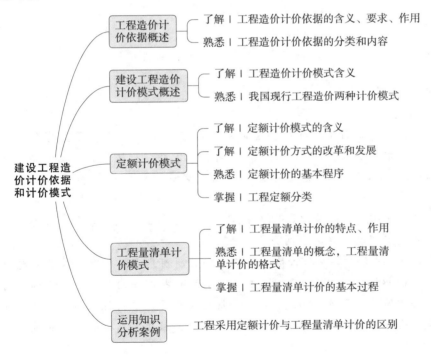

引例

浙江××(××市××街道办事处地块)工程施工招标

浙江××(××市××街道办事处地块)工程施工招标单位是××市住房开发公司，招标代理单位是浙江××工程项目管理有限公司，具有浙江省工程造价咨询甲级资质。招标方式为网上公开招标，投标人资质等级要求：企业要求房屋建筑专业承包二级及以上资质，项目负责人要求房屋建造工程专业注册建造师二级及以上资质。工程报价方式为清单综合单价报价。现将招标文件部分内容摘录如下。

一、投标须知前附表（略）

二、投标须知（略）

（一）总则（略）

（二）招标文件

7. 招标文件的组成

7.1 招标文件包括下列内容。

（1）投标须知前附表。

（2）投标须知。

（3）合同条款。

（4）合同文件格式。

（5）工程建设标准。

（6）工程量清单。

（7）图纸及其他资料。

（8）投标文件格式。

7.2 除 7.1 内容外，招标期间招标人在规定时间内在××市公共资源交易中心网站（进入"建设工程交易/招标公告"/单击工程名称/链接）下载招标文件的答疑纪要、对招标文件的澄清或修改内容，这些均为招标文件的组成部分，对招标人和投标人起约束作用。

7.3 投标人将按本投标须知前附表第 14 项规定的时间和方式自行下载招标文件。招标文件一份 500 元，在递交投标文件时缴纳。

7.4 投标人获取招标文件后，应仔细检查招标文件的所有内容，如有残缺等问题应在获得招标文件 3 日内向招标人提出，否则由此引起的损失由投标人自行承担。投标人同时应认真审阅招标文件中所有的事项、格式、条款和规范要求等，若投标人的投标文件没有按招标文件要求提交全部资料，或投标文件没有对招标文件做出实质性响应，其风险由投标人自行承担。

8. 招标文件的澄清

8.1 投标人若对招标文件有任何疑问，应按本投标须知前附表第 16 项的要求向招标人提出澄清要求。无论是招标人根据需要主动对招标文件进行必要的澄清，还是根据投标人的要求对招标文件做出澄清，招标人都将按投标须知前附表第 17 项的规定予以澄清。

9. 招标文件的修改

9.1 招标文件发出后，在规定时间前，招标人可对招标文件进行必要的澄清或修改。

9.2 如发现招标文件及其评标办法中存在含糊不清、相互矛盾、多种含义及歧视性不公正条款或违法违规等内容时，请在招标答疑前同时向招标人、招标代理机构和××市建设工程招标投标监理处反映。

9.3 招标文件的澄清、修改、补充等内容将在××市建设工程招标投标监理处备案，并在××市公共资源交易中心网站（进入"建设工程交易/招标公告"/单击工程名称/链接）发布信息向所有投标人公告。招标文件的澄清、修改、补充等内容均为招标文件的组成部分，具有约束作用。

9.4 招标文件的澄清、修改、补充等内容均以在××市建设工程招标投标监理处备案的以书面形式明确的内容为准。当招标文件与招标文件的澄清、修改、补充等在同一内容的表述上不一致时，以最后发出的书面文件（或公告）为准。

9.5 为使投标人在编制投标文件时有充分的时间对招标文件的澄清、修改、补充等内容进行研究，招标人将酌情延长提交投标文件的截止时间，具体时间将在招标文件的修改、补充通知中予以明确。

（三）投标文件的编制

10. 投标文件的语言及度量衡单位

10.1 投标文件和与投标有关的所有文件均应使用中文。

10.2 除工程规范另有规定外，投标文件使用的度量衡单位均采用中华人民共和国法定计量单位。

11. 投标文件的组成

11.1 投标文件由商务标部分（包括投标函、商务标、商务标电子光盘）、资格后审申请书（含相关资料）部分、证书原件部分三部分组成。

11.2 商务标部分

11.2.1 投标函主要包括下列内容（一式五份）。

11.2.1.1　法定代表人身份证明书；

11.2.1.2　投标文件签署授权委托书；

11.2.1.3　投标函。

11.2.2　商务标主要包括下列内容。

序号	格式	商务标正本内容（一式一份）	商务标副本内容（一式五份）
1	封面	工程量清单报价表	工程量清单报价表
2	表1	编制说明	编制说明
3	表2	投标总价	投标总价
4	表3	工程项目投标总价表	工程项目投标总价表
5	表4	单项工程费汇总表	单项工程费汇总表
6	表5	单位工程费汇总表	单位工程费汇总表
7	表6	分部分项工程量清单计价表	分部分项工程量清单计价表
8	表7	措施项目清单计价表	措施项目清单计价表

(续)

序号	格式	商务标正本内容（一式一份）	商务标副本内容（一式五份）
9	表 8	其他项目清单计价表	其他项目清单计价表
10	表 9	零星项目计价表	零星项目计价表
11	表 10	主要材料价格表	主要材料价格表
12	表 11	分部分项工程量清单综合单价计算表	分部分项工程量清单综合单价计算表
13	表 12	措施项目费计算表（一）	措施项目费计算表（一）
14	表 13	措施项目费计算表（二）	措施项目费计算表（二）
15		电子光盘（一式两份）	

从上述案例中，我们了解到以下内容。

（1）目前我国建设工程招投的主要计价方式为工程量清单计价。

（2）招标文件须由具有编制能力的招标单位或具有相应资质的招标代理机构负责编制。

（3）工程量清单是由招标单位负责提供的，并随招标文件一起发送给所有投标人。

（4）投标文件的组成与投标报价的组成，并且工程量清单报价表的内容与格式要与工程量清单的对应部分一致。

3.1 工程造价计价依据概述

3.1.1 工程造价计价依据的含义及要求

1. 工程造价计价依据的含义

工程造价的计价依据有广义与狭义之分。广义上的计价依据是指从事建设工程造价管理所需各类基础资料的总称。狭义上的计价依据是指用于计算和确定工程造价的各类基础资料的总称。

2. 工程造价计价依据的要求

由于影响工程造价的因素很多，每一项工程的造价都要根据工程的用途、类别、规模尺寸、结构特征、建设标准、所在地区、建设地点、市场造价信息及政府的有关政策具体计算，因此需要确定与上述各项因素有关的各种量化的基本资料，作为计算和确定工程造价的计算基础。

工程造价的计价依据必须满足以下要求。

① 准确可靠，符合实际。

② 可信度高，计量依据具有权威性。

③ 量化表达，便于计算。

④ 定性描述清晰，便于正确利用。

3.1.2 工程造价计价依据的分类

1. 按用途分类

工程造价的计价依据按用途分类，概括起来可以分为七大类十八小类。

第一类，规范工程计价的依据。

国家标准，如《建设工程工程量清单计价规范》（GB 50500—2013）。

第二类，计算设备数量和工程量的依据。

① 可行性研究资料。

② 初步设计、扩大初步设计、施工图图纸和资料。

③ 工程变更及施工现场签证。

第三类，计算分部分项工程人工、材料、施工机具台班消耗量及费用的依据。

① 概算指标、概算定额、预算定额。

② 人工单价。

③ 材料预算单价。

④ 施工机具台班单价。

⑤ 工程造价信息。

第四类，计算建筑安装工程费的依据。

① 间接费定额。

② 价格指数。

第五类，计算设备费的依据。

设备价格、运杂费费率等。

第六类，计算工程建设其他费的依据。

① 用地指标。

② 各项工程建设其他费定额等。

第七类，计算造价相关的法规和政策。

① 包含在工程造价内的税种、税率。

② 与产业政策、能源政策、环境政策、技术政策和土地等资源利用政策有关的取费标准。

③ 利率和汇率。

④ 其他计价依据。

2. 按使用对象分类

① 规范建设单位（业主）计价行为的依据，如国家标准《建设工程工程量清单计价规范》。

② 规范建设单位（业主）和承包商双方计价行为的依据，包括国家标准《建设工程工程量清单计价规范》；初步设计、扩大初步设计、施工设计图纸和资料；工程变更及施工现场签证；概算指标、概算定额、预算定额；人工单价；材料预算单价；施工机具台班单价；工程造价信息；间接费定额；设备价格、运杂费费率等；包含在工程造价内的税种、税率；利率和汇率；其他计价依据；等等。

3. 按基本建设分类

工程造价计价依据可以分为可行性研究阶段的计价依据、初步设计阶段和扩大初步设计阶段的计价依据、施工图设计阶段的计价依据、工程结算和竣工决算阶段的计价依据。

4. 按计价依据的性质分类

① 国家和政府规定的计价依据，如《建设工程工程量清单计价规范》《中华人民共和国招标投标法》等法律、法规。

② 有关计量的计价依据，如计算工程量和物资设备数量的依据等。

③ 有关单价的计价依据，如定额单价、人工单价、材料预算单价和施工机具台班单价等。

④ 既有国家和政府规定的性质又有单价性质的计价依据，如费率、利润率和税率等。

3.1.3 计价依据的作用

在社会主义市场经济条件下，计价依据的作用主要体现在以下几个方面。

1. 计价依据是计算确定工程造价的重要依据

无论是可行性研究阶段的投资估算、设计阶段的设计概算、招投标阶段的投标报价、发包阶段的合同价，还是建设实施阶段的结算，以及竣工验收阶段的决算等，都离不开工程计价依据。

2. 计价依据是投资决策的重要依据

对于建设项目投资决策者来讲，可以利用工程造价计价依据估算所需投资额，预先测算现金的流入量和流出量，有效提高项目决策的科学性，优化其投资行为；对于工程投标者来讲，可以运用工程造价计价依据，了解社会平均的工程造价水平、市场的需求，有利于做出正确的投标决策。

3. 计价依据可以促进生产企业、施工企业的技术进步，降低社会平均必要劳动量

各类工程造价计价依据特别是各类定额，应体现各类工程的工作数量、质量，以及人力、物力、财力的利用和消耗方面的社会平均水平。这对于企业合理组织劳动，建立多种形式的运行机制，认真贯彻按劳分配原则，提高设备利用率、资金周转率和劳动生产率等指标，推动技术革新和技术革命，降低工程成本，均有重要的作用。

4. 计价依据是政府对工程建设进行宏观调控、对资源配置进行预测和平衡的重要依据

市场经济并不排斥宏观调控。在社会主义市场经济条件下，更需要政府利用造价依据等手段，较为准确地计算工程建设人力、物力、财力的需要量，以便适当地控制投资规模，正确地确定经济发展速度和比例关系，以保证国民经济重大比例关系适当、协调发展。

5. 计价依据特别是各类工程造价信息，是反映工程建设经济活动灵敏的指示器

工程造价信息反映了建筑市场的需求，当建筑产品供不应求，由此引发建筑生产力供给短缺时，工程造价就会上涨；而供过于求时，工程造价就会下降。工程造价在供求相互影响的关系中起着市场晴雨表的作用，社会经常是通过工程造价信息来了解建筑市场的供求状况。

另外，工程造价信息还能反映工程造价外部环境是否正常，能够对影响工程造价的外部政治、经济、社会、自然等诸因素的变化做出全面反映。

3.1.4 工程造价计价依据的内容

按照我国工程项目的基本建设程序，投资的确定与控制的计价依据主要有投资估算的编制依据、设计概算的编制依据、施工图预算的编制依据、竣工结算的编制依据、竣工决算的编制依据和设备物资采购价格确定的计价依据。

1. 投资估算的编制依据

投资估算的编制依据是指在编制投资估算时需要使用的计量、价格确定、工程计价有关参数、费率确定的一切基础资料。投资估算的编制依据主要有以下几个方面。

① 国家、行业和地方政府的有关规定。

② 工程勘察与设计文件，图示计量或有关专业提供的主要工程量和主要设备清单。

③ 行业部门、项目所在地工程造价管理机构或行业协会等编制的投资估算指标、价格指数和有关造价文件等。

④ 类似工程的各种技术经济指标和参数及其他技术经济资料。

⑤ 工程所在地同期的人、材、机市场价格，建筑、工艺及附属设备的市场价格和有关费用等。

2. 设计概算的编制依据

设计概算的编制依据涉及面很广，一般指编制项目概算所需要的一切基础资料。对于不同项目，其概算编制依据不尽相同，主要有以下几种。

① 批准的可行性研究报告及投资估算。

② 设计图纸等设计文件和设计工程量。

③ 项目涉及的概算指标或定额，有关部门颁布的现行概算定额、概算指标、费用定额等。

④ 涉及的国家、地方政府、行业（企业）发布的有关政策、法律、法规、规章、规程、规定等。

⑤ 市场设备和材料价格，包括有关部门发布的设备和材料价格信息、项目建设所在地的设备和材料价格、有关生产厂家和供应商的报价、本工程或其他工程项目的合同价格等。

⑥ 项目所在地区有关的气候、水文、地质地貌等的自然条件和施工条件。

⑦ 项目所在地区有关的经济、人文等社会条件。

⑧ 项目的技术复杂程度，以及新技术、专利使用情况等。

⑨ 有关文件、合同、协议等。

3. 施工图预算的编制依据

施工图预算的编制目的不同，其编制依据也会有所不同。设计单位和业主投资控制和检验设计方案时要依据批准的初步设计文件及设计概算；业主和承包商在工程交易时要依据招标文件等。

一般情况下，主要依据有以下几点。

① 法律、法规及有关规定。法律、法规及有关规定主要包括涉及预算编制的国家、地方政府、行业（企业）发布的有关政策、法律、法规、规章、规程、规定等。

② 施工图及说明书和有关标准图集等资料。施工图和说明书、施工图会审纪要是施工图预算的基础；同时，还应具备有关的标准图集和通用图集，以备查用。

因为在施工图上不可能全部完整地反映局部结构的细节，在进行施工和计算工程量时，往往要借助有关施工图册或标准图集、项目建设场地的工程地质勘察和地形地貌测量图纸等资料。

③ 施工组织设计或施工方案。施工组织设计是施工企业对实施施工图的方案、进度、资料、施工方法、机械配备等做出的设计。经合同双方批准的施工组织设计，也是编制施工图预算的主要依据。

施工组织设计或施工方案对工程造价影响较大，必须根据客观实际情况，编制先进、合理的施工方案，以降低工程造价。

在进行标底编制时一般没有施工组织设计或施工方案，标底编制单位一般按国家标准或通用的施工方案来考虑。

④ 工程量计算规则。

⑤ 现行预算定额和有关调价规定。

⑥ 工具书和其他有关参考资料等。

4. 竣工结算的编制依据

编制竣工结算除应具备全套竣工图纸、材料价格（或材料、设备购物凭证）、取费标准及有关计价规定外，还应具备以下资料。

① 工程合同的有关条款。

② 施工图预算书或工程量清单报价书。

③ 设计变更通知单。

④ 由承包商提出，业主和设计单位会签的施工技术问题核定单。

⑤ 工程现场签证单。

⑥ 材料代用核定单。

⑦ 材料价格变更文件。

⑧ 经双方协商同意并办理了签证的应列入工程结算的其他事项（如索赔）。

5. 竣工决算的编制依据

① 经批准的可行性研究报告及其投资估算。

② 经批准的初步设计或扩大初步设计及其概算或修正概算。

③ 经批准的施工图设计及其施工图预算。

④ 设计交底或图纸会审纪要。

⑤ 招投标的标底、承包合同、工程结算资料。

⑥ 施工记录或施工签证单，以及其他施工中发生的费用记录，如索赔报告与记录、停（交）工报告等。

⑦ 竣工图及各种竣工验收资料。

⑧ 历年基建资料、历年财务决算及批复文件。

⑨ 设备、材料调价文件和调价记录。

⑩ 有关财务核算制度、办法和其他有关资料、文件等。

6. 设备物资采购价格确定的计价依据

设备物资采购有国内和国际设备物资的采购，其价格确定的计价依据有所不同。

（1）国内设备物资采购价格确定的计价依据

国内设备物资采购价格确定的计价依据主要有市场设备和材料价格，包括有关部门发布的设备和材料价格信息、项目建设所在地的设备和材料价格、有关生产厂家和供应商报价等，包装费费率、运杂费费率、运输损耗费费率和采购及保管费费率等。

国内设备物资采购应考虑以下因素。

① 设备的技术性能。
② 设备的售后服务情况。
③ 是否能获得技术转让。
④ 后期运行费及维护费。

（2）国际设备物资采购价格确定的计价依据

国际设备物资采购价格确定的计价依据主要有设备物资的货价、国际运费费率、运输保险费费率、银行财务费费率、外贸手续费费率、进口关税税率、增值税税率、消费税税率和设备运杂费费率等。

国际设备物资采购除考虑以上提到的国内设备物资采购应考虑的因素的影响之外，还要看是否受政治因素的影响。

3.2 建设工程造价计价模式概述

工程造价的计价模式是指根据计价依据计算工程造价的程序和方法，具体包括工程造价的计价程序、计价方式及最终价格的确定等诸项内容。

计价模式是工程造价管理的基本内容之一。工程造价管理既是企业行为和行业行为，也是政府行为，而计价模式是国家管理和控制工程造价的手段。计价模式对工程造价的确定起着十分重要的作用，这主要是由建筑工程项目造价的计价特点决定的。

建筑产品在经济范畴里，虽然与其他工农业产品一样，具有商品的属性，但从其产品及生产特点来看，也还具有一些与一般产品不同的特性，如建筑产品具有的单件性、固定性和建设周期长等特点，决定了其计价方式不同于一般的工农业产品，必须根据计算工程造价的基础资料即计价依据，借助于一种特殊的计价程序即计价模式，并依据它们各自的功能与特定条件进行单独计价。

所以，工程造价具有单件性、多次性计价和按构成组合计价等特点（这些特点在第1章已经谈到），这些特点决定了建筑产品价格的确定，使其无论是在构成内容、计价方法方面，还是在定价方式、最终价格的确定等方面，都与一般的工农业产品价格的确定有很大的区别。

工程造价多次性计价的特点决定了在建设程序的各个阶段，都应采用科学的计算方法和切合实际的计价依据，合理确定投资估算、设计概算、施工图预算、合同价、结算价、决算价等。当然，在各个建设阶段，工程计价的方式和要求的程度是不同的。

从建设程序看，施工图设计阶段施工图预算的编制比基本建设其他环节的计价精度要求高、内容繁多、方法复杂。目前理论和实践中所谈的计价模式也都是针对这一阶段的工程计价而言的。

我国现行有定额计价和工程量清单计价两种模式，从长远来看，工程量清单计价模式将是唯一的一种计价模式。不管采用定额计价模式还是工程量清单计价模式，对工程建设招投标方而言主要用于确定工程标底或是招标控制价，对工程建设投标方而言主要用于投标报价。

3.3 定额计价模式

3.3.1 定额计价模式概述

1. 工程定额分类

工程定额是指在正常施工条件下完成规定计量单位的合格建筑安装工程所消耗的人工、材料、施工机具台班、工期天数及相关费率等的数量标准。

工程定额是一个综合概念，是建设工程造价计价和管理中各类定额的总称，包括许多种类的定额。可以按照不同的原则和方法对它进行分类。

① 按定额反映的生产要素消耗内容分类，工程定额可分为劳动消耗定额、材料消耗定额和施工机具消耗定额。

A. 劳动消耗定额。劳动消耗定额简称劳动定额（也称人工定额），是在正常的施工技术和组织条件下，完成规定计量单位合格的建筑安装产品所消耗的人工工日的数量标准。劳动定额的主要表现形式是时间定额，但同时也表现为产量定额。时间定额与产量定额互为倒数。

B. 材料消耗定额。材料消耗定额简称材料定额，是指在正常的施工技术和组织条件下，完成规定计量单位合格的建筑安装产品所消耗的原材料、成品、半成品、构配件、燃料，以及水、电等动力资源的数量标准。

C. 施工机具消耗定额。施工机具消耗定额由施工机械消耗定额与仪器仪表消耗定额组成。其中施工机械消耗定额是以一台施工机械一个工作班为计量单位，所以又称为施工机械台班定额。施工机械消耗定额是指在正常的施工技术和组织条件下，完成规定计量单位合格的建筑安装产品所消耗的施工机械台班的数量标准。施工机械消耗定额的主要表现形式是施工机械时间定额，同时也以产量定额表现。仪器仪表消耗定额的表现形式与施工机械消耗定额类似。

② 按定额的编制程序和用途分类，工程定额可分为施工定额、预算定额、概算定额、概算指标、投资估算指标等。

A. 施工定额。施工定额是指完成一定计量单位的某一施工过程或基本工序所需消耗的人工、材料和施工机具台班数量标准。施工定额是施工企业组织生产和加强管理在企业内部使用的一种定额，属于企业定额的性质。施工定额是以某一施工过程或基本工序作为研究对象，表示生产产品数量与生产要素消耗综合关系的定额。为了适应组织生产和管理的需要，施工定额的项目划分很细，是工程定额中分项最细、定额子目最多的一种定额，也是工程定额中的基础性定额。

B. 预算定额。预算定额是指在正常的施工条件下，完成一定计量单位合格分项工程或结构构件所需消耗的人工、材料、施工机具台班数量及其费用标准，是一种计价性定额。从编制程序上看，预算定额是以施工定额为基础综合扩大编制的，同时也是编制概算定额的基础。

C. 概算定额。概算定额是指完成单位合格扩大分项工程或扩大结构构件所需消耗的人工、材料和施工机具台班数量及其费用标准，是一种计价性定额。概算定额是编制扩大初步设计概算、确定建设项目投资额的依据。概算定额项目划分的粗细，应与扩大初步设计的深度相适应，一般是在预算定额的基础上综合扩大而成的，每一扩大分项概算定额都包含了数项预算定额。

D. 概算指标。概算指标是以单位工程为对象，反映完成一个规定计量单位建筑安装产品的经济指标。概算指标是概算定额的扩大与合并，是以更为扩大的计量单位来编制的。概算指标的内容包括人工、材料、施工机具台班 3 个基本部分，同时还列出了分部工程量及单位工程的造价，是一种计价定额。

E. 投资估算指标。投资估算指标是以建设项目、单项工程、单位工程为对象，反映建设总投资及其各项费用构成的经济指标。它是在项目建议书和可行性研究阶段编制投资估算、计算投资需要量时使用的一种定额。它的概略程度与可行性研究阶段相适应。投资估算指标往往根据历史的预决算资料和价格变动等资料编制，但其编制基础仍然离不开预算定额、概算定额。

上述各种定额的相互联系可参见表 3-1。

表 3-1　各种定额的相互联系

定额种类	施工定额	预算定额	概算定额	概算指标	投资估算指标
对象	施工过程或基本工序	分项工程或结构构件	扩大的分项工程或扩大的结构构件	单位工程	建设项目、单项工程、单位工程
用途	编制施工预算	编制施工图预算	编制扩大初步设计概算	编制初步设计概算	编制投资估算
项目划分	最细	细	较粗	粗	很粗
定额水平	平均先进	平均			
定额性质	生产性定额	计价性定额			

③ 按专业分类。由于工程建设涉及众多专业，不同专业所含的内容不同，因此就确定人工、材料和施工机具台班消耗数量标准的工程定额来说，也需按不同的专业分别进行编制和执行。

A. 建筑工程定额，按专业对象分为建筑及装饰工程定额、房屋修缮工程定额、市政工程定额、铁路工程定额、公路工程定额、矿山井巷工程定额等。

B. 安装工程定额，按专业对象分为电气设备安装工程定额、机械设备安装工程定额、热力设备安装工程定额、通信设备安装工程定额、化学工业设备安装工程定额、工业管道安装工程定额、工艺金属结构安装工程定额等。

④ 按主编单位和管理权限分类，工程定额可分为全国统一定额、行业统一定额、地区统一定额、企业定额、补充定额等。

A. 全国统一定额是由国家建设行政主管部门综合全国工程建设中技术和施工组织管理的情况编制，并在全国范围内执行的定额。

B. 行业统一定额是考虑到各行业专业工程技术特点，以及施工生产和管理水平而编制的，一般只在本行业和相同专业性质的范围内使用的定额。

C. 地区统一定额包括省、自治区、直辖市定额。地区统一定额主要是考虑地区性特点和全国统一定额水平做适当调整和补充而编制的。

D. 企业定额是施工单位根据本企业的施工技术、机械装备和管理水平而编制的人工、材料、施工机具台班等的消耗标准。企业定额在企业内部使用，是企业综合素质的标志。企业定额水平一般应高于国家现行定额，才能满足生产技术发展、企业管理和市场竞争的需要。在工程量清单计价方法下，企业定额是施工企业进行建设工程投标报价的计价依据。

E. 补充定额是指随着设计、施工技术的发展，在现行定额不能满足需要的情况下，为了补充缺陷而编制的定额。补充定额只能在指定的范围内使用，可以作为以后修订定额的基础。

上述各种定额虽然适用于不同的情况和用途，但是它们是一个互相联系的、有机的整体，在实际工作中可配合使用。

2. 定额计价的含义

我国在很长一段时间内采用单一的定额计价模式形成工程价格，即按预算定额规定的分部分项子目，逐项计算工程量，套用预算定额单价（或单位估价表）确定直接工程费，然后按规定的取费标准确定措施费、间接费、利润和税金，加上材料调差系数和适当的不可预见费，经汇总后即为工程预算或标底，而标底则作为评标定标的主要依据。

以定额单价法确定工程造价，是我国采用的一种与计划经济相适应的工程造价管理制度。定额计价实际上是国家通过颁布统一的计价定额或指标，对建筑产品价格进行有计划的管理。国家以假定的建筑安装产品为对象，制定统一的预算和概算定额，计算出每一单元子项的费用后，再综合形成整个工程的价格。

3. 定额计价的基本程序

工程造价定额计价程序示意如图3.1所示。

从上述工程造价定额计价程序示意（图3.1）中可以看出，编制建设工程造价最基本的过程有两个，即工程量计算和工程计价。

为统一口径，工程量均按照统一的项目划分和工程量计算规则计算。工程量确定后，就可以按照一定的方法确定工程的成本及盈利，最终就可以确定工程预算造价（或投标报价）。定额计价方法的特点就是量与价的结合。

概预算单位价格的形成过程，就是依据概预算定额所确定的消耗量乘以定额单价或市场价，经过不同层次的计算达到量与价的最优结合过程。

4. 定额计价方法的性质

在不同经济发展时期，建筑产品有不同的价格形式、不同的定价主体、不同的价格形

第3章 建设工程造价计价依据和计价模式

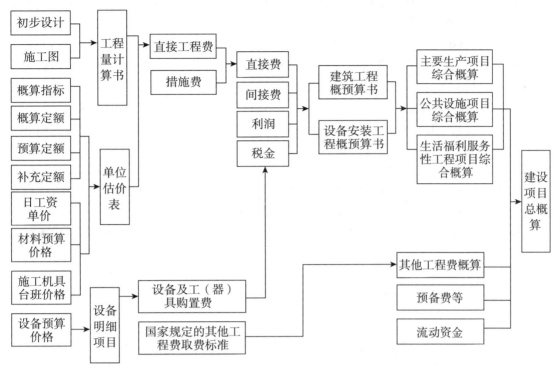

图 3.1 工程造价定额计价程序示意

成机制，而一定的建筑产品价格形式产生、存在于一定的工程建设管理体制和一定的建筑产品交换方式之中。我国建筑产品价格市场化经历了3个阶段，即国家定价阶段→国家指导价阶段→国家调控价阶段。

定额计价是以概预算定额、各种费用定额为基础依据，按照规定的计算程序确定工程造价的特殊计价方法，因此，利用工程建设定额计算工程造价，就价格形成而言，介于国家定价和国家指导价之间。

（1）国家定价阶段

在我国传统经济体制下，工程建设任务由国家主管部门按计划分配，建筑业不是一个独立的物质生产部门，建设单位、施工单位的财务收支实行统收统支，建筑产品价格仅是一个经济核算的工具而不是工程价值的货币反映。实际上，这一时期的建筑产品并不具有商品性质，所谓的"建筑产品价格"也是不存在的。在这种工程建设管理体制下，建筑产品价格实际上是在建设过程的各个阶段利用国家或地区所颁布的各种定额进行投资费用的预估和计算，也可以说是采用概预算加签证的形式来确定。

这种"价格"分为设计概算、施工图预算、工程费签证和竣工结算，这种"价格"属于国家定价的价格形式，国家是这一价格形式的决策主体。在建筑产品价格形成过程中，建设单位、设计单位、施工单位都按照国家有关部门规定的定额标准、材料价格和取费标准，计算、确定工程价格，工程价格水平由国家规定。

（2）国家指导价阶段

改革开放以后，传统的建筑产品价格形式已经逐步为新的建筑产品价格形式所取代。

这一阶段是国家指导定价，出现了预算包干价格形式和工程招标投标价格形式。预算包干价格形式与概预算加签证形式相比,两者都属于国家计划价格形式,企业只能按照国家的有关规定计算,执行工程价格。

包干额按照国家有关部门规定的包干系数、包干标准及计算方法确定。但是因为预算包干价格对工程施工过程中费用的变动采取了一次包死的形式,这对提高工程价格管理水平有一定作用。工程招标投标价格是在建筑产品招标投标交易过程中形成的工程价格,表现为标底价、投标报价、中标价、合同价、结算价格等形式。

这一阶段的工程招标投标价格属于国家指导性价格,是在最高限价范围、国家指导下的竞争性价格。在这种价格形成过程中,国家和企业是价格的双重决策主体。其价格形成的特征如下。

① 计划控制性。作为评标基础的标底价格要按照国家工程造价管理部门规定的定额和有关取费标准制定,标底价格的最高数额受到国家批准的工程概算控制。

② 国家指导性。国家工程招标管理部门对标底的价格进行审查,管理部门组成的监督小组直接监督和指导大中型工程招标、投标、评标和决标过程。

③ 竞争性。投标单位可以根据本企业的条件和经营状况确定投标报价,并以价格作为竞争承包工程的手段。招标单位可以在标底价格的基础上,择优确定中标单位和工程中标价格。

(3) 国家调控价阶段

国家调控的招标投标价格形式是一种由市场形成价格为主的价格机制。它是在国家有关部门的调控下,由工程承发包双方根据工程市场中建筑产品供求关系变化自主确定工程价格。其价格的形成可以不受国家工程造价管理部门的直接干预,而是根据市场的具体情况,竞争形成价格。与国家指导的招标投标价格形式相比,国家调控招标投标价格形成具有以下特征。

① 竞争形成。工程承发包双方根据工程自身的物质劳动消耗、供求状况等市场因素竞争形成,不受国家计划调控。

② 自发波动。随着工程市场供求关系的不断变化,工程价格经常处于上升或者下降的波动之中。

③ 自发调节。通过价格的波动,自发调节建筑产品的品种和数量,以保持工程投资与工程生产能力的平衡。

3.3.2 定额计价方式的改革和发展

定额计价制度从产生到完善的数十年中,对我国的工程造价管理发挥了巨大作用,为政府进行工程项目的投资控制提供了很好的工具。但随着市场经济体制改革深度和广度的不断增加,传统的定额计价制度也不断受到冲击,改革势在必行。

"动态要素"的动态管理拉开了传统定额计价改革的序幕。

① 定额计价制度第一阶段改革的核心思想是"量价分离",即由国务院建设行政主管部门制定符合国家有关标准、规范,并反映一定时期施工水平的人工、材料、施工机具等消耗量标准,实现国家对消耗量标准的宏观管理。

对人工、材料、施工机具的单价等,由工程造价管理机构依据市场价格的变化发布工程造价相关信息和指数,将过去完全由政府计划统一管理的定额计价改变为"控制量、指导价、竞争费"。

② 定额计价制度改革第二阶段的核心问题是工程造价计价方式的改革。20世纪90年代中后期,是我国建设市场迅猛发展的时期。1999年《中华人民共和国招标投标法》的颁布标志着我国建设市场基本形成,建筑产品的商品属性得到了充分认识。

在招投标已经成为工程发包的主要方式之后,工程项目需要新的、更适应市场经济发展的、更有利于建设项目通过市场竞争合理形成价格的计价方式来确定其建造价格。

2003年2月,国家标准《建设工程工程量清单计价规范》(GB 50500—2003)发布,并从2003年7月1日开始实施,这是我国工程计价方式改革历程中的里程碑,标志着我国工程造价的计价方式实现了从传统的定额计价向工程量清单计价的转变。

在我国建设市场逐步开放的改革中,虽然已经制定并推广了工程量清单计价,但由于各地实际情况的差异,目前的工程造价计价方式不可避免地存在双规并行的局面,即在保留传统定额计价方式的基础上,参照国际惯例引入工程量清单计价方式。

典型考题:建设工程定额计价模式

目前,我国的建设工程定额计价还是工程造价管理的重要手段,但随着工程造价管理体制改革的不断深入及对国际管理的深入了解,工程量清单计价模式必将逐渐占据主导地位。

知识链接 3-1

1995年,原建设部编制颁发了《全国统一建筑工程基础定额》(土建工程)和《全国统一建筑工程预算工程量计算规则》(土建工程);2003年,原建设部又颁发了《建设工程工程量清单计价规范》;2008年,住房和城乡建设部对《建设工程工程量清单计价规范》进行了修订,颁发了新的《建设工程工程量清单计价规范》,真正实现了"量""价"分离,适应市场经济发展的需要;2013年,《建设工程工程量清单计价规范》再次进行了修订。

《建设工程工程量清单计价规范》

3.4 工程量清单计价模式

工程量清单计价是一种区别于定额计价的新计价模式,是一种主要由市场定价的计价模式,是由建设产品的买方和卖方在建设市场上根据供求状况、信息状况进行自由竞价,从而最终签订工程合同价格的方法。因此,可以说工程量清单的计价方法是在建设市场建立、发展和完善过程中的必然产物。

在工程量清单的计价过程中,工程量清单向建设市场的交易双方提供了一个平等的平台,是投标人在投标活动中进行公正、公平、公开竞争的重要基础。

3.4.1 工程量清单的概念

工程量清单是表现拟建工程的分部分项工程项目、措施项目、其他项目名称和相应数量的明细清单。工程量清单是按统一规定进行编制的,它体现的核心内容为分项工程项目名称及其相应数量,是招标文件的组成部分。

招标人或由其委托的代理机构按照招标要求和施工设计图纸规定将拟建招标工程的全部项目和内容，依据《建设工程工程量清单计价规范》中统一项目编码、项目名称、计量单位和工程量计算规则进行编制，作为承包商进行投标报价的主要参考依据之一。

工程量清单是一套由注有拟建工程各实物工程名称、性质、特征、单位、数量，措施项目，税费等相关表格组成的文件。在性质上，工程量清单是招标文件的组成部分，是招投标活动的重要依据，一经中标且签订合同，即成为合同的组成部分。

3.4.2 工程量清单计价的基本过程、特点和作用

1. 工程量清单计价的基本过程

工程量清单计价的基本过程可以描述为：在统一的工程量计算规则的基础上，制定工程量清单项目设置规则，根据具体工程的施工图纸计算出各个清单项目的工程量，再根据各种渠道所获得的工程造价信息和经验数据计算得到工程造价。

从工程量清单计价过程的示意图（图3.2）中可以看出，其编制过程可以分为两个阶段，即清单编制阶段和投标报价阶段。

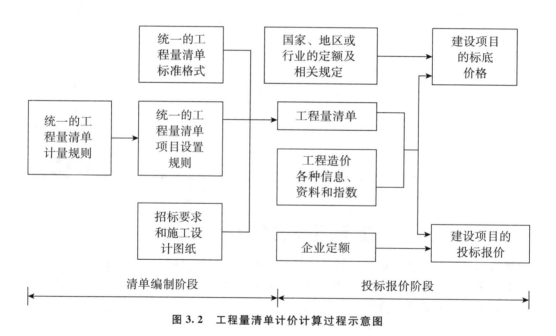

图 3.2　工程量清单计价计算过程示意图

投标报价是在业主提供的工程量计算结果的基础上，根据企业自身所掌握的各种信息、资料，结合企业定额编制得出的。其计价过程如下。

① 分部分项工程费。其计算公式为

$$\text{分部分项工程费} = \Sigma \text{分部分项工程量} \times \text{分部分项工程综合单价} \quad (3-1)$$

其中，分部分项工程综合单价由人工费、材料费、施工机具使用费、企业管理费、利润等组成，并考虑风险费用。

② 措施项目费。其计算公式为

$$措施项目费 = \Sigma 措施项目工程量 \times 措施项目综合单价 \quad (3-2)$$

其中，措施项目包括通用项目、建筑工程措施项目、安装工程措施项目和市政工程措施项目，措施项目综合单价的构成与分部分项工程单价的构成类似。

③ 其他项目费。其他项目费应考虑工程特点和《建设工程工程量清单计价规范》相应条款计价。

④ 单位工程报价。其计算公式为

$$单位工程报价 = 分部分项工程费 + 措施项目费 + 其他项目费 + 规费 + 税金 \quad (3-3)$$

⑤ 单项工程报价。其计算公式为

$$单项工程报价 = \Sigma 单位工程报价 \quad (3-4)$$

⑥ 建设项目总报价。其计算公式为

$$建设项目总报价 = \Sigma 单项工程报价 \quad (3-5)$$

2. 工程量清单计价的特点

在招投标过程中，与采用定额计价相比，采用工程量清单计价具有如下特点。

① 统一计价规则。制定统一的建设工程工程量清单计价方法、统一的工程量计量规则、统一的工程量清单项目设置规则，达到规范计价行为的目的。这些规则和办法是强制性的，建设各方面都应该遵守，这是工程造价管理部门首次在文件中明确的政府管理内容。

② 有效控制消耗量。由政府发布统一的社会平均消耗量指导标准，为企业提供一个社会平均尺度，避免企业盲目或随意大幅度减少或扩大消耗量，从而达到保证工程质量的目的。

③ 彻底放开价格。将工程消耗量定额中的人工、材料、施工机具价格，企业管理费和利润全面放开，由市场的供求关系自行确定价格。

④ 企业自主报价。投标企业根据自身的技术专长、材料采购渠道和管理水平等，制定企业自己的报价定额，自主报价。企业尚无报价定额的，可参考使用造价管理部门颁布的建筑工程消耗量定额。

⑤ 市场有序竞争形成价格。建立与国际惯例接轨的工程量清单计价模式，引入充分竞争形成价格的机制，制定衡量投标报价合理性的基础标准，在投标过程中，有效引入竞争机制，淡化标底的作用，在保证质量、工期的前提下，按照《中华人民共和国招标投标法》及有关条款规定，最终以"不低于成本"的合理低价者中标。

3. 工程量清单计价的作用

如前所述，工程量清单计价不仅是一种简单的造价计算方法，其更深层次的意义在于提供了一种由市场形成价格的新计价模式，其推进我国工程造价管理改革的作用是显而易见的。

① 工程量清单计价符合我国当前工程造价体制改革中"逐步建立以市场形成价格为主的价格机制"的目标。这一目标本身就是要把价格的决定权逐步交给发包单位、交给施工企业、交给建筑市场，并最终通过市场来配置资源，决定工程价格。它能真正实现通过市场机制来决定工程造价。

② 工程量清单计价有利于将工程的"质"与"量"紧密结合起来。质量、工期、成本三者之间存在一定的必然联系，报价当中必须充分考虑工期和质量因素，这是客观规律的反映和要求。采用工程量清单招标有利于投标单位通过报价的调整来反映质量、工期、成本三者之间的科学关系。

③ 工程量清单计价有利于业主获得最合理的工程造价。采用工程量清单招标增加了综合实力强、社会信誉好的企业的中标机会，更能体现招标投标宗旨；同时可为建设单位的工程成本控制提供准确、可靠的依据。

④ 工程量清单计价有利于标底的管理与控制。在传统的招标投标方法中，标底的正确与否、保密程度如何一直是人们关注的焦点。而采用工程量清单招标方法，工程量是公开的，是招标文件内容的一部分，标底只起到参考和一定的控制作用（即控制报价不能突破工程概算的约束），而与评标过程无关，并且在适当的时候甚至可以不编制标底。这就从根本上消除了标底准确性和标底泄露所带来的负面影响。

⑤ 工程量清单计价有利于中标企业精心组织施工，控制成本。中标后，中标企业可以根据中标价及投标文件中的承诺，通过对单位工程成本、利润进行分析，统筹考虑、精心选择施工方案；并根据企业定额合理确定人工、材料、施工机具要素的投入与配置，优化组合，合理控制现场费用和施工技术措施费用等，以便更好地履行承诺，抓好工程质量和工期。

> **特别提示**
>
> 尽管工程量清单计价有很多的优点，但由于定额计价在我国实行了几十年，虽然存在与市场经济不相适应的一面，但其计价体系系统完整，数据测算方法科学合理，计价基本符合建筑安装工程的特点，也有较高的准确性；且我国地域辽阔，各地区技术、经济条件有较大差异，市场经济发达情况不一致，也不宜强求采用一种计价模式。因此，在实际操作中，我国还有部分省市仍然采用过渡时期的概预算定额计价与工程量清单计价两种方式并存的计价模式。从我国现状来看，这两种计价方式在一定时期内还将长期并存。

3.4.3 工程量清单计价的格式

工程量清单计价应采用统一的格式。工程量清单计价的格式应随招标文件发至投标人，由投标人填写。工程量清单计价的格式应由下列内容组成。

1. 封面

封面（图 3.3）由投标人按规定的内容填写、签字、盖章。

```
_____工程
        工 程 量 清 单 报 价 表

   投  标  人：_____（单位签字盖章）
   法定代表人：_____（签字盖章）
   造价工程师
   及注册证号：_____（签字盖执业专用章）
   编 制 时 间：_____
```

图 3.3　封面

2. 投标总价

投标总价（图 3.4）应按工程项目总价表合计金额填写。

```
                        投 标 总 价

            建 设 单 位：_____
            工 程 名 称：_____
            投 标 总 价（小写）_____
                      （大写）_____
            投  标  人：_____（单位签字盖章）
            法定代表人：_____（签字盖章）
            编 制 时 间：_____
```

图 3.4 投标总价

3. 工程项目总价表（表 3-2）

表 3-2 工程项目总价表

工程名称：   第 页 共 页

序号	单项工程名称	金额/元
合计		

注：① 单项工程名称按照单项工程费汇总表（表 3-3）的工程名称填写。
　　② 金额按照单项工程费汇总表（表 3-3）的合计金额填写。

4. 单项工程费汇总表（表 3-3）

表 3-3 单项工程费汇总表

工程名称：   第 页 共 页

序号	单位工程名称	金额/元
合计		

注：① 单位工程名称按照单位工程费汇总表（表 3-4）的工程名称填写。
　　② 金额按照单位工程费汇总表（表 3-4）的合计金额填写。

5. 单位工程费汇总表（表 3-4）

表 3-4　单位工程费汇总表

工程名称：　　　　　　　　　　　　　　　　　　　　　　　　　第　页　共　页

序号	项目名称	金额/元
1	分部分项工程量清单计价合价	
2	措施项目清单计价合价	
3	其他项目清单计价合价	
4	规费	
5	税金	
	合计	

注：单位工程费汇总表中的金额分别按照分部分项工程量清单计价表（表3-5）、措施项目清单计价表（表3-6）和其他项目清单计价表（表3-7）的合计金额和按有关规定计算的规费、税金填写。

6. 分部分项工程量清单计价表（表 3-5）

表 3-5　分部分项工程量清单计价表

工程名称：　　　　　　　　　　　　　　　　　　　　　　　　　第　页　共　页

序号	项目编号	项目名称	项目特征	计量单位	工程数量	金额/元	
						综合单价	合价
	本页小计						
	合计						

注：① 综合单价应包括完成一个规定计量单位工程所需的人工费、材料费、施工机具使用费、企业管理费和利润，并应考虑风险因素。

② 分部分项工程量清单计价表中的序号、项目编码、项目名称、项目特征、计量单位、工程数量必须按分部分项工程量清单中的相应内容填写。

7. 措施项目清单计价表（表 3-6）

表 3-6　措施项目清单计价表

工程名称：　　　　　　　　　　　　　　　　　　　　　　　　　第　页　共　页

序号	项目名称	金额/元
	合计	

注：① 措施项目清单计价表中的序号、项目名称必须按措施项目清单中的相应内容填写。其中，综合单价措施项目清单计价表同分部分项工程量清单计价表，表3-6为总措施项目清单计价表。

② 投标人可根据施工组织设计采取的措施增加项目。

8. 其他项目清单计价表（表3-7）

表3-7 其他项目清单计价表

工程名称：   第 页 共 页

序号	项目名称	金额/元
1	招标人部分	
1.1	暂列金额	
1.2	暂估价	
	小计	
2	投标人部分	
2.1	总承包服务费	
2.2	计日工	
	小计	
	合计	

注：① 其他项目清单计价表中的序号、项目名称必须按其他项目清单中的相应内容填写。
② 招标人部分的金额必须按招标人提出的数额填写。

9. 零星工作费表（表3-8）

表3-8 零星工作费表

工程名称：   第 页 共 页

序号	名称	计量单位	数量	金额/元	
				综合单价	合价
1	人工				
	小计				
2	材料				
	小计				
3	施工机具				
	小计				
	合计				

注：① 招标人提供的零星工作费应包括详细的人工、材料、施工机具的名称、计量单位和相应数量。
② 综合单价应参照《建设工程工程量清单计价规范》规定的综合单价组成，根据零星工作的特点填写。
③ 工程竣工后零星工作费应按实际完成的工程量所需费用结算。

10. 分部分项工程量清单综合单价分析表（表3-9）

分部分项工程量清单综合单价分析表应由招标人根据需要提出要求后填写。

表 3-9　分部分项工程量清单综合单价分析表

工程名称：　　　　　　　　　　　　　　　　　　　　　　　　　　第　页　共　页

项目编码：　　　　项目名称：　　　　计量单位：　　　　综合单价：

序号	工程内容	单位	数量	综合单价/元					
				人工费	材料费	施工机具使用费	企业管理费	利润	小计
	合计								

11. 措施项目费分析表（表 3-10）

措施项目费分析表应由招标人根据需要提出要求后填写。

表 3-10　措施项目费分析表

工程名称：　　　　　　　　　　　　　　　　　　　　　　　　　　第　页　共　页

序号	措施项目名称	单位	数量	综合单价/元					
				人工费	材料费	施工机具使用费	企业管理费	利润	小计
	合计								

12. 主要材料价格表（表 3-11）

表 3-11　主要材料价格表

工程名称：　　　　　　　　　　　　　　　　　　　　　　　　　　第　页　共　页

序号	材料编码	材料名称	规格、型号等特殊要求	单位	单价/元

知识链接 3-2

定额计价与工程量清单计价既有区别又有共性，实际操作中可以将清单项目作为一个平台与原定额内容进行对口衔接。

进行对口衔接平台的操作步骤与作用如下。

① 根据某清单项目的特征描述和工作内容，可以找到若干定额子目。大部分的子目组合之后与清单项目应该是完全一致的，如果不完全一致，则需要根据清单项目调整。实践发现，无论是子目数量还是差异量都很少，并且调整工作量不大。

② 比照两者的工程量计算规则。应该注意的是，定额子目的计算规则与清单项目的计算规则并不完全相同，但两个计算规则中有很多是相同的，而且无矛盾，可以在各自的规则下分别进行。计算中还有一些存在差别并会导致结果不同的情况，对此可以设定几条原则：以清单项目计算规则为准，完全相同的则保留；存在差别但没有矛盾的，可以在各自的规则平台上分别进行，即几个子目仍使用原规则，最后并入项目规则；如果有矛盾并将导致结果不同的，则修改定额计算规则，使之符合清单要求。

③ 解决计量单位问题。如果逐项对比，会发现计量单位真正不同的仅有少数，但也应当依清单调整。实际上不是计量单位不同，而是被组合的子目有各自的计量单位，可以依次使用，出现这种情况时，可以给清单项目设置一个新计量单位，子目组合完毕后再归入这个新计量单位中即可。

综合应用案例

【案例概况】

1. 背景

某多层砖混住宅条形基础，如图 3.5 所示，土壤类别为三类土，原土回填夯实，自然地坪与室外地坪为同一标高。余土外运 5 km。基础为砖大放脚条形基础，垫层为三七灰土，宽度为 810 mm，厚度为 500 mm，挖土深度为 3 m，此条形基础总长度为 100 m，图 3.5 标注尺寸为 mm。地圈梁为塑性混凝土，40 mm 厚卵石，中砂。条形基础为 M5 水泥砂浆砌筑。

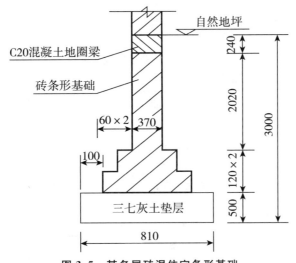

图 3.5 某多层砖混住宅条形基础

甲方提供的工程量清单文件如图 3.6 所示。总说明、分部分项工程量清单、措施项目清单如表 3-12～表 3-14 所示。

```
        某多层砖混住宅工程基础工程
              工 程 量 清 单
    招 标 人：____×××××× 公司____（单位签字盖章）
                  （盖章）
    法人代表：_____×××_____（签字盖章）
                  （盖章）
    造价工程师及证号：____××××××____（签字盖执业专用章）
                  （证号、盖执业专用章）
    编制时间：____××××年××月××日____
```

图 3.6 甲方提供的工程量清单文件

表 3-12　总说明

工程名称：某多层砖混住宅工程基础工程　　　　　　　　　　　　　　　　第 1 页　共 1 页

1. 工程概况：本工程建筑面积为 1000 m²，六层，采用条形基础，砖混结构，招标范围内的工期为一个月。施工现场靠近公路，交通运输方便。在现场接近 1 km 的地方有钢材批发市场。
2. 招标范围：基础工程。
3. 清单编制依据：《建设工程工程量清单计价规范》，施工设计图文件，国家有关法律、法规及施工规范等。
4. 工程质量应达到优良标准。
5. 考虑施工中可能发生的设计变更或清单有误，预留暂列金额 0.5 万元。
6. 投标人在投标时应按《建设工程工程量清单计价规范》规定的统一格式，提供分部分项工程量清单综合单价分析表。
7. 随清单附有主要材料价格表，投标人应按其规定内容填写。

表 3-13　分部分项工程量清单

工程名称：某多层砖混住宅工程基础工程　　　　　　　　　　　　　　　　第 1 页　共 1 页

序号	项目编码	项目名称	计量单位	工程数量
1	010101003001	挖基础土方 土壤类别：三类土 基础类型：砖大放脚条形基础 垫层宽度：810 mm 挖土深度：3 m 弃土运距：4 km	m³	250.0
2	01040100001	砖基础 砖类型：MU100 机制红砖 砂浆类型：M5 水泥砂浆 基础类型：深度为 2.5 m 的条形基础 垫层类型：三七灰土 垫层厚度：500 mm	m³	900.0
⋮				

表 3-14　措施项目清单

工程名称：某多层砖混住宅工程基础工程　　　　　　　　　　　　　　　　第 1 页　共 1 页

编号	项目名称
1.1	环境保护
1.2	文明施工
1.3	安全施工
1.4	临时设施
⋮	⋮
1.11	施工排水、降水
⋮	⋮

2. 问题

根据甲方提供的工程量清单,对该工程进行清单组价。

【案例解析】

清单组价过程如图 3.7 所示。

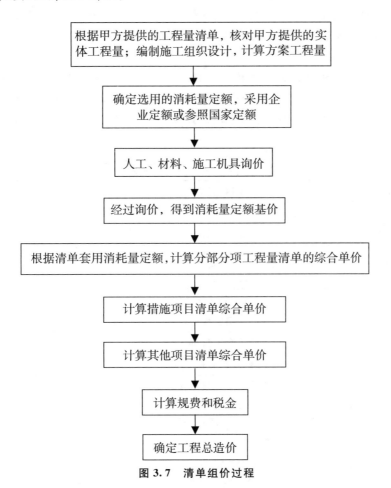

图 3.7 清单组价过程

(1) 根据甲方提供的工程量清单,核对甲方提供的实体工程量;编制施工组织设计,计算方案工程量。

① 基础挖土截面计算如下。

$S=(a+2C+KH)\ H=(0.81+0.25\times2+0.2\times3)\times3=5.73$ (m²)(工作面宽度各边 0.25 m,放坡系数为 0.2),基础总长度为 100 m,土方开挖总量为 $V=SL=5.73\times100=573$ (m³)。

② 采用人工挖总土方量为 573 m³,根据施工方案,除现场堆土 443 m³ 用于回填外,装载机装土自卸汽车运距 4 km,运输土方量为 130 m³。

③ 在计算综合单价时,应按包括施工方案的总工程量进行计算,按招标提供的工程量清单折算综合单价。

④ 通过对工程量清单的审核,清单工程量按计算规则计算无误。

(2) 确定选用的消耗量定额,采用企业定额或参照国家定额。

(3) 人工、材料、施工机具询价。

人工、材料、施工机具询价一般采用市场调查和询价。

此工程为条形基础，不要求特殊工种的人员上岗，市场劳务来源比较充沛，且价格平稳，采用市场劳务价作为参考，按前3个月投标人使用人员的平均工资标准确定。

因工程所在地为大城市，工程所用材料供应充足，价格平稳，考虑到工期又较短，一般材料都可在当地采购，因此以工程所在地建材市场前3个月的平均价格水平为依据，不考虑涨价系数。

此工程使用的施工机械为常用机械，投标人都可自行配备，施工机械台班按全国统一施工机械台班费用定额计算出台班单价，不再额外考虑调整施工机械使用费。

经上述市场调查和询价得到对应此工程的综合工日单价、材料单价及施工机械台班单价，如表3-15所示。

表3-15 某施工企业内部企业定额

定额编号	项目名称	单位	数量
010101003-1-5	人工挖沟槽4m以内（三类土）	m³	1
R01	综合工日	工日	0.296
010103001-1-2	基础土方运输，运输距离5km以内	m³	1
R01	综合工日	工日	0.065
J01	机动翻斗车	台班	0.161
010103002-1-3	基础回填机械夯实	m³	1
R01	综合工日	工日	0.169
J02	蛙式打夯机	台班	0.029
010401001-1-6	三七灰土垫层，厚度50cm以内	m³	1
R01	综合工日	工日	0.89
C01	白灰	t	0.164
C02	黏土	m³	1.323
C03	水	m³	0.202
J02	蛙式打夯机	台班	0.11
010401001-1-3	M5水泥砂浆砌砖基础	m³	1
R01	综合工日	工日	1.218
C04	红砖	千块	0.512
C03	水	m³	0.161
C05	水泥强度等级32.5	t	0.054
C06	中砂	m³	0.263
J03	灰浆搅拌机	台班	0.032
010403004-1-2	C20现浇地圈梁混凝土	m³	1
R01	综合工日	工日	2.133
C05	水泥强度等级32.5	t	0.342

(续)

定额编号	项目名称	单位	数量
C06	中砂	m³	0.396
C03	水	m³	1.787
C07	4cm 卵石	m³	0.842
C08	草袋	m³	1.283
J04	混凝土搅拌机	台班	0.063

询价结果如表 3-16 所示。

表 3-16 询价结果

定额编号	项目名称	单位	价格/元
	人工		
R01	综合工日	工日	20.00
R02	普工	工日	18.00
R03	瓦工	工日	25.00
⋮			
	材料		
C01	白灰	t	65.00
C02	黏土	m³	15.00
C03	水	m³	0.50
C04	红砖	千块	130.00
C05	水泥强度等级 32.5	t	230.00
C06	中砂	m³	45.00
C07	4cm 卵石	m³	40.00
C08	草袋	m³	2.00
⋮			
	机械		
J01	机动翻斗车	台班	92.00
J02	蛙式打夯机	台班	20.00
J03	灰浆搅拌机	台班	36.00
J04	混凝土搅拌机	台班	97.00
J05	插入式振动器	台班	12.00
J06	4t 载重汽车	台班	125.00
⋮			

(4) 经过询价，得到消耗量定额基价（表 3-17）。

表 3-17 某企业内部定额基价计算表

定额编号	项目名称	单位	数量	单价/元	合价/元	基价/元
010101003-1-5	人工挖沟槽 4 m 以内（三类土）	m³	1			5.92
人工费	综合工日	工日	0.296	20.00	5.92	5.92
010103001-1-2	基础土方运输，运输距离 5 km 以内	m³	1			16.11
人工费	综合工日	工日	0.065	20.00	1.30	1.30
施工机械使用费	机动翻斗车	台班	0.161	92.00	14.812	14.81
010103002-1-3	基础回填机械夯实	m³	1			3.95
人工费	综合工日	工日	0.169	20.00	3.38	3.38
施工机械使用费	蛙式打夯机	台班	0.029	20.00	0.58	0.58
010401001-1-6	三七灰土垫层，厚度 50 cm 以内	m³	1			50.61
人工费	综合工日	工日	0.065	20.00	17.80	17.80
材料费	白灰	t	0.164	65.00	10.66	30.61
	黏土	m³	1.323	15.00	19.845	
	水	m³	0.202	0.50	0.101	
施工机械使用费	蛙式打夯机	台班	0.11	20.00	2.20	2.20
010401001-1-3	M5 水泥砂浆砌砖基础	m³	1			116.38
人工费	综合工日	工日	1.218	20.00	24.36	24.36
材料费	红砖	千块	0.512	130.00	66.56	90.90
	水	m³	0.161	0.50	0.081	
	水泥强度等级 32.5	t	0.054	230.00	12.42	
	中砂	m³	0.263	45.00	11.835	
施工机械使用费	灰浆搅拌机	台班	0.032	97.00	1.12	1.12

(5) 根据清单套用消耗量定额，计算分部分项工程量清单综合单价的相关表格（表 3-18～表 3-20）。

表 3-18 分部分项工程量清单综合单价计算表

序号	清单项目	1	2
1	清单项目编码	010101003001	010401001001
2	清单项目名称	挖基础土方 土壤类别：三类土 基础类型：砖大放脚条形基础 垫层宽度：810 mm 挖土深度：3 m 弃土运距：4 km	砖基础 砖类型：MU100 机制红砖 砂浆类型：M5 水泥砂浆 基础类型：深度为 2.5 m 的条形基础 垫层类型：三七灰土 垫层厚度：500 mm

(续)

序号	清单项目	1			2	
3	计量单位	m³			m³	
4	清单工程量	250.00			90.00	
5	定额编号	010101003 —1—5	010103001 —1—2	010103002 —1—3	010401001 —1—3	010401001 —1—6
6	定额子目名称	人工挖沟槽4m以内（三类土）	基础土方运输，运输距离5km以内	基础回填机械夯实	M5水泥砂浆砌砖基础	三七灰土垫层，厚度50cm以内
7	定额计量单位	m³	m³	m³	m³	m³
8	计价工程量	573	130	443	90	40
9	定额基价（元）	5.92	16.11	3.95	116.11	50.61
10	合价（元）	3392.16	2094.30	1749.85	10474.20	2024.40
11	人材机合计（元）	7236.31			12498.60	
12	企业管理费（元）	723.63			1249.86	
13	利润（元）	361.82			624.93	
14	成本价（元）	8321.76			14373.39	
15	综合单价（元/m³）	33.29			159.70	

表 3-19 分部分项工程量清单计价表

工程名称：某多层砖混住宅工程基础工程　　　　　　　　　　　　　第 1 页　共 1 页

序号	项目编号	项目名称	计量单位	工程数量	金额/元	
					综合单价	合价
1	010101003001	挖基础土方 土壤类别：三类土 基础类型：砖大放脚条形基础 垫层宽度：810 mm 挖土深度：3 m 弃土运距：4 km	m³	250.0	33.29	8322.50
2	010401001001	砖基础 砖类型：MU100 机制红砖 砂浆类型：M5 水泥砂浆 基础类型：深度为2.5 m的条形基础 垫层类型：三七灰土 垫层厚度：500 mm	m³	900	159.70	14373.00

(续)

序号	项目编号	项目名称	计量单位	工程数量	金额/元 综合单价	金额/元 合价
⋮						
		本页小计				22695.50
		合计				22695.50

表 3-20 分部分项工程量清单综合单价分析表

工程名称：某多层砖混住宅工程基础工程　　　　　　　　　　　　　　第 1 页　共 1 页

| 序号 | 项目编码 | 项目名称 | 工程内容 | 综合单价组成/元 ||||||综合单价/元 |
				人工费	材料费	施工机械使用费	企业管理费	利润	小计	
1	010101003001	挖基础土方 土壤类别：三类土 基础类型：砖大放脚条形基础 垫层宽度：810 mm 挖土深度：3 m 弃土运距：4 km	人工挖沟槽4m以内（三类土）	13.57	—	—	1.35	0.67	15.59	33.29
			基础土方运输，运输距离5km以内	0.68	—	7.70	0.84	0.42	9.64	
			基础回填机械夯实	5.98	—	1.03	0.70	0.35	8.06	
2	010401001001	砖基础 砖类型：MU100机制红砖 砂浆类型：M5水泥砂浆 基础类型：深度为2.5 m的条形基础 垫层类型：三七灰土 垫层厚度：500 mm	M5水泥砂浆砌砖基础	24.36	90.9	1.12	11.64	5.82	133.84	159.70
			三七灰土垫层，厚度50cm以内	7.91	13.6	0.98	2.25	1.12	25.86	

(6) 计算措施项目清单的综合单价。

① 措施项目清单的计价可采用如下几种方式。

A. 定额计价：如脚手架可套定额计价。

B. 实物计价：如安全措施费。
C. 参数计价：如文明施工费可按取费率方式计价。
D. 分包计价等方法。

② 对安全施工措施项目基础数据的收集。

A. 本工程工期为一个月，实际施工天数为 30 天。
B. 本工程投入生产工人 120 名，各类管理人员（包括辅助服务人员）8 名，在生产工人当中抽出 1 名专职安全员，负责整个现场的施工安全。
C. 进入现场的人员一律穿安全鞋、戴安全帽，高空作业人员一律佩戴安全带。
D. 为安全起见，施工现场脚手架均须安装防护网。
E. 每天早晨施工以前，进行 10 分钟的安全教育，每个星期召开 90 分钟的安全例会。
F. 班组的安全记录要按日填写完整。

③ 根据施工方案对安全生产的要求，投标人编制安全措施费用如下。

A. 专职安全员的人工工资及奖金补助等费用支出为：1500.00 元。
B. 安全鞋、安全帽费用。安全鞋按每位职工每人 1 双，每双 20.00 元；安全帽按每位职工每人 1 项，每顶 8.00 元；按 50% 回收。其费用为：$(120+8)\times(20.00+8.00)\times50\%=1792.00$（元）。
C. 安全教育与安全例会降效费为：1800.00 元。
D. 安全防护网措施费。根据计算，安全防护网搭设面积为 100 m²，安全防护网 8.00 元/m²，搭拆费用为 2.50 元/m²，工程结束后，安全防护网一次性摊销完，则安全防护网措施费 $=100\times(8.00+2.50)=1050.00$（元）。
E. 安全生产费用合计 $=1500.00+1792.00+1800.00+1050.00=6142.00$（元）。

其他措施项可以按公式参数法进行计算，如临时设施措施费按分部分项工程费的 3%，环境保护措施费按分部分项工程费的 1%，文明施工措施费按分部分项工程费的 5% 计取。

临时设施措施费为：$22695.50\times3\%\approx680.87$（元）。

环境保护措施费为：$22695.50\times1\%\approx226.96$（元）。

文明施工措施费为：$22695.50\times5\%\approx1134.78$（元）。

施工排水、降水可以按现场平面布置图，参照定额组价进行。其计算结果为 1500.00 元。

根据招标文件要求及规范要求的格式，措施项目清单计价表如表 3-21 所示。

表 3-21 措施项目清单计价表

工程名称：某多层砖混住宅工程基础工程　　　　　　　　　　　　　第 1 页　共 1 页

序号	项目名称	金额/元
1.1	环境保护	226.96
1.2	文明施工	1134.78
1.3	安全施工	6142.00
1.4	临时设施	680.87
1.5	施工排水、降水	1500.00
	合计	9684.61

(7) 计算其他项目清单的综合单价。

其他项目清单中的预留金、材料购置费和零星工作项目费，均为估算、预测数量，虽在投标时计入投标人报价中，但不应视为投标人所有。竣工结算时，应按投标人实际完成的工作内容结算，剩余部分仍归招标人所有。

预留金是考虑可能发生的工程量变更而预留的金额，此处提出的工程量变更主要是指工程量清单漏项、有误导致的工程量增加和施工中设计变更引起标准提高导致的工程量增加等。

总承包服务费包括配合协调招标人工程分包和材料采购所需的费用（此处提出的工程分包是指国家允许分包的工程），但不包括投标人自行分包的费用，投标人由于分包而发生的企业管理费应包括在相应清单项目的报价内。

为了准确计价，招标人用零星工作项目表的形式详细列出人工、材料、机械名称和相应数量。投标人在此表内组价，此表为零星工作项目费的附表，不是独立的项目费用表。

其他项目费及零星工作项目费的报表格式必须按工程量清单及规格要求格式执行。某多层砖混住宅楼工程的其他项目清单计价表如表3-22所示。预留金为投标人非竞争性费用，一般在工程量清单的总说明中有明确说明，按规定的费用计取。零星工作项目费按零星工作项目表的计算结果计取。

其他项目计价（招标人部分直接填上，投标人部分根据实际情况计算）。

表3-22 其他项目清单计价表

工程名称：某多层砖混住宅工程基础工程　　　　　　　　　　　　　　第1页 共1页

序号	项目名称	金额/元
1	招标人部分	
	暂列金额	5000.00
	小计	5000.00
2	投标人部分	
	计日工	1840.00
	小计	1840.00
	合计	6840.00

(8) 计算规费和税金。

① 规费的计算。

规费是指政府和有关部门规定必须缴纳的费用，包括工程定额测定费、养老保险统筹基金、待业保险费、医疗保险费等。规费的计算比较简单，在投标报价时，规费一般按国家及有关部门规定的计算公式及费率标准计算。

② 税金的计算。

建筑安装工程税金为增值税。与分部分项工程费、措施项目费及其他项目费不同，税金具有法定性和强制性，工程造价包括按税法规定计算的税金，并由工程承包人按规定及时足额缴纳给工程所在地的税务部门。表3-23为某多层砖混住宅工程基础工程税金。

表 3-23 某多层砖混住宅工程基础工程税金

序号	项目名称	取费基数	费率（%）	费用金额/元
1	分部分项工程费			22695.50
2	措施项目费			9684.61
3	其他项目费			1840.00
4	规费	1+2+3	5	1710.98
5	税金	1+2+3+4	9	3233.74
6	含税工程造价			39164.83

（9）确定工程总造价（表 3-24）。

表 3-24 单位工程费汇总表

工程名称：某多层砖混住宅工程基础工程　　　　　　　　　　　第 1 页　共 1 页

序号	项目名称	金额/元
1	分部分项工程清单计价合计	22695.50
2	措施项目清单计价合计	9684.61
3	其他项目清单计价合计	1840.00
4	规费	1710.98
5	税金	3233.74
	合计	39164.83

本章小结

定额计价与工程量清单计价是我国工程造价计价的两种基本模式，这两种模式在计价依据、计价方法、计价特点、计价程序上存在明显的不同，但是两者之间又存在密切的联系。工程量清单计价是在我国传统的定额计价方法的基础上，为适应市场经济发展需求而进行计价改革的产物。因此，工程量清单计价是我国现行的建设工程招投标及工程承发包中的主流计价方式，掌握工程量清单计价是形势所趋。但是由于我国正处在计价方式的转型时期，在今后很长一段时间内，仍然是定额计价与工程量清单计价双轨并存的局面。

推荐阅读资料

1. 《建设工程工程量清单计价规范》（GB 50500—2013）
2. 《建筑工程施工发包与承包计价管理办法》（建设部令第 16 号）
3. 《湖北省建设工程造价管理办法》（湖北省人民政府令第 311 号）

《建筑工程施工发包与承包计价管理办法》

习 题

一、单项选择题

1. 在《建设工程工程量清单计价规范》中，其他项目清单一般包括（　　）。
   A. 暂列金额、分包费、材料费、施工机具使用费
   B. 暂列金额、暂估价、计日工、总承包服务费
   C. 总承包管理费、暂估价、暂列金额、风险费
   D. 暂列金额、总承包费、分包费、暂估价

2. 工程量清单应由（　　）进行编制。
   A. 招标人
   B. 投标人
   C. 招标代理机构
   D. 具有编制招标文件能力的招标人或受其委托的具有相应资质的中介机构

3. 工程量清单的封面应由（　　）填写、签字、盖章。
   A. 工程标底审查机构　　　　　　B. 招标人
   C. 工程咨询公司　　　　　　　　D. 招投标管理部门

4. 暂列金额（　　）。
   A. 属于招标人暂定并包括在合同价款中的一笔款项
   B. 与投标人有关
   C. 剩余部分归投标人所有
   D. 若发生的工程量变更超过预留金额，不再调整

5. 税金包括的内容有（　　）。
   A. 营业税、城市维护建设税、教育费附加、印花税
   B. 营业税、城市维护建设费、教育费附加
   C. 营业税、增值税
   D. 增值税

6. 已完产品保护发生的费用，应列入（　　）。
   A. 措施项目费用　　　　　　　　B. 其他项目费用
   C. 分部分项工程费　　　　　　　D. 零星工作项目费用

7. 下列费用中可作为竞争性费用的是（　　）。
   A. 规费　　　　　　　　　　　　B. 税金
   C. 安全文明施工费　　　　　　　D. 材料费

二、多项选择题

1. 工程造价的计价依据必须满足以下要求（　　）。
   A. 准确可靠，符合实际　　　　　B. 可信度高，计量依据具有权威性
   C. 量化表达，便于计算　　　　　D. 定性描述清晰，便于正确利用
   E. 定性表达，表述简便

2. 编制施工图预算主要依据（　　）。

A. 施工图纸 B. 预算定额及单位估价表
C. 施工组织设计 D. 费用定额
E. 材差文件

3. 分部分项工程量清单的组成部分是（　　）。
A. 项目编码 B. 项目名称
C. 项目内容 D. 计量单位
E. 工程数量

4. 标底价格的编制依据有（　　）。
A. 施工组织设计和施工方案等 B. 经验数据资料
C. 工程量清单 D. 工程设计文件
E. 招标文件确定的计价依据和计价方法

5. 《建设工程工程量清单计价规范》中的建筑工程不包括（　　）。
A. 土石方工程 B. 地基与桩基础工程
C. 砌筑工程 D. 门窗工程
E. 楼地面工程

三、简答题

1. 简述计价依据的概念及作用。
2. 简述定额计价的基本程序。
3. 简述工程量清单计价的基本方法与操作过程。

第3章
在线答题

第4章 建设工程决策阶段建设工程造价控制与管理

教学目标

本章介绍了建设工程决策阶段的建设工程造价控制与管理。学生通过本章的学习，要求在熟悉可行性研究报告内容的基础上会编制基本的可行性研究报告；掌握各类资金的估算方法，重点是静态建设投资的估算方法，能够对一些简单的建设项目采用合适的方法进行投资估算；了解建设项目财务评价的内容，熟悉资金时间价值的计算，熟悉财务基础数据的测算，掌握建设项目基本财务指标的计算。

思维导图

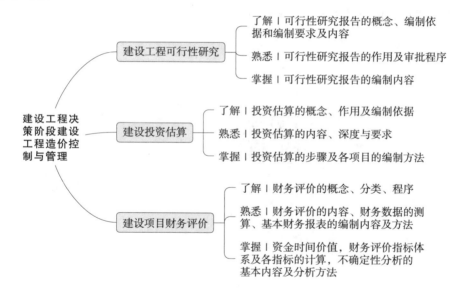

第4章 建设工程决策阶段建设工程造价控制与管理

引例

失败的决策

现实中有很多决策失败的工程项目，给国家和人民造成了巨大的损失。

案例一：川东天然气氯碱国家工程是与三峡工程配套的最大移民开发项目，工程概算近30亿元，于1994年开工，1997年年底因资金缺乏停建，1998年工程下马，但已耗资13.2亿元，清债还需4.5亿元。更让人痛心的是，难以解决离开了土地的三千多三峡移民的生计问题。

案例二：被珠海市列为一号"政绩工程"、曾经号称"全国最大最先进最新潮"的珠海金湾机场"仅基建拖欠就达17亿元"。该机场建成后每月客流量仅四五万人次，只相当于广州白云机场一天的客流量。机场设计客流量是1年1200万人次，近年只有57万人次，利用率不过1/21。

案例三：1991年开工建设，1994年投产，总投资额达7.8亿元的冶钢170mm无缝钢管厂，投产4年不仅未赚一分钱，反而亏损4.3亿元。该公司董事长称，市场预测不准、决策严重失误是这一项目失败的根本原因。

案例四：黄河中游重要支流渭河变成悬河，多次发生水灾，沿岸民众屡屡受害。学界早已公认其祸首就是三门峡水库，由于设计上的缺陷，水库发电和上游泥沙淤积之间形成了尖锐矛盾。近年，政府开始承认在三门峡建设中存在重大的决策失误，然而由于决策失误所造成的日益恶化的环境问题，早已超出了经济所能涵盖的范围。

面对由于决策失误所造成的一系列工程项目的失败，人们都应进行反思。

【案例解析】

工程造价管理不但贯穿项目全过程，而且对工程造价全过程管理起着重要作用。决策时期的技术、经济决策对整个项目的工程造价有重要影响，决策阶段的造价控制是建设项目造价控制的源头，对建设项目全过程造价控制具有总揽全局的决定性作用。首先对建设项目进行合理的选择是对资源进行优化配置的最直接、最重要的手段；其次建设标准水平（如建设规模、占地面积、建筑标准、配套工程等）的确定、建设地点的选择、建设设备的选型和施工工艺的选用等，均直接影响工程造价的高低。因此，项目决策的内容是决定工程造价的基础，直接影响其他建设阶段工程造价的确定与控制是否科学、合理。正确的决策是合理确定和控制工程造价的前提。

4.1 建设工程可行性研究

4.1.1 可行性研究报告概述

1. 可行性研究报告的概念

所谓可行性研究报告是从事一种经济活动（投资）之前，运用多种科学手段综合论证一个工程项目在技术上是否先进、实用和可靠，在财务上是否盈利，并做出环境影响、社会效益和经济效益的分析和评价，以及工程项目抗风险能力分析等，据此提出该项目是否应该投资建设，以及选定最佳投资建设方案等结论性意见的一种书面文件，为投资决策提供科学依据。

港珠澳大桥在经济上可行吗？

如果在实施中才发现工程费用过高、投资不足或原材料不能保证等问题，将会给投资者造成巨大损失。因此，无论是发达国家还是发展中国家，都把可行性研究视为重要环节。投资者为了排除盲目性，减少风险，在竞争中取得最大利润，宁肯在投资前花费一定的代价，也要进行投资项目的可行性研究，以提高投资获利的可靠程度。

2. 可行性研究报告的作用

对于新建、改建和扩建项目，在项目投资决策之前，都需要编制可行性研究报告，从而使项目投资决策科学化，减少和避免投资决策的失误，提高项目投资的经济效益。具体来说，可行性研究报告的作用主要包括以下几点。

① 可行性研究报告可作为项目投资决策的依据。项目的开发和建设需要投入大量的人力、物力和财力，受到社会、技术、经济等各种因素的影响，不能只凭感觉或经验确定，而是要在投资决策前，对项目进行深入细致的可行性研究，从社会、技术、经济等方面对项目进行分析、评价，项目投资决策者主要根据可行性研究报告的评价结果，决定一个建设项目是否应该投资和如何投资。因此，可行性研究报告是项目投资决策的主要依据。

② 可行性研究报告是筹集资金时向银行申请贷款的依据。我国的建设银行、国家开发银行和投资银行等，以及其他境内外的各类金融机构，在接受项目建设贷款时，都要对贷款项目进行全面、细致的分析评估，银行等金融机构只有在确认项目具有偿还贷款能力、不承担过大风险的情况下，才会同意贷款。

③ 可行性研究报告可作为项目主管部门商谈合同、签订协议的依据。根据可行性研究报告，建设项目主管部门可同国内有关部门签订项目所需原材料、能源资源和基础设施等方面的协议和合同，以及同国外厂商引进技术和设备正式签约。

④ 可行性研究报告可作为项目进行工程设计、设备订货、施工准备等基本建设前期工作的依据。可行性研究报告一经审批通过，就意味着该项目正式批准立项，可以进行初步设计。在可行性研究工作中，对项目选址、建设规模、主要生产流程、设备选型等方面都进行了比较详细的论证和研究，编制设计文件、进行建设准备工作都应以可行性研究报告为依据。

⑤ 可行性研究报告可作为项目拟采用的新技术、新设备的研制和进行地形、地质及工业性试验工作的依据。项目拟采用新技术、新设备必须是经过技术经济论证认为可行的，方能拟订研制计划。

⑥ 可行性研究报告可作为环保部门审查项目对环境影响的依据，也可作为向项目建设所在地政府和规划部门申请施工许可证的依据。

4.1.2　可行性研究报告的编制

1. 可行性研究报告的编制依据

编制可行性研究报告的主要依据有以下几个。

① 国民经济发展的长远规划、国家经济建设的方针和任务及技术经济政策。根据国

民经济发展的长远规划和国家经济建设方针确定的基本建设的投资方向和规模,提出需要进行可行性研究的项目建议书。这样可以有计划地统筹安排各部门、各地区、各行业及企业产品生产的协作与配套项目,有利于搞好综合平衡,也符合我国经济建设的要求。

② 项目建议书和委托单位的要求。项目建议书是做各项准备工作和进行可行性研究的重要依据,只有在项目建议书经上级主管部门和国家计划部门审查同意,并经汇总平衡纳入建设前期工作计划后,方可进行可行性研究的各项工作。建设单位在委托可行性研究任务时,应向承担可行性研究工作的单位提出建设项目的目标和其他要求,以及说明有关市场、原材料、资金来源等。

③ 有关的基础资料。进行厂址选择、工程设计、技术经济分析需要可靠的地理、气象、地质等自然、经济和社会等基础资料和数据。

④ 有关的技术经济方面的规范、标准、定额等指标。承担可行性研究的单位必须具备这些资料,因为这些资料都是进行项目设计和技术经济评价的基本依据。

⑤ 有关项目经济评价的基本参数和指标。例如,基准收益率、折现率、固定资产折旧率、外汇汇率、价格水平、工资标准、同类项目的生产成本等,这些参数和指标是进行项目经济评价的基准和依据。

2. 可行性研究报告的编制要求

编制可行性研究报告的要求主要有以下几个。

① 确保可行性研究报告的真实性和科学性。可行性研究是一项技术性、经济性、政策性很强的工作。编制单位必须站在公正的立场并保持独立性,按照事物的客观经济规律和科学研究工作的客观规律办事,在调查研究的基础上,按客观实际情况实事求是地进行技术经济论证、技术方案比较和评价,切忌主观臆断、行政干预、画框框、定调子,以保证可行性研究的严肃性、客观性、真实性、科学性和可靠性,确保可行性研究的质量。

② 编制单位必须具备承担可行性研究的条件。建设项目可行性研究报告的内容涉及面广,还有一定深度要求。因此,需要由具备一定技术力量、技术装备、技术手段和相当实践经验等条件的工程咨询公司、设计院等专门单位来承担。参加可行性研究的成员应由工业经济专家、市场分析专家、工程技术人员、机械工程师、土木工程师、企业管理人员、财会人员等组成,必要时可聘请地质、土壤等方面的专家短期协助工作。

③ 可行性研究的内容和深度及计算指标必须达到标准要求。不同行业、不同性质、不同特点的建设项目,其可行性研究的内容和深度及计算指标,必须满足作为项目投资决策和进行设计的要求。

④ 可行性研究报告必须经签字与审批。可行性研究报告编制完成后,应有编制单位的行政、技术、经济方面负责人的签字,并对研究报告的质量负责。另外,还需要上报主管部门审批。通常,大中型项目的可行性研究报告,由各主管部门及各省、自治区、直辖市或全国性专业公司负责预审,报国家发展改革委审批,或由国家发展改革委委托有关单位审批。小型项目的可行性研究报告,按隶属关系由各主管部门及各省、自治区、直辖市审批。重大和特殊建设项目的可行性研究报告,由国家发展改革委会同有关部门预审,报国务院审批。可行性研究报告的预审单位对预审结论负责,可行性研究报告的审批单位对审批意见负责。若发现工作中有弄虚作假现象,则应追究有关负责人的责任。

3. **可行性研究报告的编制程序**

《政府投资项目可行性研究报告编写通用大纲（2023年版）》

《企业投资项目可行性研究报告编写参考大纲（2023年版）》

根据我国现行的工程项目建设程序和国家发展改革委颁布的《政府投资项目可行性研究报告编写通用大纲（2023年版）》《企业投资项目可行性研究报告编写参考大纲（2023年版）》，可行性研究报告的编制程序如下。

① 建设单位提出项目建议书和初步可行性研究报告。各投资单位根据国家经济发展的长远规划、经济建设的方针任务和技术经济政策，结合资源情况、建设布局等条件，在广泛收集各种资料的基础上，提出需要进行可行性研究的项目建议书和初步可行性研究报告。

② 项目业主、承办单位委托有资格的单位进行可行性研究。当项目建议书经国家计划部门、贷款部门审定批准后，该项目即可立项。项目业主和承办单位就可以以签订合同的方式委托有资格的工程咨询公司（或设计单位）着手编制拟建项目的可行性研究报告。

③ 咨询或设计单位进行可行性研究工作，编制完整的可行性研究报告，一般按以下步骤开展工作。

A. 了解有关部门与委托单位对建设项目的意图，并组建工作小组，制订工作计划。

B. 调查研究与收集资料。调查研究主要从市场调查和资源调查两方面着手，通过分析论证，研究项目建设的必要性。

C. 方案设计和优选。建立几种可供选择的技术方案和建设方案，结合实际条件进行方案论证和比较，从中选出最优方案，研究论证项目在技术上的可行性。

D. 经济分析和评价。项目经济分析人员根据调查资料和领导机关的有关规定，选定与本项目有关的经济评价基础数据和参数，对选定的最佳建设总体方案进行详细的财务预测、财务效益分析、国民经济评价和社会效益评价。

E. 编写可行性研究报告。项目可行性研究的各专业方案经过技术经济论证和优化后，由各专业组分工编写，经项目负责人衔接协调，综合汇总，提出可行性研究报告初稿。

F. 与委托单位交换意见。

4. **可行性研究报告的编制内容**

某教学楼项目可行性研究报告

根据国家发展改革委批复的有关规定，项目可行性研究报告一般应按以下结构和内容编写。

① 总论。总论主要说明项目提出的背景、概况、问题及建议。

② 市场分析。市场分析包括市场调查和市场预测，是可行性研究的重要环节，其内容包括市场现状调查、产品供需预测、价格预测、竞争力分析、市场风险分析。

③ 资源条件评价。资源条件评价主要内容为资源可利用量、资源品质情况、资源储存条件、资源开发价值。

④ 建设规模与产品方案。建设规模与产品方案主要内容为建设规模与产品方案构成、建设规模与产品方案比选、推荐的建设规模与产品方案、技术改造项目与原有设施利用情况等。

⑤ 场址选择。场址选择主要内容为场址现状、场址方案比选、推荐的场址方案、技术改造项目当前场址的利用情况。

⑥ 技术方案、设备方案和工程方案。技术方案、设备方案和工程方案主要内容包括技术方案选择、主要设备方案选择、工程方案选择、技术改造项目改造前后的比较。

⑦ 原材料及燃料供应。原材料及燃料供应主要内容包括主要原材料供应方案、燃料供应方案。

⑧ 总图、运输与公用辅助工程。总图、运输与公用辅助工程主要内容包括总图布置方案、场内外运输方案、公用工程与辅助工程方案、技术改造项目现有公用辅助设施利用情况。

⑨ 节能措施。节能措施主要内容包括节能措施、能耗指标分析。

⑩ 节水措施。节水措施主要内容包括节水措施、水耗指标分析。

⑪ 环境影响评价。环境影响评价主要内容包括环境条件调查、影响环境因素分析、环境保护措施。

⑫ 劳动安全卫生与消防。劳动安全卫生与消防主要内容包括危险因素和危害程度分析、安全防范措施、卫生保健措施、消防设施。

⑬ 组织机构与人力资源配置。组织机构与人力资源配置主要内容包括组织机构设置、人力资源配置、员工培训等。

港珠澳大桥

⑭ 项目实施进度。项目实施进度主要内容包括建设工期、实施进度安排、技术改造项目建设与生产的衔接。

⑮ 投资估算。投资估算主要内容包括建设投资估算、流动资金估算、投资估算表。

⑯ 融资方案。融资方案主要内容包括融资组织形式、资本金筹措、债务资金筹措、融资方案分析。

林鸣：中国正在说

⑰ 财务评价。财务评价主要内容包括财务评价基础数据与参数选取、销售收入与成本费用估算、财务评价报表、盈利能力分析、偿债能力分析、不确定性分析、财务评价结论。

⑱ 国民经济评价。国民经济评价主要内容包括影子价格及评价参数选取、效益费用范围与数值调整、国民经济评价报表、国民经济评价指标、国民经济评价结论。

⑲ 社会评价。社会评价主要内容包括项目对社会影响分析、项目与所在地互适性分析、社会风险分析、社会评价结论。

⑳ 风险分析。风险分析主要内容包括项目主要风险识别、风险程度分析、防范风险对策。

㉑ 研究结论与建议。研究结论与建议主要内容包括推荐方案总体描述、推荐方案优缺点描述、主要对比方案、结论与建议。

4.1.3　可行性研究报告的审批

根据《国务院关于投资体制改革的决定》（国发〔2004〕20号），以及《政府投资条例》《企业投资项目核准和备案管理条例》《国家发展改革委关于修订投资管理有关规章和行政规范性文件的决定》（2023年3月23日国家发展改革委令第1号）等相关规定，政府对于投资项目的管理分为审批、核准和备案三种方式。

1. 政府对非政府资金投资建设项目的管理

凡企业不使用政府资金投资建设的项目，政府区别不同情况实行核准制或备案制。其中，政府仅对重大项目和限制类项目从维护社会公共利益角度进行核准，其他项目无论规模大小，均改为备案制。对实行核准制的项目，仅须向政府提交项目申请报告，而无须报批项目建议书、可行性研究报告和开工报告；备案制则无须提交项目申请报告，只要备案即可。

2. 政府对政府投资项目的管理

对于政府投资项目，只有采用直接投资和资本金注入方式的项目，政府需要对可行性研究报告进行审批，其他项目无须审批可行性研究报告。具体规定如下。

① 使用中央预算内投资、中央专项建设基金、中央统还国外贷款 5 亿元及以上的项目，或使用中央预算内投资、中央专项建设基金、统借自还国外贷款的总投资 50 亿元及以上的项目由国家发展改革委审核报国务院审批。

② 国家发展改革委对地方政府投资项目只需审批项目建议书，无须审批可行性研究报告。

典型考题：
建设工程可行性研究

③ 对于使用国外援助性资金的项目，由中央统借统还的项目，按照中央政府直接投资项目进行管理，其可行性研究报告由国务院发展改革委审批或审核后报国务院审批；省级政府负责偿还或提供还款担保的项目，按照省级政府直接投资项目进行管理，其项目审批权限按国务院及国务院发展改革委的有关规定执行；由项目用款单位自行偿还且不需政府担保的项目，参照《政府核准的投资项目目录》规定办理。

> **特别提示**
>
> 可行性研究报告可概括为三部分：第一部分是市场调查和预测，说明项目建设的必要性；第二部分是建设条件和技术方案，说明项目在技术上的可行性；第三部分是经济效益的估算与评价，这是可行性研究的核心，说明项目在经济上的合理性。党的二十大报告提出了"加快发展方式绿色转型"，思考一下，可行性研究报告在编写时，应该如何考虑生态保护？

4.2 建设投资估算

4.2.1 投资估算概述

1. 投资估算的概念

投资估算是在对项目的建设规模、产品方案、工艺技术、设备方案、工程方案及项目实施进度等进行研究并基本确定的基础上，估算项目所需资金总额（包括建设投资和流动资金）并测算建设期分年资金使用计划。投资估算是拟建项目编制项目建议书、可行性研究报告的重要组成部分,是项目决策的重要依据之一。

2. 投资估算的作用

投资估算的准确性不仅影响到可行性研究工作的质量和经济评价结果,而且也直接关系到下一阶段设计概算和施工图预算的编制,同时对建设工程项目资金筹措方案也有直接的影响。因此,全面准确地估算建设工程项目的投资,是可行性研究乃至整个决策阶段造价管理的重要任务。

投资估算的作用包括以下几点。

① 项目建议书阶段的投资估算是项目主管部门审批项目建议书的依据之一,并对项目的规划、规模起到参考作用。

② 项目可行性研究阶段的投资估算是项目投资决策的重要依据,也是研究、分析、计算项目投资经济效果的重要条件。

③ 项目投资估算对工程设计概算起控制作用,当可行性研究报告被批准后,设计概算不得突破批准的投资估算额,并应控制在投资估算额以内。

④ 项目投资估算可作为项目资金筹措及制订建设贷款计划的依据,建设单位可根据批准的项目投资估算额,进行资金筹措和向银行申请贷款。

⑤ 项目投资估算是核算建设工程项目投资需要额和编制建设投资计划的重要依据。

⑥ 合理准确的投资估算是进行工程造价管理改革、实现工程造价事前管理和主动控制的前提条件。

3. 投资估算的内容

根据国家规定,从满足建设项目投资计划和投资规模的角度,建设项目投资估算包括建设投资、建设期利息和流动资金估算。

建设工程投资估算的内容按照费用的性质划分,包括建筑工程投资估算、安装工程投资估算、设备及工(器)具购置投资估算、工程建设其他费估算、预备费估算、建设期贷款利息估算。

(1) 建筑工程投资估算

建筑工程投资估算是指对各种厂房(车间)、仓库、住宅、宿舍、病房、影剧院、商厦、教学楼等建筑物和矿井、铁路、公路、桥涵、港口、码头等构筑物的土木建筑,各种管道、电气照明线路敷设、设备基础、炉窑砌筑、金属结构工程,以及水利工程进行新建或扩建时所需费用的计算。

(2) 安装工程投资估算

安装工程投资估算是指对需要安装的机器设备进行组装、装配和安装所需全部费用的计算。它包括生产、动力、起重、运输、传动、试验、医疗及体育等设备,与设备相连的工作台、梯子、栏杆,附属于被安装设备的管线敷设工程,以及被安装设备的绝缘、保温、刷油等工程。

上述两类工程在基本建设过程中是必须兴工动料的工程,它通过施工活动才能实现,属于创造物质财富的生产性活动,是基本建设工作的重要组成部分,因此也是工程估算内容的重要组成部分。

(3) 设备及工(器)具购置投资估算

设备及工(器)具购置投资估算是指对生产、动力、起重、运输、传动、试验、医疗及体育等设备的订购采购工作。设备及工（器）具购置费在工业建设投资费用中占总投资的 40%～55%。但设备及工（器）具购置投资的估算也是一项极为复杂的技术经济工作，并具有与建筑安装工程不可比拟的经济特点，因此，对它的造价估算在此不做详述。

（4）工程建设其他费估算

工程建设其他费的估算一般都有规定或有现成的指标，依据建设项目的有关条件，主要有建设用地费、与工程建设有关的其他费、与未来企业经营生产有关的其他费，经过计算则可求得。

（5）预备费估算

预备费分为基本预备费与涨价预备费。预备费的具体估算方法见第 2 章 2.5 节的预备费。

（6）建设期贷款利息估算

建设期贷款利息的具体估算方法见第 2 章 2.5 节的建设期贷款利息。

建设投资估算划分为静态投资和动态投资两个部分。其中，建筑工程投资、安装工程投资、设备及工（器）具购置投资及工程建设其他费投资中不涉及时间变化因素的部分作为静态投资；而涉及价格、汇率、利率等变动因素的部分作为动态投资。为了确定投资，不留缺口，不仅要准确计算出静态投资，而且还应该充分考虑动态投资部分及流动资金的估算，这样，投资估算才能全面反映工程造价的构成，对拟建项目的经济论证、评价、决策等起重要的作用。

4. 投资估算的深度与要求

投资项目前期工作可以概括为机会研究、初步可行性研究（项目建议书）、可行性研究、评估四个阶段。由于不同阶段工作深度和掌握的资料不同，投资估算的准确程度也就不同，因此在前期工作的不同阶段，允许投资估算的深度和准确度也不同。随着工作的进展，项目条件的逐步明确和细化，投资估算会不断深入，准确度会逐步提高，从而对项目投资起到有效的控制作用。投资项目前期各阶段对投资估算误差的要求见表 4-1。

表 4-1 投资项目前期各阶段对投资估算误差的要求

序号	投资项目前期	投资估算的误差率
1	机会研究阶段	大于 30% 或小于 -30%
2	初步可行性研究（项目建议书）阶段	-20%～20%
3	可行性研究阶段	-20%～20%
4	评估阶段	-20%～20%

尽管允许有一定的误差，但是投资估算必须达到以下要求。

① 工程内容和费用构成齐全，计算合理，不重复计算，不提高或者降低估算标准，不高估冒算或漏项少算。

② 当选用指标与具体工程之间存在标准或者条件差异时，应进行必要的换算或者调整。

③ 投资估算精度应能满足投资项目前期不同阶段的要求。

4.2.2 投资估算的依据及步骤

1. 投资估算的依据

① 项目建议书、可行性研究报告、方案设计。
② 投资估算指标、概算指标、技术经济指标。
③ 造价指标，包括单项工程和单位工程造价指标。
④ 类似工程的概预算。
⑤ 设计参数，包括各种建筑面积指标、能源消耗指标等。
⑥ 概预算定额及其单价。
⑦ 当地人工、材料、施工机具台班、设备价格。
⑧ 当地建筑工程取费标准，如企业管理费、规费、利润、税金及与建设有关的其他费用等。
⑨ 当地建设要素市场价格情况及变化趋势。
⑩ 现场情况，如地理位置、地质、交通、供水、供电等条件。
⑪ 其他经验参考数据，如材料、设备运杂费费率，设备安装费费率，零星工程及辅材的比率，等等。

在编制投资估算时以上资料越具体越完备，编制的投资估算就越准确越全面。

2. 投资估算的步骤

不同类型的工程项目选用不同的投资估算编制方法，不同的投资估算编制方法有不同的估算结果。但投资估算的编制程序基本不变，从工程项目费用组成考虑，一般较为常用的投资估算编制程序如下。

典型考题：
投资估算

① 收集有关资料、数据和计算指标等。
② 分别估算单项工程所需的建筑工程费、安装工程费、设备及工（器）具购置费。
③ 在汇总各单项工程费的基础上，估算工程建设其他费和基本预备费。
④ 估算涨价预备费。
⑤ 估算建设期贷款利息。
⑥ 估算流动资金。

4.2.3 投资估算的编制方法

投资估算属于项目建设前期的工作，编制时要从大方向入手，根据项目的性质、不同阶段的条件，有针对性地选用适宜的方法，做到粗中有细，尽可能提高投资估算的科学性和准确性。

1. 静态投资的估算方法

建设投资估算的编制方法较多，但各种方法的适用范围不同，精确度也不同，有些方法适用于整个项目的投资估算，有些方法适用于一套生产设备的投资估算，有些方法适用于单个项目的投资估算。因此，应按建设项目的性质、内容、范围、技术资料和数据的具体情况，有针对性地选用较为适宜的方法。

（1）生产能力指数法

这种方法起源于国外对化工厂投资的统计分析，据统计，生产能力不同的两个装置，它们的初始投资与两个装置生产能力之比的指数成正比。其计算公式为

$$I_2 = I_1 \left(\frac{\chi_2}{\chi_1}\right)^n f \tag{4-1}$$

式中，I_2——拟建项目或装置的投资额；

I_1——已建同类型项目或装置的投资额；

χ_2——拟建项目的生产能力；

χ_1——已建同类型项目的生产能力；

n——生产能力指数；

f——不同时期、不同地点的定额、单价、费用变更等的综合调整系数。

该法中生产能力指数 n 是一个关键因素。不同行业、性质、工艺流程、建设水平、生产率水平的项目，应取不同的生产能力指数值。生产能力指数取值的原则是：若已建类似项目的规模与拟建项目的规模相差不大，生产规模的比值为 0.5～2，则取值近似为 1；若已建类似项目的规模和拟建项目的规模相差不大于 50 倍，且拟建项目规模的扩大仅靠增大设备规模来达到，则取值为 0.6～0.7；若靠增加相同规格设备的数量达到，则取值为 0.8～0.9。

采用生产能力指数法，计算简单、速度快；但要求类似工程的资料可靠，条件基本相同，否则误差会增大。在我国，生产能力指数法在项目建议书阶段较为适用。

  应用案例 4-1

【案例概况】

2015 年已建成年产 20 万吨的某钢厂，其投资额为 6000 万元。2018 年拟建年产 50 万吨的钢厂项目，建设期为 2 年。2015—2018 年每年平均造价指数递增 4%，预计建设期 2 年平均造价指数递减 5%。估算拟建钢厂的静态投资额（$n=0.8$）。

典型考题：生产能力指数

【案例解析】

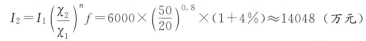

$$I_2 = I_1 \left(\frac{\chi_2}{\chi_1}\right)^n f = 6000 \times \left(\frac{50}{20}\right)^{0.8} \times (1+4\%) \approx 14048 \text{（万元）}$$

（2）比例投资估算法

比例投资估算法又分为以下两种。

① 以拟建项目的全部设备及工（器）具购置费为基数进行估算。此种估算方法根据已建成的同类项目的建筑安装工程费和其他工程费等占设备价值的百分比，求出相应的建筑安装工程费及其他工程费等，再加上拟建项目的其他有关费用，其总和即为项目或装置的投资。其计算公式为

$$I = E(1 + f_1 p_1 + f_2 p_2 + f_3 p_3 + \cdots) + I_0 \tag{4-2}$$

式中，I——拟建项目的投资额；

E——根据拟建项目当时当地价格计算的设备及工（器）具购置费（含运杂费）总和；

p_1、p_2、p_3、…——已建项目中建筑、安装及其他工程费等占设备费的百分比；

f_1、f_2、f_3、…——由于时间因素引起的定额、价格、费用标准等变化的综合调整系数；

I_0——拟建项目的其他费。

应用案例 4-2

【案例概况】

购买某套设备，估计设备及工（器）具购置费为 6200 万元，根据以往资料，与设备配套的建筑工程、安装工程和其他工程费占设备及工（器）具购置费的百分比分别为 43%、15%、10%。假定各工程费上涨与设备及工（器）具购置费上涨是同步的。试估算该项目的投资额。

【案例解析】

$$I = E(1 + f_1 p_1 + f_2 p_2 + f_3 p_3 + \cdots) + I_0$$
$$= 6200 \times (1 + 1 \times 43\% + 1 \times 15\% + 1 \times 10\%)$$
$$= 10416 \text{（万元）}$$

② 以拟建项目的最主要工艺设备费为基数进行估算。此种方法根据同类型的已建项目的有关统计资料，计算出拟建项目的各专业工程总图、土建、暖通、给水排水、管道、电气及电信、自动控制及其他工程费等占工艺设备投资（包括运杂费和安装费）的百分比，据此求出各专业的投资，然后把各部分投资（包括工艺设备费）相加求和，再加上拟建项目其他有关费用，即为项目的总投资。其计算公式为

$$I = E\left(1 + \sum_{i=1}^{n} f_i p_i\right) + I_0 \tag{4-3}$$

式中，p_i——i 专业工程费占工艺设备费用的百分比；

f_i——i 专业工程由于时间因素引起的定额、价格、费用标准等变化的综合调整系数；

n——专业工程数；

其他符号意义同前面公式。

应用案例 4-3

【案例概况】

某拟建年产 3000 万吨的铸钢厂，根据可行性研究报告提供的已建年产 2500 万吨类似工程的主厂房工艺设备投资约 2400 万元。已建类似项目资料与工艺设备投资有关的其他各专业工程投资系数见表 4-2。

表 4-2　已建类似项目资料与工艺设备投资有关的其他各专业工程投资系数

项目	加热炉	汽化冷却	余热锅炉	自动化仪表	起重设备	供电与传动	建筑安装工程
投资系数	0.12	0.01	0.04	0.02	0.09	0.18	0.40

已知拟建项目建设期与类似项目建设期的综合价格差异系数为 1.25，试用生产能力指数法估算拟建项目的工艺设备投资额，并用比例投资估算法估算该项目主厂房投资。

【案例解析】

① 用生产能力指数法。由于已建项目的规模与拟建项目的规模相差不大，所以指数 n 取值为 1。

$$主厂房工艺设备投资 = 2400 \times \left(\frac{3000}{2500}\right)^1 \times 1.25 = 3600（万元）$$

② 用比例投资估算法。

$$主厂房投资 = 3600 \times (1 + 0.12 + 0.01 + 0.04 + 0.02 + 0.09 + 0.18 + 0.40)$$
$$= 3600 \times 1.86$$
$$= 6696（万元）$$

（3）系数法

① 朗格系数法。

朗格系数法是以设备费为基础，乘以适当系数来推算项目的建设费用的方法。这种方法计算比较简单，但没有考虑设备规格、材质的差异，精确度不高。其计算公式为

$$I = E(1 + \sum K_i) K_c \tag{4-4}$$

朗格系数法的拓展阅读

式中 I——总建设费用；

E——主要设备费用；

K_i——管线、仪表、建筑物等项费用的估算系数；

K_c——企业管理费、合同费、应急费等间接费在内的总估算系数。

总建设费用与设备费用之比为朗格系数 K_L，即

$$K_L = (1 + \sum K_i) K_c \tag{4-5}$$

 应用案例 4-4

【案例概况】

某工业项目采用整套食品加工系统，其主要设备投资费为 360 万元，该食品加工系统的估算系数见表 4-3。试估算该工业项目的总建设费用。

表 4-3 某食品加工系统的估算系数

项目	估算系数	项目	估算系数	项目	估算系数
主要设备安装人工费	0.16	建筑物	0.08	油漆粉刷	0.08
保温费	0.3	构架	0.06	日常管理、合同费和利息	0.5
管线费	0.9	防火	0.09	工程费	0.26
基础	0.2	电气	0.13	不可预见费	0.12

【案例解析】

$$I = E(1 + \sum K_i) K_c$$
$$= 360 \times (1 + 0.16 + 0.3 + 0.9 + 0.2 + 0.08 + 0.06 + 0.09 + 0.13 + 0.08) \times$$
$$(1 + 0.5 + 0.26 + 0.12)$$
$$= 2030.4（万元）$$

则该工业项目总建设费用为 2030.4 万元。

② 设备及厂房系数法。

一个项目的工艺设备投资和厂房土建投资之和占整个项目投资的绝大部分。如果设计方案已确定生产工艺,初步选定了工艺设备并进行了工艺布置,这就有了工艺设备厂房的高度和面积。那么,工艺设备投资和厂房土建投资就可以分别估算出来。对于其他专业,与设备关系较大的按设备系数计算,与厂房土建关系较大的则以厂房土建投资系数计算,两类投资加起来就得出整个项目的投资。这个方法在可行性研究阶段使用是比较合适的。

(4) 指标估算法

根据编制的各种具体的投资估算指标,进行单位工程投资估算,在此基础上汇总成某一单项工程的投资,然后再估算工程建设其他费及预备费,即求得所需的建设投资。使用指标估算法的注意事项如下。

① 当套用的指标与具体工程之间的标准或条件有差异时,应加以必要的换算或调整。

② 使用的指标单位应密切结合每个单位工程的特点,能正确反映其设计参数,切勿盲目地单纯套用一种单位指标。

这种方法大多用于房屋、建筑物的投资估算,要求积累各种不同结构的房屋、建筑物的投资估算指标,并且明确拟建项目的结构和主要技术参数,这样才能保证投资估算的精确度。一般多层轻工车间(厂房)每 $100\,m^2$ 建筑面积主要工程量指标见表 4-4。

表 4-4 多层轻工车间(厂房)每 $100\,m^2$ 建筑面积主要工程量指标

项目	单位	框架结构(3~5层)	砖混结构(2~4层)
基础(钢筋混凝土、砖、毛石等)	m^3	14~20	16~25
外墙(1~1.5砖)	m^3	10~12	15~25
内墙(1砖)	m^3	7~15	12~20
钢筋混凝土(现浇、预制)	m^3	19~31	18~25
门(木)	m^2	4~8	6~10
屋面(卷材平屋面)	m^2	20~30	25~50

2. 涨价预备费、建设期贷款利息的估算(略,参见第 2 章)

3. 流动资金的投资估算

流动资金的投资估算一般采用分项详细估算法,项目决策分析与评价的初期阶段或小型项目可采用扩大指标估算法。

(1) 分项详细估算法

分项详细估算法是对构成流动资金的各项流动资产与流动负债分别进行估算。其计算公式为

$$流动资金 = 流动资产 - 流动负债 \tag{4-6}$$

$$流动资产 = 应收账款 + 预付账款 + 存货 + 现金 \tag{4-7}$$

$$流动负债 = 应付账款 + 预收账款 \tag{4-8}$$

$$流动资金本年增加额 = 本年流动资金 - 上年流动资金 \tag{4-9}$$

流动资金估算的具体步骤为:首先计算各类流动资产和流动负债的年周转次数,然后再分别估算占用资金额。

① 年周转次数计算。年周转次数是指流动资金在一年内循环的次数。

$$年周转次数 = 360 \div 最低周转天数 \quad (4-10)$$

各类流动资产和流动负债的最低周转天数可参照同类企业的平均周转天数，并结合项目特点确定，或按部门（行业）规定计算。

② 应收账款估算。应收账款是指企业对外赊销商品，提供劳务尚未收回的资金。

$$应收账款 = 年经营成本 \div 应收账款年周转次数 \quad (4-11)$$

③ 预付账款估算。预付账款是指企业为购买各类材料、半成品或服务所预先支付的款项。

$$预付账款 = 外购商品或服务年费用金额 \div 预付账款年周转次数 \quad (4-12)$$

④ 存货估算。存货指企业为销售或者生产耗用而储备的各种物资，主要有原材料、辅助材料、燃料、低值易耗品、维修备件、包装物、商品、在产品、自制半成品和产成品等。

$$存货 = 外购原材料、燃料及动力费 + 其他材料 + 在产品 + 产成品 \quad (4-13)$$

$$外购原材料、燃料及动力费 = 年外购原材料、燃料及动力费 \div 分项年周转次数 \quad (4-14)$$

$$其他材料 = 年其他材料费 \div 其他材料年周转次数 \quad (4-15)$$

$$在产品 = \frac{(年外购原材料、燃料及动力费 + 年工资及福利费 + 年修理费 + 年其他制造费)}{} \div 在产品年周转次数 \quad (4-16)$$

$$产成品 = (年经营成本 - 年其他营业费) \div 产成品年周转次数 \quad (4-17)$$

其他制造费是指由制造费中扣除生产单位管理人员工资及福利费、折旧费、修理费后的其余部分。

其他营业费是指由营业费扣除工资及福利费、折旧费、修理费后的其余部分。

⑤ 现金估算。现金指企业生产运营活动中停留于货币形态的那部分资金，包括企业库存现金和银行存款。

$$现金 = (年工资及福利费 + 年其他费) \div 现金年周转次数 \quad (4-18)$$

$$年其他费 = 制造费 + 企业管理费 + 营业费 - (以上三项费用中所含的工资及福利费、折旧费、摊销费、修理费) \quad (4-19)$$

⑥ 流动负债估算。流动负债指在一年或者超过一年的一个营业周期内，需要偿还的各种债务，包括短期借款、应付票据、应付账款、预收账款、应付工资、应付福利费、应付股利、应交税金、其他暂收应付款、预提费用和一年内到期的长期借款等。在可行性研究中，流动负债的估算可以只考虑应付账款和预收账款两项。

$$应付账款 = (年外购原材料、燃料及动力费 + 年其他材料费) \div 应付账款年周转次数 \quad (4-20)$$

$$预收账款 = 预收的营业收入年金额 \div 预收账款年周转次数 \quad (4-21)$$

✓ 应用案例 4-5

【案例概况】

某企业预投资一石化项目，该项目达到设计生产能力以后，全厂定员1100人，工资及福利费按照每人每年12000元估算，每年的其他费用为860万元（其中其他制造费发

300万元)。年外购商品或服务费为900万元,年外购原材料、燃料及动力费为6200万元,年修理费为500万元,年经营成本为4500万元,年其他营业费忽略不计,年预收营业收入为1200万元。各项流动资金的最低周转天数:应收账款为30天,预付账款为20天,现金为45天,存货中各构成项的周转次数均为40天,应付账款为30天,预收账款为35天。试用分项详细估算法估算拟建项目的流动资金。

三峡工程投资估算案例分析

【案例解析】

应收账款=年经营成本÷应收账款年周转次数=4500÷(360÷30)=375(万元)

预付账款=外购商品或服务年费用金额÷预付账款年周转次数=900÷(360÷20)=50(万元)

现金=(年工资及福利费+年其他费用)÷现金年周转次数
=(1.2×1100+860)÷(360÷45)≈272.50(万元)

外购原材料、燃料及动力费=年外购原材料、燃料及动力费÷年周转次数
=6200÷(360÷40)≈688.89(万元)

在产品=(年外购原材料、燃料及动力费+年工资福利费+年修理费+年其他制造费)÷在产品年周转次数=(6200+1.2×1100+500+300)÷(360÷40)≈924.44(万元)

产成品=(年经营成本-年其他营业费)÷产成品年周转次数=4500÷(360÷40)=500(万元)

存货=外购原材料、燃料及动力费+在产品+产成品=688.89+924.44+500=2113.33(万元)

流动资产=应收账款+预付账款+存货+现金=375+50+2113.33+272.50=2810.83(万元)

应付账款=(年外购原材料、燃料及动力费+年其他材料费)÷应付账款年周转次数=6200÷(360÷30)≈516.67(万元)

预收账款=预收营业收入年金额÷预收账款年周转次数=1200÷(360÷35)≈116.67(万元)

流动负债=应付账款+预收账款=516.67+116.67=633.34(万元)

流动资金=流动资产-流动负债=2810.83-633.34=2177.49(万元)

(2) 扩大指标估算法

扩大指标估算法是一种简化的流动资金估算方法,一般可参照同类企业流动资金占建设投资、经营成本、销售收入的比例,或者单位产量占用流动资金的数额估算。具体采用何种基数依据企业习惯而定。该方法简单易行,但准确度不高,适用于项目建议书阶段的投资估算。

典型考题:流动资金的投资估算

建设项目投资估算编审规程

4.3 建设项目财务评价

4.3.1 财务评价概述

1. 财务评价的概念

财务评价是建设项目经济评价的重要内容，是从企业角度，根据国家现行财政、税收制度和现行市场价格，计算项目的投资费用、产品成本与产品销售收入、税金等财务数据，进而计算和分析项目的盈利状况、收益水平和清偿能力等，以考察项目投资在财务上的潜在获利能力，据此可明了建设项目的财务可行性和财务可接受性，并得出财务评价的结论。投资者可根据项目财务评价结论、项目投资的财务经济效果和投资所承担的风险程度，决定项目是否应该投资建设。

2. 财务评价的分类

财务评价可分为融资前分析和融资后分析，一般宜先进行融资前分析，在融资前分析结论满足要求的情况下，初步设定融资方案，再进行融资后分析。

① 融资前分析排除了融资方案变化的影响，从项目投资总获利能力的角度，考察项目方案设计的合理性。以营业收入、建设投资、经营成本和流动资金估算为基础，考察整个计算期内的现金流入和现金流出，编制项目投资现金流量表，利用资金时间价值原理进行折现，计算项目投资收益率和净现值等指标。

② 融资后分析以融资前分析和初步融资方案为基础，考察项目在拟定融资条件下的盈利能力、偿债能力和财务生存能力，用于比选融资方案，帮助投资者做出融资决策。

> **特别提示**
> 融资是指企业运用各种方式向金融机构或金融中介机构筹集资金的一种业务活动，在项目建议书阶段，可只进行融资前分析。

3. 财务评价的程序

① 收集、整理和计算有关基础数据资料，主要包括以下内容。

A. 项目生产规模和产品品种方案。

B. 项目总投资估算和分年度使用计划，包括固定资产投资和流动资金。

C. 项目生产期间分年产品成本，分别计算出总成本、经营成本、单位产品成本、固定成本和变动成本。

D. 项目资金来源方式、数额及贷款条件（包括贷款利率、偿还方式、偿还时间和分年还本付息额）。

E. 项目生产期间分年产品销量、销售收入、销售税金和销售利润及其分配额。

F. 实施进度，包括建设期、投产和达产的时间及进度等。

② 运用基础数据资料编制基本的财务报表，包括项目投资财务现金流量表、项目资本金现金流量表、投资各方财务现金流量表、利润和利润分配表、资产负债表、财务计划现金

流量表等。此外，还应编制辅助报表，其格式可参照国家规定或推荐的报表进行编制。

③ 通过基本财务报表计算各财务评价指标，进行财务评价。

④ 进行不确定性分析。

⑤ 得出评价结论。财务评价的工作程序如图 4.1 所示。

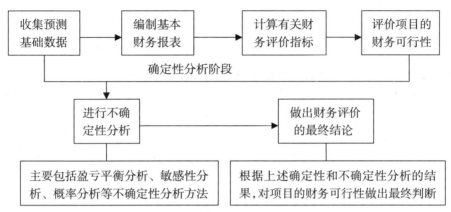

图 4.1　财务评价的工作程序

4. 财务评价的内容

对于经营性项目，财务评价的内容包括盈利能力分析和偿债能力分析，据此判断项目的财务可接受性，明确项目对财务主体及投资者的价值贡献，为项目决策提供依据。对于非经营性项目，财务评价的内容主要是财务生存能力分析。

（1）盈利能力分析

盈利能力分析是分析测算项目的财务盈利能力和盈利水平，其主要分析指标包括项目财务内部收益率和财务净现值、项目资本金财务内部收益率、投资回收期、总投资收益率和资本金净利润率等，可根据项目的特点及财务分析的目的和要求等选用。

（2）偿债能力分析

偿债能力分析是分析测算项目财务主体偿还贷款的能力，其主要分析指标包括利息备付率、偿债备付率和资产负债率等。

（3）财务生存能力分析

财务生存能力分析是分析项目是否有足够的净现金流量维持正常运营，以实现财务的可持续性。财务可持续性首先体现在有足够的经营净现金流量，这是财务可持续的基本条件；其次在整个运营期间，允许个别年份的净现金流量出现负值，但各年累计盈余资金不应出现负值，这是财务生存的必要条件。若出现负值，应进行短期借款，同时分析该短期借款的时间长短和数额大小，进一步判断项目的财务生存能力。短期借款应体现在财务计划现金流量表中，其利息应计入财务费用。为维持项目正常运营，还应分析短期借款的可靠性。

4.3.2　财务评价指标

1. 资金的时间价值

资金的时间价值是指一定量的资金在不同时点上具有不同的价值。例如，今天将100

元存入银行，若银行的年利率是 10%，一年以后的今天，将得到 110 元，其中的 100 元是本金，10 元是利息，这个利息就是资金的时间价值。

(1) 复利计算

某一计息周期的利息是由本金与先前计息周期所累积利息总额之和作为计算基数计算的，该利息称为复利，即通常所说的"利生利""利滚利"，在考虑资金的时间价值时，需明确以下几个参数的含义。

① i 表示利率。

② n 表示计息的期数。

③ P 表示现值（即现在的资金价值或本金），指资金发生在（或折算为）某一特定时间序列起点时的价值。

④ F 表示终值（n 期末的资金价值或本利和），指资金发生在（或折算为）某一特定时间序列终点的价值。

⑤ A 表示年金，发生在（或折算为）某一特定时间序列各计息期末（不包括零期）的等额资金序列的价值。

将 P、F 与 A 之间的换算公式及对应的现金流量图进行归纳后见表 4-5。

表 4-5 资金等值换算公式汇总

公式名称		已知	求解	公式	系数名称符号
整付	终值公式	现值 P	终值 F	$F = P(1+i)^n$	$(F/P, i, n)$
	现值公式	终值 F	现值 P	$P = F(1+i)^{-n}$	$(P/F, i, n)$
等额分付	终值公式	年值 A	终值 F	$F = A \times \dfrac{(1+i)^n - 1}{i}$	$(F/A, i, n)$
	偿债基金公式	终值 F	年值 A	$A = F \times \dfrac{i}{(1+i)^n - 1}$	$(A/F, i, n)$
	现值公式	年值 A	现值 P	$P = A \times \dfrac{(1+i)^n - 1}{i(1+i)^n}$	$(P/A, i, n)$
	资本回收公式	现值 P	年值 A	$A = P \times \dfrac{i(1+i)^n}{(1+i)^n - 1}$	$(A/P, i, n)$

复利计算的相关参数与公式种类

一次支付公式

等额支付现值和资金回收公式

等额支付终值和偿债基金公式

资金时间价值计算公式总结

第4章 建设工程决策阶段建设工程造价控制与管理

> **特别提示**
>
> 在使用资金等值计算的6个基本公式时,应注意以下几点。
> ① P、F、A 三个参数表达的意思。
> ② P、F、A 三个参数在现金流量图上所在的时点。其中,P 在 0 点,F 在 n 点,A 从 1 点持续到 n 点,且 P 在第一个 A 所在时点的前一点,F 与最后一个 A 所在的时点为同一点。
> ③ 公式中每个系数中的 n 次方的确定。整付终值与现值公式中的 n 次方是由 F 所在时点减去 P 所在时点(即 $n-0=n$);等额支付 4 个公式中的 n 次方是由 A 的个数决定的,或将最后一个 A 所在时点减去第一个 A 所在时点,再加 1(即 $n-1+1=n$)。

(2)利率、实际利率与名义利率

利率是在一个计息周期内所应付出的利息额与本金之比,或是单位本金在单位时间内所支付的利息。

$$i = \frac{I}{P} \times 100\% \qquad (4-22)$$

名义利率与实际利率

式中,I——利息。

在复利法计算中,一般采用年利率。若利率为年利率,实际计算周期也是以年计,这种年利率称为实际利率;若利率为年利率,而实际计算周期小于 1 年,如每月、每季或每半年计息 1 次,这种年利率就称为名义利率。例如,年利率为 3%,每月计息 1 次,此年利率就是名义利率,它相当于月利率为 2.5‰。又如季利率为 1%,则名义利率就为 4%(4×1%=4%)。因此,名义利率可定义为周期利率乘以每年计息周期数。

名义利率与实际利率的计算

设名义利率为 r,在 1 年中计算利息 m 次,则每期的利率为 r/m,假定年初借款为 P,则 1 年后的本利和为

$$F = P\left(1 + \frac{r}{m}\right)^m$$

实际利率可由下式求得

$$i = \frac{I}{P} = \frac{P\left(1 + \frac{r}{m}\right)^m - P}{P} = \left(1 + \frac{r}{m}\right)^m - 1 \qquad (4-23)$$

典型考题:资金的时间价值

由式(4-23)可知,当 $m=1$ 时,实际利率 $i=$ 名义利率 r,当 $m>1$ 时,实际利率 $i>$ 名义利率 r;而且 m 越大,两者相差也越大。

2. 财务评价指标体系

工程项目经济效果可采用不同的指标来表达,任何一种评价指标都是从一定的角度、某一个侧面反映项目的经济效益,总会带有一定的局限性,因此,需建立一整套指标体系来全面、真实、客观地反映项目的经济效益。

工程项目财务评价指标体系根据不同的标准,可进行不同的分类。按是否考虑资金的时间价值分类,财务评价指标可分为静态评价指标和动态评价指标(图 4.2)。

工程经济效果评价指标体系

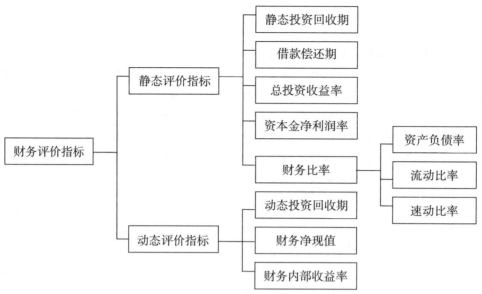

图 4.2　财务评价指标按是否考虑资金的时间价值分类

　　静态评价指标主要用于技术经济数据不完备和不精确的方案初选阶段，或对寿命期比较短的方案进行评价；动态评价指标则用于方案最后决策前的详细可行性研究阶段，或对寿命期较长的方案进行评价。

　　按评价内容的不同分类，财务评价指标可分为盈利能力分析指标和偿债能力分析指标（图 4.3）。

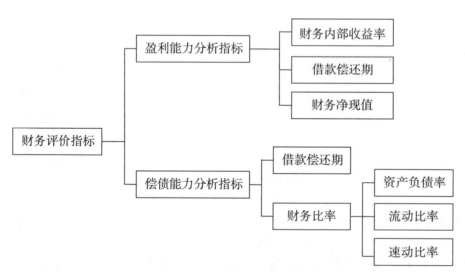

图 4.3　财务评价指标按评价内容的不同分类

　　按评价指标的性质分类，财务评价指标可分为时间性指标、价值性指标、比率性指标（图 4.4）。

　　根据上述有关财务效益分析的内容及财务基本报表和财务评价指标，不难看出它们之间存在一定的对应关系，具体见表 4-6。

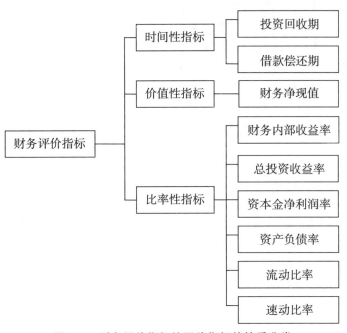

图 4.4 财务评价指标按评价指标的性质分类

表 4-6 财务评价指标与基本报表的对应关系

分析内容	基本报表	静态指标	动态指标
盈利能力分析	现金流量表（全部投资）	静态投资回收期	财务内部收益率 财务净现值 动态投资回收期
	现金流量表（自有资金）		财务内部收益率 财务净现值
	利润表	总投资收益率 资本金净利润率	
清偿能力分析	借款还本付息计算表 资金来源运用表 资产负债表	借款偿还期 资产负债率 流动比率 速动比率	
外汇平衡	财务外汇平衡表		
其他		价值指标或实物指标	

3. 财务评价指标的具体计算

（1）净现值（NPV）

净现值是指按设定的折现率，将项目寿命期内每年发生的现金流量折现到建设期初的现值之和，它是对项目进行动态评价的最重要指标之一。其表达式为

$$\mathrm{NPV} = \sum_{t=0}^{n} \frac{(\mathrm{CI} - \mathrm{CO})_t}{(1+i_c)^t} \tag{4-24}$$

净现值及等值指标

式中，NPV——净现值；
CI——现金流入量；
CO——现金流出量；
$(CI-CO)_t$——第 t 年的净现金流量（应注意"＋""－"）；
i_c——基准收益率；
n——投资方案计算期。

判别准则：对单一项目方案而言，若 NPV≥0，则项目应予以接受；若 NPV<0，则项目应予以拒绝。

在多方案比选时，净现值越大的方案相对越优。

知识链接

基准收益率的取值：在进行多方案经济性评价时，通常选取基准折现率作为计算参数。基准折现率是投资方可接受的最低期望收益率。它是一个重要的经济杠杆参数，从它作为度量方案经济可行性标准的角度看，它是行业或社会的最低期望时间价值。从理论上讲，其大小应当是边际方案的边际收益率；而在实际中，基准收益率的大小应综合考虑资金成本、通货膨胀和投资风险系数来确定。

应用案例 4-6

【案例概况】

某项目各年的净现金流量如图 4.5 所示，试用净现值指标判断项目的经济性（$i=10\%$）。

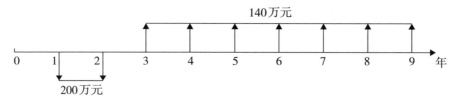

图 4.5　各年的净现金流量

典型考题：
净现值

【案例解析】

NPV $(i=10\%)=-200\times(P/A, 10\%, 2)+140\times(P/A, 10\%, 7)\times(P/F, 10\%, 2)\approx 216.15$（万元）

由于 NPV>0，故项目在经济上是可以接受的。

（2）净现值率（NPVR）

在多方案比选时，如果几个方案的 NPV 值都大于零但投资规模相差较大，可以进一步用净现值率作为净现值的辅助指标，净现值率是项目净现值与项目投资总额现值之比，其经济含义是单位投资现值所能带来的净现值。其计算公式为

$$\text{NPVR}=\frac{\text{NPV}}{I_P} \tag{4-25}$$

$$I_P=\sum_{t=0}^{m} I_t\,(P/F, i_c, t) \tag{4-26}$$

式中，I_P——投资现值；

I_t——第 t 年投资额；

m——建设期年数。

应用案例 4-7

【案例概况】

试计算图 4.5 所示净现金流量的净现值率。

【案例解析】根据净现值率的计算公式可知先要计算净现值和投资现值。净现值的计算结果参见应用案例 4-6 的结果，为 216.15 万元。

$$I_P = \frac{200}{(1+10\%)} + \frac{200}{(1+10\%)^2} \approx 347.11 \text{（万元）}$$

$$\text{NPVR} = \frac{216.15}{347.11} \approx 0.623$$

对于单一项目而言，净现值率的判别准则与净现值一样；对多方案进行评价时，净现值率越大越好。

(3) 内部收益率（IRR）

内部收益率是反映项目盈利能力常用的动态指标。它是指项目在计算期内各年净现金流量现值累计等于零时的折现率。其表达式为

$$\sum_{t=0}^{n} \frac{(CI-CO)_t}{(1+IRR)^t} = 0$$

IRR 是反映项目实际收益率的一个动态指标，该指标越大越好，一般情况下，当 $IRR \geq i_c$ 时，项目可行。

IRR 可通过现金流量表中净现金流量计算，用试插法求得。当 $IRR \geq i_c$ 时，表明项目获利能力超过或等于 i_c 或设定的收益率的获利水平，即该项目是可以接受的。

IRR 一般采用试插法进行计算，其计算过程如下。

① 首先根据经验确定一个初始折现率 i_0。

② 根据投资方案的现金流量计算净现值 NPV(i_0)。

③ 若 NPV(i_0)=0，则 IRR=i_0；若 NPV(i_0)>0，则继续增大 i_0；若 NPV(i_0)<0，则继续减小 i_0。

④ 重复步骤③，直到找到两个折现率 i_1 和 i_2，满足 NPV(i_1)>0，NPV(i_2)<0，其中 i_2-i_1 一般在 2%~5% 范围内。

⑤ 利用线性插值公式近似计算内部收益率 IRR。其计算公式为

$$\text{IRR} = i_1 + \frac{\text{NPV}_1}{\text{NPV}_1 + |\text{NPV}_2|} \times (i_2 - i_1) \tag{4-27}$$

判别准则：设基准收益率为 i_c，若 $IRR \geq i_c$，则 $NPV \geq 0$，投资方案在经济上可以接受；若 $IRR < i_c$，则 $NPV < 0$，投资方案在经济上应予以拒绝。

应用案例 4-8

【案例概况】

某方案净现金流量见表 4-7。当基准收益率 $i_c=12\%$ 时，试用内部收益率指标 IRR 判断方案是否可行。

表 4-7　某方案净现金流量　　　　　　　　　　　单位：万元

年份（年）	0	1	2	3	4	5
净现金流量	-200	40	60	40	80	80

【案例解析】

第一步：初估 IRR 的值，设 $i_1=12\%$。

$NPV_1=-200+40(P/F,12\%,1)+60(P/F,12\%,2)+40(P/F,12\%,3)+80(P/F,12\%,4)+80(P/F,12\%,5)\approx 8.25$（万元）

第二步：再估 IRR 的值，设 $i_2=15\%$。

$$NPV_2\approx -8.04 \text{ 万元}$$

第三步：用线性插值公式近似计算内部收益率 IRR。

$$IRR=12\%+8.25\div(8.25+8.04)\times(15\%-12\%)\approx 13.52\%$$

由于 IRR 大于基准收益率，即 $13.52\%>12\%$，故该方案在经济效果上是可以接受的。

（4）净年值（NAV）

净年值通常称为年值，是指将方案计算期内的净现金流量，通过基准收益率 i_c 折算成其等值的各年年末等额支付序列。其计算公式为

$$NAV=NPV(A/P,i_c,n)=\sum_{t=0}^{n}(CI-CO)_t(1+i_c)^{-t}(A/P,i_c,n) \quad (4-28)$$

由于 $(A/P,i_c,n)>0$，所以 NAV 与 NPV 总是同为正或同为负，故 NAV 与 NPV 在评价同一项目时的结论总是一致的，其评价准则是：$NAV\geq 0$，则投资方案在经济上可以接受；$NAV<0$，则投资方案在经济上应予以拒绝。

投资回收期

（5）静态投资回收期（P_t）

从项目投资开始（第 0 年）算起，用投产后项目净收益回收全部投资所需的时间，称为投资回收期，一般以年为单位计算。如果从投产年或达产年算起，应予以注明。投资回收期反映方案的增值能力和方案运行中的风险，因而是常用的评价指标。一般认为，投资回收期越短，其实施方案的增值能力越强，运行风险越小。

所谓静态投资回收期即不考虑资金的时间价值因素的回收期。因静态投资回收期不考虑资金的时间价值，所以项目投资的回收过程就是方案现金流的算术累加过程，累计净现金流为"0"时所对应的年份即为投资回收期。其计算公式为

$$\sum_{t=0}^{P_t}(CI-CO)_t=0$$

式中，　CI——现金流入量；

　　　　CO——现金流出量；

$(CI-CO)_t$——第 t 年的净现金流量。

如果投产或达产后的年净收益相等，或用年平均净收益计算时，则投资回收期的表达式转化为

$$P_t = \frac{TI}{A} \tag{4-29}$$

式中，TI——项目总投资；

　　A——每年的净收益，$A=(CI-CO)_t$。

实际上投产或达产后的年净收益不可能都是等额数值，因此，投资回收期也可根据全部投资财务现金流量表中累计净现金流量计算求得，表中累计净现金流量等于零或出现正值的年份，即为项目投资回收的终止年份。其计算公式为

$$P_t = T - 1 + \frac{|\text{第 } T-1 \text{ 年累计净现金流量}|}{\text{第 } T \text{ 年净现金流量}} \tag{4-30}$$

式中，T——累计净现金流量出现正值的年份。

设基准投资回收期为 P_c，则判别准则为：若 $P_t \leqslant P_c$，则项目可以接受；若 $P_t > P_c$，则项目应予以拒绝。

静态投资回收期的优点主要是概念清晰，简单易用，在技术进步较快时能反映项目的风险大小；其缺点是舍弃了回收期以后的收入与支出数据，不能全面反映项目在寿命期内的真实效益，难以对不同方案的比较做出正确判断，所以使用该指标时应与其他指标配合使用。

(6) 动态投资回收期

动态投资回收期（P_t'）是将投资方案各年的净现金流量按基准收益率折成现值之后，再来推算投资回收期。这是它与静态投资回收期的根本区别。动态投资回收期就是累计现值等于零时的年份。动态投资回收期的表达式为

$$\sum_{t=0}^{P_t'} \frac{(CI-CO)_t}{(1+i_c)^t} = 0 \tag{4-31}$$

式中，P_t'——动态投资回收期；

　　i_c——基准收益率。

在实际应用中，可根据项目现金流量表用下列公式近似计算。

$$P_t' = (\text{累计净现金流量现值出现正值的年数} - 1) + \frac{|\text{上一年累计现金流量现值}|}{\text{出现正值年份净现金流量的现值}}$$

  应用案例 4-9

【案例概况】

若某商场的停车库由某单位建造并由其经营。立体停车库建设期为 1 年，从第 2 年开始经营。建设投资 700 万元，全部为自有资金并全部形成固定资产。流动资金投资 200 万元，全部为自有资金，第 2 年年末一次性投入。从第 2 年开始，经营收入假定各年 250 万元，销售税金及附加 12 万元，经营成本 26 万元。平均固定资产折旧年限为 10 年，残值率为 5%，计算期为 11 年。设该项目的基准收益率为 8%，基准投资回收期为 6 年。试判断该项目是否可行。

【案例解析】

回收固定资产余值 = 700 × 5% = 35（万元），此停车库工程现金流量表见表 4-8。

表 4-8 现金流量表 单位：万元

序号	项目	计算期/年										
		1	2	3	4	5	6	7	8	9	10	11
1	现金流入		250	250	250	50	50	50	50	50	250	35
1.1	经营收入		250	250	250	50	50	50	50	50	50	50
1.2	回收固定资产余值											5
1.3	回收流动资金											50
2	现金流出	700	188	38	38	38	38	38	38	8	38	38
2.1	建设投资	700										
2.2	流动资金		150									
2.3	经营成本		26	26	26	26	26	26	26	26	26	26
2.4	销售税金及附加		12	12	12	12	12	12	12	12	12	12
3	净现金流量（1-2）	-700	62	212	212	212	212	212	212	212	212	397
4	累计净现金流量	-700	-638	-426	-214	-2	210	422	634	846	1058	1455

$$\text{FNPV}(8\%) = -700(P/F, 8\%, 1) + 62(P/F, 8\%, 2) + 212(P/F, 8\%, 8)$$
$$(P/F, 8\%, 2) + 397(P/F, 8\%, 11)$$
$$\approx 619.56 \text{（万元）}$$

$$\text{FNPV}(\text{FIRR}) = -700(P/F, \text{FIRR}, 1) + 62(P/F, \text{FIRR}, 2) +$$
$$212(P/A, \text{FIRR}, 8)(P/F, \text{FIRR}, 2)$$

当 $i_1 = 20\%$ 时，
$$\text{FNPV}(20\%) = -700(P/F, 20\%, 1) + 62(P/F, 20\%, 2) +$$
$$212(P/A, 20\%, 8)(P/F, 20\%, 2) + 397(P/F, 20\%, 11)$$
$$\approx 77.74 \text{（万元）} > 0$$

当 $i_2 = 22\%$ 时，
$$\text{FNPV}(22\%) = -700(P/F, 22\%, 1) + 62(P/F, 22\%, 2) +$$
$$212(P/A, 22\%, 8)(P/F, 22\%, 2) + 397(P/F, 22\%, 11)$$
$$\approx -79.22 \text{（万元）} < 0$$

$$\text{FIRR} = 20\% + \frac{77.74}{77.74 + 79.22} \times (23\% - 20\%) \approx 21.48\%$$

$$P_t = 6 - 1 + \frac{1.21}{212} \approx 5.01 \text{（年）}$$

因为 FNPV(8%) ≈ 619.56 万元 > 0

FIRR ≈ 21.48% > 8%

$P_t < P_c = 6$ 年

所以该项目可行。

典型考题：投资回收期

由于动态投资回收期弥补了静态投资回收期没有考虑资金具有时间价值这一缺点,因此动态投资回收期比静态投资回收期应用更广,尤其在经济效果评价中应用非常普遍。

(7) 投资收益率

① 总投资收益率(ROI)。总投资收益率是指项目达到设计能力后正常年份的年息税前利润或营运期内年平均息税前利润(EBIT)与项目总投资(TI)的比率,它考察项目总投资的盈利水平。其表达式为

$$ROI = \frac{EBIT}{TI} \times 100\% \quad (4-32)$$

式中,EBIT——年息税前利润或运营期内年平均息税前利润,息税前利润=利润总额+计入总成本费用的利息费用;

　　　TI——项目总投资。

当 ROI 高于同行业的收益率参考值时,表明用 ROI 表示的盈利能力满足要求。

② 资本金净利润率(ROE)。资本金净利润率是指项目达到设计能力后正常年份的年净利润或运营期内平均净利润(NP)与项目资本金(EC)的比率。其表达式为

$$ROE = \frac{NP}{EC} \times 100\% \quad (4-33)$$

当 ROE 高于同行业的净利润率参考值时,表明用 ROE 表示的盈利能力满足要求。

 应用案例 4-10

【案例概况】

某项目初期投资 2500 万元,其中 1500 万元为自有资金,建设期为 3 年,投产前两年每年的利润总额为 300 万元,以后每年的利润总额为 500 万元,假定利息支出为 0,所得税税率为 25%,基准收益率和净利润率均取为 18%。该方案是否可行?

【案例解析】

该方案正常年份的利润总额为 500 万元,因此有

$$ROI = \frac{500}{2500} \times 100\% = 20\%$$

$$ROE = \frac{500 \times (1-25\%)}{1500} \times 100\% = 25\%$$

该方案的总投资收益率和资本金净利润率均大于基准收益率,因此,该方案可行。

(8) 资产负债率

资产负债率是反映项目各年所面临的财务风险程度及偿债能力的指标,其表达式为

$$资产负债率 = \frac{负债总额}{资产总额} \times 100\% \quad (4-34)$$

作为提供贷款的机构,可以接受100%以下(包括100%)的资产负债率,资产负债率大于100%时,表明企业已资不抵债,已达到破产底线。

(9)流动比率

流动比率是反映项目各年偿付流动负债能力的指标。其表达式为

$$\text{流动比率} = \frac{\text{流动资产总额}}{\text{流动负债总额}} \times 100\% \qquad (4-35)$$

计算出的流动比率越高,则流动负债将有较多的流动资产作为保障,短期偿债能力就越强。但是在不导致流动资产利用效率低下的情况下,流动比率保证在200%较好。

(10)速动比率

速动比率是反映项目快速偿付流动负债能力的指标。其表达式为

$$\text{速动比率} = \frac{\text{流动资产总额} - \text{存货}}{\text{流动负债总额}} \times 100\% \qquad (4-36)$$

速动比率越高,短期偿债能力越强,但速动比率过高也会影响资产利用效率,进而影响企业经济效益,因此速动比率保证在接近100%较好。

(11)利息备付率(ICR)

利息备付率是指项目在借款偿还期内,各年可用于支付利息的息税前利润(EBIT)与当期应付利息(PI)费用的比值。其表达式为

$$\text{ICR} = \frac{\text{EBIT}}{\text{PI}} \qquad (4-37)$$

式中,PI——计入总成本费用的全部利息。

ICR应当按年计算,ICR表示项目的利润偿付利息的保障程度。对于正常运营的企业,ICR应当大于1;否则,表示付息能力保障程度不足。

(12)偿债备付率(DSCR)

偿债备付率是指项目在借款偿还期内,各年可用于还本付息资金(EBITDA$-T_{AX}$)
与当期应还本付息金额(PD)的比值。其表达式为

$$\text{DSCR} = \frac{\text{EBITDA} - T_{AX}}{\text{PD}} \qquad (4-38)$$

式中,EBITDA——息税前利润加折旧和摊销;

T_{AX}——企业所得税;

PD——应还本付息金额,包括还本金额和计入总成本费用的全部利息,融资租赁费用可视同借款偿还,运营期内的短期借款本息也应纳入计算。

如果项目在运行期内有维持运营的投资,可用于还本付息的资金应扣除维持运营的投资。

DSCR应分年计算,DSCR越高,表明可用于还本付息的资金保障程度越高。DSCR应大于1,并结合债权人的要求确定。

(13)借款偿还期(P_d)

借款偿还期是指在国家财政规定及项目具体财务条件下,以项目投产后可用于还款的资金来偿还建设投资借款本金和建设期利息(不包括已用自有资金支付的建设期利息)所需要的时间,可按下式估算。

$$\sum_{t=1}^{P_d} R_t - I_d = 0$$

式中，I_d——建设投资借款本金和建设期利息（不包括已用自有资金支付的部分）之和；

P_d——建设投资借款偿还期（从借款开始年计算，当从投产年算起时，应予以注明）；

R_t——第 t 年可用于还款的资金，包括净利润、折旧、摊销及其他还款资金。

在实际工作中，P_d 可用下式估算。

$$P_d = (借款偿还后出现盈余的年份数 - 1) + \frac{当年应偿还借款额}{当年可用于还款的收益额} \quad (4-39)$$

计算出借款偿还期后，要与贷款机构要求的还款期限进行对比，满足贷款机构提出的要求期限时，即认为项目是有清偿能力的；否则，认为项目没有清偿能力，从清偿能力角度考虑，则认为项目是不可行的。

> **特别提示**
>
> 根据国家现行财税制度的规定，贷款还本的资金来源主要包括可用于归还借款的利润、固定资产折旧、无形资产及递延资产摊销费和其他还款资金来源。其中利润是指提取公积金等后的未分配利润，其他还款是指按有关规定可以用减免的销售税金来作为偿还贷款的资金来源。

4.3.3　建设项目财务数据测算

建设项目财务数据测算是在项目可行性研究的基础上，按照项目经济评价的要求，调查、收集和测算一系列的财务数据，如总投资、总成本、销售收入、销售税金及附加、利润，并编制各种财务基础数据估算表。

1. 生产成本费用估算

生产成本费用是指项目生产运营支出的各种费用，按财务评价的特定要求，分为总成本费用和经营成本；按成本与产量的关系，分为可变成本和固定成本。

（1）总成本费用估算

一般建设项目总成本费用是指生产和销售过程中所消耗的活劳动和物化劳动的货币表现。总成本费用构成如图 4.6 所示。

① 外购原材料、燃料及动力费。外购原材料、燃料及动力费指构成产品实体的原材料及有助于产品形成的原材料，直接用于生产的燃料及动力的费用。

$$外购原材料、燃料及动力费 = \sum \begin{pmatrix} 某种原材料、燃料及动力消耗量 \times \\ 某种原材料、燃料及动力单价 \end{pmatrix} \quad (4-40)$$

② 工资及福利费。工资一般按照项目建成投产后各年所需的职工总数即劳动定员数

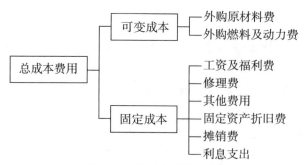

图 4.6 总成本费用构成

和人均年工资水平测算，同时可以根据工资的历史数据并结合工资的现行增长趋势确定一个合理的年增长率，在各年的工资水平中反映出这种增长趋势。职工福利费一般按照工资总额的 14% 提取。

③ 固定资产折旧费。固定资产折旧是固定资产在使用过程中，由于逐渐损耗而转移到生产成本中去的那部分价值。固定资产折旧费是产品成本的组成部分，也是偿还投资贷款的资金来源。固定资产折旧的方法可在税法允许的范围内由企业自行确定，一般采用直线折旧法，包括平均年限法和工作量法。税法也允许采用某些快速折旧法，通常选用双倍余额递减法和年数总和法。

A. 平均年限法。年限平均法是典型的正常折旧的方法。它是在设备资产估算的折旧年限里按期平均分摊资产价值的一种计算方法，即对资产价值按时间单位等额划分。它是最简单、最普遍的方法，也是我国多年使用的传统方法。其计算公式为

$$年折旧率 = (1 - 预计净残值率) \times 100\% / 折旧年限 \qquad (4-41)$$

$$年折旧额 = 固定资产原值 \times 年折旧率 \qquad (4-42)$$

B. 工作量法。工作量法又分两种：一种是按照行驶里程计算折旧，另一种是按照工作小时计算折旧，其计算公式如下。

按照行驶里程计算折旧的公式为

$$单位里程折旧额 = 原值 \times (1 - 预计净残值率) / 总行驶里程 \qquad (4-43)$$

$$年折旧额 = 单位里程折旧额 \times 实际行驶里程 \qquad (4-44)$$

按照工作小时计算折旧的公式为

$$每工作小时折旧额 = 原值 \times (1 - 预计净残值率) / 总工作小时 \qquad (4-45)$$

$$年折旧额 = 每工作小时折旧额 \times 年实际工作小时 \qquad (4-46)$$

C. 双倍余额递减法。双倍余额递减法是在不考虑固定资产预计净残值的情况下，根据每年年初固定资产净值和双倍的直线法折旧率计算固定资产折旧额的一种方法。应用这种方法计算折旧额时，由于每年年初固定资产净值没有扣除预计净残值，因此在计算固定资产折旧额时，应在其折旧年限到期前两年内，将固定资产的净值扣除预计净残值后的余额平均摊销。其计算公式为

$$年折旧率 = \frac{2}{折旧年限} \times 100\% \qquad (4-47)$$

$$年折旧额 = 固定资产净值 \times 年折旧率 \qquad (4-48)$$

D. 年数总和法。年数总和法是根据固定资产原值减去预计净残值后的余额，按照逐

年递减的分数（即年折旧率，也叫折旧递减系数）计算折旧的一种方法。每年的折旧率是一个变化的分数：分子为每年开始时可以使用的年限，分母为固定资产折旧年限逐年相加的总和。其计算公式为

$$年折旧率 = \frac{折旧年限 - 已使用年限}{折旧年限 \times (折旧年限 + 1) \div 2} \times 100\% \qquad (4-49)$$

$$年折旧额 = (固定资产原值 - 预计净残值) \times 年折旧率 \qquad (4-50)$$

应用案例 4—11

【案例概况】

某企业进口某设备，固定资产原值为 80 万元，预计使用 5 年，预计净残值为 1.6 万元，在折旧年限内，各年的尚可使用年限分别为 5 年、4 年、3 年、2 年和 1 年，年数总和为 15 年。同年又购入一大卡车，原值 15 万元，预计净残值率为 5%，预计总行驶里程为 40 万千米，当年行驶里程为 2.5 万千米。试回答以下问题。

（1）用平均年限法求该设备的年折旧额是多少？

（2）按双倍余额递减法计算该设备各年折旧额分别是多少？

（3）按年数总和法计算该设备各年折旧额分别是多少？

（4）购入的大卡车年折旧额是多少？

【案例解析】

（1）年折旧额 $= \frac{80 - 1.6}{5} = 15.68$（万元）

（2）年双倍直线折旧率 $= \frac{2}{5} \times 100\% = 40\%$

第一年计提折旧额 $= 80 \times 40\% = 32$（万元）

第二年计提折旧额 $= (80 - 32) \times 40\% = 19.2$（万元）

第三年计提折旧额 $= (80 - 32 - 19.2) \times 40\% = 11.52$（万元）

第四年计提折旧额 $= \frac{(80 - 32 - 19.2 - 11.52) - 1.6}{2} = 7.84$（万元）

第五年计提折旧额 $= \frac{(80 - 32 - 19.2 - 11.52) - 1.6}{2} = 7.84$（万元）

（3）第一年：年折旧率 $= 5/15$，年折旧额 $= (40 - 1.6) \times 5/15 = 12.80$（万元）

第二年：年折旧率 $= 4/15$，年折旧额 $= (40 - 1.6) \times 4/15 = 10.24$（万元）

第三年：年折旧率 $= 3/15$，年折旧额 $= (40 - 1.6) \times 3/15 = 7.68$（万元）

第四年：年折旧率 $= 2/15$，年折旧额 $= (40 - 1.6) \times 2/15 = 5.12$（万元）

第五年：年折旧率 $= 1/15$，年折旧额 $= (40 - 1.6) \times 1/15 = 2.56$（万元）

（4）单位里程折旧额 $= \frac{15 \times (1 - 5\%)}{40} \approx 0.3563$（万元/万千米）

年折旧额 $= 2.5 \times 0.35636 \approx 0.89$（万元）

④ 修理费。修理费计算公式为

$$年修理费 = 年折旧费 \times 百分比 \qquad (4-51)$$

该百分比可参照同类项目的经验数据加以确定。

贷款还款方式和本息计算

⑤ 摊销费。摊销费是指无形资产等的一次性投入费用在有效使用期限内的平均分摊。摊销费一般采用直线法计算,不留残值。

⑥ 利息支出。利息支出包括生产期中建设投资借款还款利息和流动资金借款还款利息。

A. 等额还本付息。这种方法是指在还款期内,每年偿付的本金利息之和是相等的,但每年支付的本金数和利息数均不相等。

$$A = I \times \frac{i \times (1+i)^n}{(1+i)^n - 1} \quad (4-52)$$

式中,A——每年还本付息额;
I——还款年年初的本息和;
i——年利率;
n——预定的还款期。

其中

$$每年支付利息 = 年初本金累计 \times 年利率 \quad (4-53)$$

$$每年偿还本金 = A - 每年支付利息 \quad (4-54)$$

$$年初本金累计 = A - 本年以前各年偿还的本金累计 \quad (4-55)$$

 应用案例 4-12

【案例概况】

已知某项目建设期末贷款本利和累计为 1000 万元,按照贷款协议,采用等额还本付息的方法分 5 年还清,已知年利率为 6%,求该项目还款期每年的还本额、付息额和还本付息总额。

【案例解析】

等额还本付息方式下各年的还款数据见表 4-9。

表 4-9 等额还本付息方式下各年的还款数据   单位:万元

项目	年份/年				
	1	2	3	4	5
年初借款余额	1000	822.60	634.56	435.23	223.94
利率	6%	6%	6%	6%	6%
年利息	60	49.36	38.05	26.11	13.46
年还本额	177.40	188.04	199.33	211.29	223.94
年还本付息总额	237.40	237.40	237.40	237.40	237.40
年末借款余额	822.60	634.56	435.23	223.94	0

每年的还本付息总额为

$$A = P \times \frac{i(1+i)^n}{(1+i)^n - 1} = 1000 \times \frac{6\% \times (1+6\%)^5}{(1+6\%)^5 - 1} \approx 237.40 \text{(万元)}$$

B. 等额还本、利息照付。这种方法是指在还款期内每年等额偿还本金，而利息按年初借款余额和利息率的乘积计算，利息不等，而且每年偿还的本利和不等。其计算步骤如下。

首先计算建设期末的累计借款本金和未付的资本化利息之和；其次计算在指定的偿还期内，每年应偿还的本金 A；然后计算每年应付的利息额，年应付利息＝年初借款余额×年利率；最后计算每年的还本付息总额，年还本付息总额＝A＋年应付利息。

此方法由于每年偿还的本金是等额的，计算简单，但项目投产初期还本付息的压力大，因此，此法适用于投产初期效益好，有充足现金流的项目。

 应用案例 4—13

【案例概况】

已知某项目建设期末贷款本利和累计为 1000 万元，按照贷款协议，采用等额还本、利息照付的方法分 5 年还清，已知年利率为 6％，求该项目还款期每年的还本额、付息额和还本付息总额。

【案例解析】

每年的还本额 $A=1000/5=200$（万元）

等额还本、利息照付方式下各年的还款数据见表 4－10。

表 4－10　等额还本、利息照付方式下各年的还款数据　　　　单位：万元

项目	年份/年				
	1	2	3	4	5
年初借款余额	1000	800	600	400	200
利率	6％	6％	6％	6％	6％
年利息	60	48	36	24	12
年还本额	200	200	200	200	200
年还本付息总额	260	248	236	224	212
年末借款余额	800	600	400	200	0

C. 流动资金借款还本付息估算。流动资金借款的还本付息方式与建设投资不同，流动资金借款在生产经营期内只计算每年所支付的利息，本金通常是在项目寿命期最后一年一次性支付的。年流动资金借款利息的计算公式为

$$\text{年流动资金借款利息} = \text{流动资金借款额} \times \text{年利率} \quad (4-56)$$

⑦ 其他费用。其他费用是指除上述费用之外的，应计入生产总成本费用的其他所有费用。

(2) 经营成本估算

经营成本是项目评价特有的概念，主要是为了满足项目财务现金流量分析的需要，以及对项目进行动态的经济效益分析。经营成本是指总成本费用扣除固定资产折旧费、摊销费和利息后的成本费用。一般计算公式为

$$\text{经营成本} = \text{总成本费用} - \text{折旧费} - \text{摊销费} - \text{利息支出} \quad (4-57)$$

(3) 固定成本与可变成本估算

为了进行盈亏平衡分析和不确定性分析，需将总成本费用分解为固定成本和可变成

本。固定成本指成本总额不随产品产量和销量变化的各项成本费用。可变成本指产品成本中随产品产量发生变动的费用。

 应用案例 4-14

【案例概况】

某地拟新建一个制药项目，建设期为 2 年，项目投资共计 9780.9 万元，其中预计 8580.9 万元形成固定资产，1200.1 万元形成无形资产，项目投资第 1 年投入 60%，第 2 年投入 40%。本项目的资金来源为自有资金和贷款，贷款本金为 6000 万元，年利率为 6%。每年贷款比例与建设资金投入比例相同，且在各年年中均衡发放，到第 2 年年末建设期利息共计 402.48 万元，并与银行约定，从生产期的第 1 年开始，按 5 年等额还本付息方式还款。固定资产折旧年限为 8 年，按平均年限法计算折旧，预计净残值率为 5%，在生产期末回收固定资产余值。无形资产在运营期 8 年中，均匀摊入成本。

项目生产期为 8 年，流动资金总额为 500 万元，全部源于自有资金。生产期第 1 年年初投入流动资金总额的 30%，其余 70% 于该年年末投入。流动资金在计算期末全部回收。预计生产期各年的经营成本均为 2000 万元（不含增值税进项税额），销售收入（不含增值税销项税额）在生产期第 1 年为 4000 万元，第 2~8 年均为 5500 万元。销售税金及附加占销售收入的比例为 5%，所得税税率为 33%，行业基准收益率为 $i_c=25\%$。经营成本的 20% 计入固定成本（折旧费、摊销费、利息支出也应计入固定成本），法定盈余公积金按照 10% 计提。

问题：（1）根据已有的数据编制项目借款还本付息估算表。

（2）编制项目总成本费用估算表。

【案例解析】

（1）还款第一年年初的借款本息累计 = 6000 + 402.48 = 6402.48（万元）

采用等额还本付息方式，则

每年还本付息额 = 6402.48 × (A/P, 6%, 5) ≈ 1519.95（万元）

还款期第一年付息 = 6402.48 × 6% ≈ 384.15（万元）

还款期第一年还本 = 1519.95 - 384.15 = 1135.80（万元）

其他各年计算略，项目借款还本付息估算见表 4-11。

表 4-11　项目借款还本付息估算　　　　　　　　　　　　　单位：万元

项目	年份/年				
	7	3	4	5	6
年初借款余额	6402.48	5266.68	4062.73	2786.54	1433.78
利率	6%	6%	6%	6%	6%
年利息	384.15	316	243.76	167.19	86.03
年还本额	1135.80	1203.95	1276.19	1352.76	1433.92
年还本付息总额	1519.95	1519.95	1519.95	1519.95	1519.95
年末借款余额	5266.68	4062.73	2786.54	1433.78	0

(2) 固定资产原值＝建设投资＋建设期利息＝9780.9＋402.48＝10183.38（万元）

残值＝10183.38×5%≈509.17（万元）

采用平均年限法，则

年折旧额＝(10183.38－509.17)÷8≈1209.28（万元）

项目总成本费用估算见表4－12。

表4－12 项目总成本费用估算　　　　　　　　　　　单位：万元

序号	项目	年份/年							
		3	4	5	6	7	8	9	10
1	经营成本	2000	2000	2000	2000	2000	2000	2000	2000
2	折旧费	1209.28	1209.28	1209.28	1209.28	1209.28	1209.28	1209.28	1209.28
3	摊销费	150.01	150.01	150.01	150.01	150.01	150.01	150.01	150.01
4	利息支出	384.15	316.00	243.76	167.19	86.03	0	0	0
5	总成本费用	3743.44	3675.29	3603.05	3526.48	3445.32	3359.29	3359.29	3359.29
5.1	固定成本	2143.44	2075.29	2003.05	1926.48	1845.32	1759.29	1759.29	1759.29
5.2	可变成本	1600	1600	1600	1600	1600	1600	1600	1600

2. 销售收入、销售税金及附加、利润的估算

(1) 销售收入的估算

假定年生产量即为年销售量，不考虑库存，产品销售价格一般采用出厂价。销售收入的计算公式为

$$销售收入＝销售量×销售单价 \tag{4-58}$$

(2) 销售税金及附加的估算

销售税金及附加的计征依据是项目的销售收入。其计算公式为

$$销售税金及附加＝销售收入×销售税金及附加费费率 \tag{4-59}$$

(3) 利润总额、税后利润及其分配估算

① 利润总额估算。利润总额是企业在一定时期内生产经营的最终成果，集中反映企业生产的经济效益。利润总额的估算公式为

$$利润总额＝产品销售收入－销售税金及附加－总成本费用 \tag{4-60}$$

根据利润总额可计算所得税和净利润，在此基础上可进行净利润的分配。在工程项目的经济分析中，利润总额是计算一些静态指标的基础数据。

② 税后利润及其分配估算。税后利润是利润总额扣除企业所得税后的余额，税后利润可在企业、投资者、职工之间分配。

A. 企业所得税。根据税法的规定，企业取得利润后，应先向国家缴纳所得税，即凡在我国境内实行独立经营核算的各类企业或者组织者，其来源于我国境内外的生产、经营所得和其他所得，均应依法缴纳企业所得税。

$$企业所得税＝应纳税所得额×税率 \tag{4-61}$$

式中

财务评价案例分析

应纳税所得额＝收入总额－准予扣除项目金额

准予扣除项目金额是指与纳税取得收入有关的成本、费用、税金和损失。如企业发生年度亏损的，可以用下一纳税年度的所得弥补；下一纳税年度的所得不足以弥补的，可以逐年延续弥补，但是延续弥补期最长不得超过 5 年。企业所得税税率一般为 25%。

应用案例 4-15

【案例概况】

某企业相关各年的利润总额统计见表 4-13，若企业所得税税率为 25%，根据现行财务制度，该企业在第 5 年、第 7 年应缴纳所得税分别为多少万元？

表 4-13 各年利润总额统计　　　　　　　　　　　单位：万元

项目	年份/年						
	1	2	3	4	5	6	7
利润总额	-1000	200	500	200	300	-100	400
累计利润	-1000	-800	-300	-100	200	100	500

【案例解析】

第 5 年应纳所得税＝(300－100)×25%＝50（万元）

第 7 年应纳所得税＝(400－100)×25%＝75（万元）

B. 税后利润的分配。税后利润是利润总额扣除所得税后的差额，即净利润，计算公式为

$$税后利润＝利润总额－所得税 \quad (4-62)$$

某化工项目财务评价案例分析

在工程项目的经济分析中，一般视税后利润为可供分配的净利润，可按照下列顺序分配。

a. 提取公积金和法定公益金。先按可供分配利润的 10% 提取法定盈余公积金，随后按可供分配利润的 5% 提取法定公益金，然后按可供分配利润的一定比例（由董事会决定）提取任意公积金。

b. 应付利润。应付利润是向投资者分配的利润，如何分配由董事会决定。

c. 未分配利润。未分配利润是向投资者分配完利润后剩余的利润，该利润可用来归还建设投资借款。

4.3.4　不确定性分析

建设工程投资决策是面对未来的，项目评价所采用的数据大部分来自估算和预测，有一定程度的不确定性。为了尽量避免投资决策失误，有必要进行不确定性分析。不确定性分析是项目经济评价中的一项重要内容。常用的不确定性分析方法有盈亏平衡分析、敏感性分析和概率分析。

1. 盈亏平衡分析

盈亏平衡分析是在一定市场、生产能力即经营管理条件下,通过对产品产量、成本、利润相互关系的分析,判断企业对市场需求变化适应能力的一种不确定性分析方法。盈亏平衡分析的主要目的是寻找盈亏平衡点,据此判断项目风险大小及对风险的承受能力,为投资决策提供科学依据。盈亏平衡点就是盈利与亏损的分界点,在这一点"项目总收益＝项目总成本",如图4.7所示。

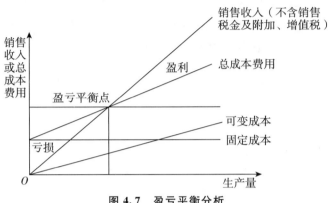

图 4.7 盈亏平衡分析

项目总收益（V）及项目总成本（C）都是产量（Q）的函数,根据 V、C 及 Q 的关系及人为的假定,盈亏平衡分析分为线性盈亏平衡分析和非线性盈亏平衡分析。在线性盈亏平衡分析中可得

$$V = P(1-t)Q \tag{4-63}$$

$$C = F + C_V Q \tag{4-64}$$

式中，V——项目总收益；

P——产品销售单价；

t——销售税率；

C——项目总成本；

F——固定成本；

C_V——单位产品变动成本；

Q——产量或销售量。

令 $V = C$ 即可分别求出盈亏平衡产量、盈亏平衡价格、盈亏平衡单位产品可变成本、盈亏平衡生产能力利用率。它们的表达式分别为

盈亏平衡产量：

$$Q^* = \frac{F}{P(1-t) - C_V} \tag{4-65}$$

盈亏平衡价格：

$$P^* = \frac{F + C_V Q_C}{P(1-t) - C_V} \tag{4-66}$$

盈亏平衡单位产品可变成本：

$$V^* = P(1-t) - \frac{F}{Q_C} \tag{4-67}$$

盈亏平衡生产能力利用率：

$$\alpha^* = \frac{Q^*}{Q_C} \times 100\% \quad (4-68)$$

式中，Q_C——设计生产能力。

盈亏平衡产量表示项目的保本产量，盈亏平衡产量越低，项目保本越容易，则项目风险越低；盈亏平衡价格表示项目可接受的最低价格，该价格仅能收回成本，该价格水平越低，表示单位产品成本越低，项目的抗风险能力就越强；盈亏平衡单位产品可变成本表示单位产品可变成本的最高上限，实际单位产品可变成本低于 V^* 时，项目盈利，因此，V^* 越大，项目的抗风险能力越强。

应用案例 4-16

【案例概况】

某房地产开发公司拟开发一普通住宅区，建成后，每平方米售价为 3000 元，已知住宅项目总建筑面积为 2000 m²，销售税金及附加税率为 5.5%，预计每平方米建筑面积的可变成本为 1700 元，假定开发期间的固定成本为 150 万元，计算盈亏平衡点时的销售量和单位售价，并计算该项目的预期利润。

【案例解析】

$$Q^* = \frac{F}{P(1-t)-C_V} = \frac{1500000}{3000 \times (1-5.5\%) - 1700} \approx 1321.59 \text{（m}^2\text{）}$$

$$P^* = \frac{F + C_V Q_C}{P(1-t) - C_V} = \frac{1500000 + 1700 \times 2000}{3000 \times (1-5.5\%) - 1700} \approx 2592.59 \text{（元/m}^2\text{）}$$

预期利润 = $V - C$ = 3000 × 2000 × (1-5.5%) - 1500000 - 1700 × 2000 = 770000（元）

2. 敏感性分析

(1) 敏感性分析的内容

敏感性是指影响方案的因素中一个或几个估计值发生变化时，引起方案经济效果的相应变化，以及变化的敏感程度。分析各种变化因素对方案经济效果影响程度的工作称为敏感性分析。敏感性分析有两种方法，即单因素敏感性分析和多因素敏感性分析，单因素敏感性分析只考虑一个因素变动，其他因素假定不变，对经济效果指标的影响；多因素敏感性分析考虑各个不确定性因素同时变动，假定各个不确定性因素发生的概率相等，对经济效果指标的影响；通常只进行单因素敏感性分析。敏感性分析结果用敏感性分析表和敏感性分析图表示。

(2) 敏感性分析的步骤

① 确定敏感性分析的研究对象。一般应根据具体情况，选用能综合反映项目经济效果的评价指标作为研究对象。

② 选择不确定性因素并确定其可能的变化范围和幅度。应选择对项目经济效果有较强影响的主要因素来进行分析。

③ 计算不确定性因素变动对经济效果评价指标的影响。计算方法可采用只考虑单一因素变动时对经济效果评价指标的影响，也可采用考虑几个因素共同变动时对经济效果评价指标的影响。

④ 计算敏感度系数并对敏感因素进行排序。所谓敏感因素是指该不确定性因素的数值有较小的变动就能使项目经济评价指标出现较显著改变的因素。敏感度系数的计算公式为

$$\text{敏感度系数} = \frac{\text{评价指标变动幅度}}{\text{不确定因素变动幅度}} \quad (4-69)$$

敏感度系数越大,表明该因素的敏感性越大,抗风险能力越弱。对经济效果指标的敏感性影响大的那些因素,在实际工程中要严加控制和掌握,以免影响直接的经济效果,对于敏感性较小的那些影响因素,稍加控制即可。

 应用案例 4-17

【案例概况】

某投资项目的现金流量基本数据见表 4-14,所采用的数据是根据未来最可能出现的情况预测估算的。由于对未来影响经济环境的某些因素把握不大,投资额、经营成本和产品价格均有可能在 ±20% 的范围内变动。设基准折现率 $i_c = 10\%$。

表 4-14 某投资项目现金流量基本数据　　　　　　　　　　　　单位:万元

序号	项目	年份/年			
		0	1	2~10	11
1	投资	4000	5500	5500	5500
2	销售收入	3743.44	3675.29	3603.05	3526.48
3	经营成本	200	275	275	275
4	销售税金=销售收入×10%	56.56	1549.71	1621.95	1698.52
5	期末残值	0	0	0	0
6	净现金流量	56.56	1549.71	1621.95	1698.52

问题:分别就投资额、经营成本和产品价格等影响因素对该投资方案进行敏感性分析。

【案例解析】

(1) 选择净现值为敏感性分析的对象,根据净现值的计算公式,可计算出项目在初始条件下的净现值。

$$\text{NPV} = -15000 + (22000 - 2200 - 15200) \times \frac{(1+10\%)^{10} - 1}{10\% \ (1+10\%)^{10}} \times (1+10\%)^{-1} + 2000 \times (1+10\%)^{-11}$$

$$\approx 11396 \text{(万元)} > 0$$

因此,方案在经济上是合理的。

(2) 对项目进行敏感性分析。取定 3 个因素:投资额、产品价格和经营成本,设投资额的变动百分比为 x,经营成本变动的百分比为 y,产品变动的百分比为 z,列出计算式为

$NPV_1 = -15000(1+x) + (22000-2200-15200)(P/A, 10\%, 10)(P/F, 10\%, 1) + 2000(P/F, 10\%, 11)$

$NPV_2 = -15000 + [22000-2200-15200(1+y)](P/A, 10\%, 10)(P/F, 10\%, 1) + 2000(P/F, 10\%, 11)$

$NPV_3 = -15000 + [22000-2200(1+z)-15200](P/A, 10\%, 10)(P/F, 10\%, 1) + 2000(P/F, 10\%, 11)$

然后分别取不同的 x、y、z 值，按±10%、±20%的变化幅度变动，分别计算相应的净现值变化情况。其计算结果见表4-15。

从表4-15中的数据分析可知，3个因素中产品价格的变动对净现值的影响最大，产品价格平均变动1%，净现值平均变动1105.95万元；其次是经营成本；投资额的变动对净现值的影响最小。即按敏感程度排序，依次是产品价格、经营成本、投资额，因此最敏感的因素是产品价格。

表4-15 不确定因素的变动对净现值的影响　　　　　　　　　　　单位：万元

不确定性因素	净现值变动						
	-20%	-10%	0	10%	20%	平均1%	平均-1%
投资额	14.394	12894	11396	9894	8394	-150	150
经营成本	28374	19884	11396	2904	-5586	-849	849
产品价格	-10725	335	11396	22453	33513	1105.95	-1105.95

某矿床地质不确定性分析

3. 概率分析

概率分析通过研究各种不确定因素发生不同幅度变动的概率分布及其对方案经济效果的影响，对方案的净现金流量及经济效果指标做出某种概率描述，从而对方案的风险情况做出比较准确的判断。例如，可以用经济效果指标 $NPV \leqslant 0$ 发生的概率来度量项目将承担的风险。

本章小结

建设项目决策阶段是对工程造价影响度最高的阶段，这一阶段造价控制与管理的主要工作之一就是编制可行性研究报告，并对项目编制投资估算及进行财务评价，以对不同的建设方案进行比选，为决策者提供决策依据。

本项目的完成包含了3个具体的任务：一是可行性研究报告的编制，在了解可行性研究报告概念及作用的基础上，熟悉可行性研究报告的内容，并了解可行性研究报告的审批规定；二是建设投资估算的编制，在熟悉投资估算依据及步骤的基础上，掌握生产能力指数法、比例投资估算法、系数法等静态建设投资方法，以及流动资金估算的两种方法；三是建设项目财务评价，在了解基本的财务指标分类的基础上，掌握具体的各类指标的计算方法，并学会进行生产成本费用、销售收入、销售税金及附加、利润等财务数据的测算，在掌握了基本的财务数据的基础上能够进行财务报表的编制，并了解如何对项目进行不确定性分析。不确定性分析包括盈亏平衡分析、敏感性分析和概率分析。

推荐阅读资料

1. 《建设工程工程量清单计价规范》(GB 50500—2013)
2. 《建筑工程施工发包与承包计价管理办法》(建设部令第 16 号)
3. 《湖北省建设工程造价管理办法》(湖北省人民政府令第 311 号)

习 题

一、单项选择题

1. 已知某项目建设期末贷款本利和累计 1200 万元,按照贷款协议,采用等额还本、利息照付方式分 4 年还清,年利率为 6%,则第 2 年还本付息总额为（　　）万元。
   A. 348.09　　　B. 354.00　　　C. 372.00　　　D. 900.00

2. 按照生产能力指数法（$n=0.6$，$f=1$），若将设计中的化工生产系统的生产能力提高 3 倍,投资额大约增加（　　）。
   A. 200%　　　B. 300%　　　C. 230%　　　D. 130%

3. 下列经营成本计算正确的是（　　）。
   A. 经营成本＝总成本费用－折旧费－利息支出
   B. 经营成本＝总成本费用－摊销费－利息支出
   C. 经营成本＝总成本费用－折旧费－摊销费－利润支出
   D. 经营成本＝总成本费用－折旧费－摊销费－利息支出工程标底审查机构

4. 在项目投资现金流量表中,用所得税前净现金流量计算所得税后净现金流量,扣除项为（　　）。
   A. 所得税　　　　　　　　　　B. 利润总额×所得税税率
   C. 息税前利润×所得税税率　　　D. 应纳税所得额×所得税税率

5. 下列各项中,可以反映企业财务盈利能力的指标是（　　）。
   A. 财务净现值　　　　　　　　B. 流动比率
   C. 盈亏平衡产量　　　　　　　D. 资产负债率

6. 已知某项目当基准收益率＝15% 时,NPV＝165 万元；当基准收益率 i_c＝17% 时,

NPV＝－21万元，则其内部收益率所在区间是（　　）。

A. <15%　　　B. 15%～16%　　　C. 16%～17%　　　D. >17%

7. 流动比率越高，说明（　　）。

A. 企业偿付长期负债的能力越差　　　B. 企业偿付长期负债的能力越强

C. 企业偿付短期负债的能力越差　　　D. 企业偿付短期负债的能力越强

8. 下列各种投资估算方法中，精确度最高的是（　　）。

A. 生产能力指数法　　　B. 单位生产能力指数法

C. 比例法　　　D. 指标估算法

9. 某项目建设期为1年，建设投资为800万元，第2年年末净现金流量为220万元，第3年为242万元，第4年为266万元，第5年为293万元，该项目静态投资回收期为（　　）年。

A. 4　　　B. 4.25　　　C. 4.67　　　D. 5

10. 以生产要素估算法估算总成本费用时，利息支出属于（　　）。

A. 产品生产成本　　　B. 经营成本　　　C. 可变成本　　　D. 固定成本

二、多项选择题

1. 以下关于财务评价指标阐述正确的是（　　）。

A. 总投资收益率系指项目有收益年份的息税前利润与项目总投资的比率

B. 利息备付率从付息资金来源的充裕性角度反映项目偿付债务利息的保障程度

C. 偿债备付率表示可用于还本付息的资金偿还借款本息的保障程度

D. 项目资本金净利润率属于动态评价指标

E. 项目投资回收期是进行偿债能力分析的指标

2. 下列项目中，包含在项目资本金现金流量表中而不包含在项目投资现金流量表中的是（　　）。

A. 销售税金及附加　　　B. 建设投资

C. 借款本金偿还　　　D. 借款利息支付

E. 所得税

3. 流动资产估算时，一般采用分项详细估算法，其正确的计算式为：流动资金＝（　　）。

A. 流动资产＋流动负债

B. 流动资产－流动负债

C. 应收账款＋存货－现金

D. 应付账款＋预收账款＋存货＋现金－应收账款－预付账款

E. 应收账款＋预付账款＋存货＋现金－应付账款－预收账款

4. 项目清偿能力的主要指标有（　　）。

A. 资产负债率　　　B. 贷款偿还期

C. 速动比率　　　D. 流动比率

E. 动态投资回收期

5. 盈亏平衡分析的目的是寻找盈亏平衡点，据此判断项目风险大小及对风险的承受能力，为投资决策提供科学依据，盈亏平衡点表示（　　）。

A. 盈利与亏损的分界点 B. 项目总投入＝项目总支出
C. 项目总收益＝项目总成本 D. 项目总产量＝项目总销售量
E. 项目净收益＞0

三、简答题

1. 编制可行性研究报告的作用是什么？
2. 静态投资估算的方法有哪些？
3. 经济评价指标是如何分类的？简要阐述每种指标在项目评价中是如何应用的？
4. 什么叫盈亏平衡分析？盈亏平衡点的确定有哪几种方式？

四、案例题

1. 某公司拟建一年生产能力 40 万吨的生产性项目以生产 A 产品，与其同类型的某已建项目年生产能力为 20 万吨，设备投资额为 400 万元，经测算设备投资的综合调价系数为 1.2，该已建项目中建筑工程、安装工程及其他费用占设备投资的百分比分别为 60%、30%、6%，相应的综合调价系数为 1.2、1.1、1.05，生产能力指数为 0.5。

问题：

（1）估算拟建项目的设备投资额。
（2）估算固定资产投资中的静态投资。

2. 某企业拟投资建设一个生产市场急需产品的工业项目。该项目建设期 1 年，运营期 6 年。项目投产第一年可获得当地政府扶持该产品生产的补贴收入 100 万元。项目建设的其他基本数据如下。

（1）项目建设投资估算 1000 万元，预计全部形成固定资产（包含可抵扣固定资产进项税额 100 万元），固定资产使用年限 10 年，按直线法折旧，期末净残值率 4%，固定资产余值在项目运营期末收回。投产当年需要投入运营期流动资金 200 万元。

（2）正常年份年营业收入为 702 万元（其中销项税额为 102 万元），经营成本为 380 万元（其中进项税额为 50 万元）；销售税金及附加按应纳增值税的 10% 计算，所得税税率为 25%；行业所得税后基准收益率为 10%，基准投资回收期为 6 年，企业投资者期望的最低可接受所得税后基准收益率为 15%。

（3）投产第一年仅达到设计生产能力的 80%，预计这一年的营业收入及其所含销项税额、经营成本及其所含进项税额均为正常年份的 80%；以后各年均达到设计生产能力。

（4）运营第 4 年，需要花费 50 万元（无可抵扣进项税额）更新新型自动控制设备配件，维持以后的正常运营需要，该维持运营投资按当期费用计入年度总成本。

问题：

（1）编制拟建项目投资现金流量表。
（2）计算项目的静态投资回收期、财务净现值和财务内部收益率。
（3）评价项目的财务可行性。
（4）若该项目的初步融资方案为：贷款 400 万元用于建设投资，贷款年利率为 10%（按年计息），还款方式为运营期前 3 年等额还本、利息照付。剩余建设投资及流动资金来源于项目资本金。试编制拟建项目的资本金现金流量表，并根据该表计算项目的资本金财务内部收益率，评价项目资本金的盈利能力和融资方案下的财务可行性。

第 5 章 建设工程设计阶段建设工程造价控制与管理

教学目标

本章介绍了建设工程设计阶段的建设工程造价控制与管理。学生通过本章的学习，要求学会运用多指标综合评价法和价值工程法优化设计方案，了解单位工程设计概算和单项工程设计概算的计算过程及组成，能解释工料单价法和全费用综合单价法的区别并掌握计算过程，能运用设计概算的审查方法和施工图预算的审查方法进行审查。通过对这些理论知识的学习和案例的解析来了解实践中对于相关内容的运用，学生应具备将理论知识运用于实际工程的操作技能。

思维导图

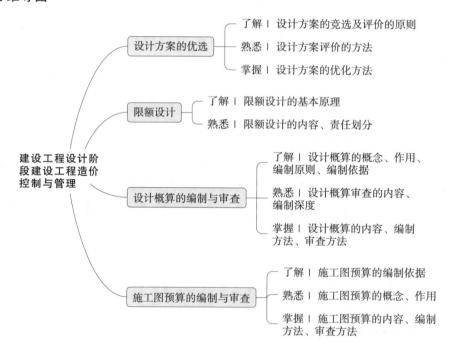

第5章 建设工程设计阶段建设工程造价控制与管理

引例

两座相邻的住宅楼工程,根据地质勘察资料,设计基础承载力及埋深相同,地面以上部分结构设计也相同,均为6层砖混结构,建筑面积为3236 m^2;地面以下部分选用两种基础形式,1号楼过于考虑安全性,设计选用钢筋混凝土条形基础,C20混凝土浇筑,M10水泥砂浆、MU10砖砌筑,基础总造价为16.13万元。在2号楼的设计中,将基础改为毛石条形基础,用MU20毛石、M10水泥砂浆砌,基础总造价为10.35万元。通过计算,得出基础单位建筑面积造价,1号楼为49.86元/m^2、2号楼仅为31.98元/m^2。在两楼楼型、结构及使用功能相同的情况下,以及地质条件满足安全使用的前提下,只将钢筋混凝土条形基础改为毛石条形基础,基础部分的造价就减少了35.86%。这对整座住宅楼工程造价的控制起到积极作用。

根据上述资料思考:如何通过优化设计方案来达到有效控制工程造价的目标?

5.1 设计方案的优选

5.1.1 设计方案的竞选

设计方案的竞选是指组织竞选活动的单位,通过报刊、信息网络或其他媒介发布竞选公告,吸引设计单位参加方案竞选,参加竞选的设计单位按照竞选文件和《建筑工程设计文件编制深度规定(2016版)》,做好方案设计和编制有关文件,经具有相应资格的注册建筑师签字,并加盖单位法定代表人或法定代表人委托的代理人印鉴,在规定的日期内,密封送达组织竞选单位。组织竞选单位邀请有关专家组成评定小组,采用科学方法,综合评定设计方案优劣,择优确定中选方案,最后双方签订合同。

(1)设计方案

竞选的建设项目应具备的条件如下。

① 具有批准的项目建议书或可行性研究报告。

② 具有划定的项目建设地点、规划控制要点和用地红线图。

《建筑工程设计文件编制深度规定》

③ 具有符合要求的地形图,包括工程地质、水文地质资料,以及水、电、燃气、供热、环保、通信、市政道路等详细资料。

④ 具有设计要求说明书。

(2)参选单位应提供的材料

① 单位名称、法人代表、地址、单位所有制性质、隶属关系。

② 设计证书的复印件及证书副本,设计收费证书及营业执照的复印件。

③ 单位简历、技术力量、主要装备。

④ 国家一级注册建筑师资格证书。

(3)设计方案竞选的方式

① 公开竞选,由组织竞选单位通过各种媒介发布竞选公告。

② 邀请竞选,由组织竞选单位直接向3个以上有关设计单位发出竞选邀请书。

(4) 设计竞选方案的评定

由组织竞选单位和有关专家 7～11 人组成评定小组,其中技术专家人数应占 2/3 以上。评定小组按照适用、经济、美观的原则,以及技术先进、功能全面、结构合理、安全适用、满足建筑节能和环境等要求,并同时考虑设计进度快慢及设计单位和注册建筑师的资历信誉等因素,综合评定各设计方案的优劣,择优确定中选方案。评定会议后至确定中选单位的期限一般不超过 15 天。确定中选单位后,组织竞选单位应于 7 天内发出中选通知书,之后 30 天内签订设计承发包书面合同。

5.1.2 设计方案的评价

1. 设计方案评价的原则

设计方案评价应遵循以下基本原则。

① 设计方案必须处理好经济合理性与技术先进性之间的关系。经济合理性要求工程造价尽可能低,如果一味地追求经济效果,可能会导致项目的功能水平偏低,无法满足使用者的要求;技术先进性追求技术的尽善尽美,项目功能水平先进,但可能会导致工程造价偏高。因此,技术先进性与经济合理性是一对矛盾,设计者应妥善处理好二者的关系。一般情况下,要在满足使用者要求的前提下,尽可能降低工程造价。但是,如果资金有限制,也可以在资金限制的范围内,尽可能提高项目的功能水平。

② 设计方案必须兼顾建设与使用,考虑项目全寿命费用。工程在建设过程中,控制造价是一个非常重要的目标。但是造价水平的变化,又会影响项目将来的使用成本。如果单纯降低造价,建造质量得不到保障,就会导致使用过程中的维修费用很高,甚至有可能发生重大事故,给社会财产和人民生命安全带来严重损害。

③ 设计方案必须兼顾近期与远期的要求。一项工程建成后,往往会在很长的时间内发挥作用。如果按照目前的要求设计工程,在不久的将来,可能会出现由于项目功能水平无法满足需要而重新建造的情况。但如果按照未来的需要设计工程,又会出现由于功能水平过高而资源闲置、浪费的现象。所以设计者要兼顾近期与远期的要求,选择项目合理的功能水平,同时要根据远景发展需要,适当留有发展余地。

2. 设计方案评价的方法

(1) 多指标评价法

多指标评价法分为多指标对比法和多指标综合评分法。

① 多指标对比法。这是目前采用比较多的一种方法。它的基本特点是使用一组适用的指标体系,将对比方案的指标值列出,然后一一进行对比分析,根据指标值的高低分析判断方案优劣。

利用这种方法首先需要将指标体系中的各个指标,按其在评价中的重要性,分为主要指标和辅助指标。主要指标是能够比较充分地反映工程的技术经济特点的指标,是确定工程项目经济效果的主要依据。辅助指标在技术经济分析中处于次要地位,是主要指标的补充,当主要指标不足以说明方案的技术经济效果优劣时,辅助指标就成为进一步进行技术经济分析的依据。但是要注意参选方案在功能、价格、时间、风险等方面的可比性。如果方案不完全符合对比条件,则应加以调整,使其满足对比条件后再进行对比,并在综合分析时予以说明。

通过综合分析，最后应给出如下结论。

A. 分析对象的主要技术经济特点及适用条件。

B. 现阶段实际达到的经济效果水平。

C. 找出提高经济效果的潜力和途径，以及相应采取的主要技术措施。

D. 预期经济效果。

② 多指标综合评分法。这种方法首先对需要进行分析评价的设计方案设定若干个评价指标，并按其重要程度确定各指标的权重，然后确定评分标准，并就各设计方案对各指标的满足程度打分，最后计算各方案的加权得分，以加权得分高者为最优设计方案。其计算公式为

$$S=\sum_{i=1}^{n}W_{i}S_{i} \qquad (5-1)$$

式中，S——设计方案总得分；

S_i——某方案在评价指标 i 上的得分；

W_i——评价指标 i 的权重；

n——评价指标数。

这种方法的优点在于避免了多指标对比法指标间可能发生相互矛盾的现象，其评价结果是唯一的。但是在确定权重及评分过程中存在主观臆断成分，同时由于分值是相对的，因而不能直接判断各方案中各项功能的实际水平。

 应用案例 5-1

【案例概况】

某建筑工程有 4 个设计方案，选定评价指标为实用性、平面布置、经济性、美观性 4 项，各指标的权重及各方案的得分（10 分制）见表 5-1，试选择最优设计方案。

鸟巢

【案例解析】

由表 5-1 可知，丁方案的加权得分最高，所以丁方案最优。

表 5-1 多指标综合评分法计算表

评价指标	权重	甲方案		乙方案		丙方案		丁方案	
		得分	加权得分	得分	加权得分	得分	加权得分	得分	加权得分
实用性	0.3	8	2.4	9	2.7	8	2.4	8	2.4
平面布置	0.2	9	1.8	8	1.6	9	1.8	8	1.6
经济性	0.3	8	2.4	8	2.4	7	2.1	9	2.7
美观性	0.2	6	1.2	7	1.4	8	1.6	8	1.6
合计			8.0		8.1		7.9		8.3

（2）静态经济指标评价法

① 投资回收期法。设计方案的往往是各方案的功能水平及成本的比选。功能水平先进的设计方案一般所需的投资较多，方案实施过程中的效益一般也比较好。用方案实施过程中的投资回收期来反映初始投资补偿速度，衡量设计方案优劣也是非常必要的。投资回收期越短，设计方案越好。

不同设计方案的比选实际上是互斥方案的比选,首先要考虑方案的可比性。当相互比较的各设计方案能满足相同的需要时,就只需比较它们的投资和经营成本的大小,用差额投资回收期比较即可。差额投资回收期是指在不考虑时间价值的情况下,用投资大的方案比投资小的方案所节约的经营成本,回收差额投资所需要的时间。其计算公式为

$$\Delta P_t = \frac{K_2 - K_1}{C_1 - C_2} \quad (5-2)$$

式中,K_2——方案 2 的投资额;

K_1——方案 1 的投资额,且 $K_2 > K_1$;

C_2——方案 2 的年经营成本;

C_1——方案 1 的年经营成本,且 $C_2 < C_1$;

ΔP_t——差额投资回收期。

当 $\Delta P_t \leqslant P_C$(基准投资回收期)时,投资大的方案优;反之,投资小的方案优。

如果两个比较方案的年业务量不同,则需将投资和经营成本转化为单位业务量的投资和成本,然后再计算差额投资回收期,并进行方案比选。此时差额投资回收期的计算公式为

$$\Delta P_t = \frac{\dfrac{K_2}{Q_2} - \dfrac{K_1}{Q_1}}{\dfrac{C_1}{Q_1} - \dfrac{C_2}{Q_2}} \quad (5-3)$$

式中,Q_1、Q_2——各设计方案的年业务量;

其他符号含义同前。

② 计算费用法。房屋建筑物和构筑物的全寿命是指从勘察、设计、施工、建成后使用直至报废拆除所经历的时间。全寿命费用应包括初始建设费、使用维护费和拆除费。评价设计方案的优劣应考虑工程的全寿命费用。但是初始建设费和使用维护费是两类不同性质的费用,二者不能直接相加。计算费用法用一种合乎逻辑的方法将一次性投资与经常性经营成本统一为一种性质的费用,可直接用来评价设计方案的优劣。

由差额投资回收期决策规则 $\Delta P_t = \dfrac{K_2 - K_1}{C_1 - C_2} \leqslant P_C$(方案 2 优于方案 1)可知

$$K_2 + P_C C_2 \leqslant K_1 + P_C C_1$$

令 $TC_1 = K_1 + P_C C_1$,$TC_2 = K_2 + P_C C_2$ 分别表示方案 1 和方案 2 的总计算费用,则总计算费用最小的方案最优。

差额投资回收期的倒数就是差额投资效果系数,其计算公式为

$$\Delta R = \frac{C_1 - C_2}{K_2 - K_1} \quad (K_2 > K_1, \ C_2 < C_1) \quad (5-4)$$

当 $\Delta R \geqslant R_C$(标准投资效果系数)时,方案 2 优于方案 1。

将 $\Delta R = \dfrac{C_1 - C_2}{K_2 - K_1} \geqslant R_C$ 移项并整理得:$C_1 + R_C K_1 \geqslant C_2 + R_C K_2$,令 $AC = C + R_C K$,表示投资方案的年计算费用,则年计算费用越小的方案越优。

③ 动态经济指标评价法。动态经济评价指标是考虑时间价值的指标。对于寿命期相同的设计方案,可以采用净现值法、净年值法、差额内部收益率法等。寿命期不同的设计方案比选,可以采用净年值法。

典型考题:设计方案评价

5.1.3 设计方案的优化方法

优化设计是以系统工程理论为基础，应用最优化技术和借助计算机技术，对工程设计方案、设备选型、参数匹配、效益分析、项目可行性等方面进行最优化的设计方法。它是设计阶段的重要步骤，是控制工程造价的有效方法。设计方案通常采用的优化方法有以下几种。

1. 通过设计招标和设计方案竞选优化设计方案

建设单位首先就拟建工程的设计任务通过报刊、信息网络或其他媒介发布公告，吸引设计单位参加设计招标或设计方案竞选，以获得众多的设计方案；然后组织专家评定小组采用科学的方法，按照经济、适用、美观的原则，以及技术先进、功能全面、结构合理、安全适用、满足建设节能及环境等要求，综合评定各设计方案的优劣，从中选择最优的设计方案，或将各方案的可取之处重新组合，提出最佳方案。专家评价法有利于多种设计方案的比较与选择，能集思广益，吸收众多设计方案的优点，使设计更完美。通过设计招标和设计方案竞选优化设计方案，可以使工程设计方案的技术和经济有机结合，有利于控制工程造价。

2. 运用价值工程优化设计方案

（1）价值工程原理

价值工程是用最低的寿命周期成本，可靠地实现必要功能，并且着重于功能分析的有组织活动。价值、功能和成本三者之间的关系为

$$价值 = \frac{功能}{成本} \quad (5-5)$$

这里的功能指必要功能，成本指寿命周期成本（包括生产成本和使用成本），价值指寿命周期成本投入所得产品必要功能。价值分析并不是单纯追求降低成本，也不是片面追求提高功能，而是力求正确处理好功能与成本的对立统一关系，提高它们之间的比值即价值，研究产品功能和成本的最佳配置。其目标为从功能和成本两方面改进研究对象，以提高其价值。一般来说，提高工程价值的途径有以下几点。

① 在提高工程功能的同时降低工程成本，是提高工程价值最为理想的途径。
② 在工程成本不变的情况下，提高工程功能。
③ 工程功能有较大幅度提高，而工程成本增加较少。
④ 在保持工程功能不变的前提下，降低工程成本。
⑤ 工程功能略有降低，而工程成本有大幅度降低。

（2）价值工程的一般工作程序

① 对象选择。这一过程应明确目标、限制条件和分析范围，并根据选择的研究对象，组成价值工程领导小组，制订工作计划。
② 收集整理信息资料。此项工作应贯穿于价值工程的全过程。
③ 功能分析。此项工作根据功能的不同特点和要求进行功能分类，从定性的角度进行功能定义，从而进行价值分析，为方案创新打下基础。功能分析是价值工程的核心。
④ 功能评价。确定研究对象各项功能和成本的量化形式，根据价值、功能和成本三

者之间的关系,计算出价值的量化形式,从而进行价值分析,为方案创新打下基础。

⑤ 方案创新与评价。根据功能评价的结果,提出各种不同的实现功能的方案,从技术、经济和社会等方面综合评价各种方案的优劣,选择最佳方案,并进一步对选出的最佳方案进行优化,然后由主管部门进行审批,最后制定实施计划,组织实施,并跟踪检查,对实施后取得的技术经济效果进行成果鉴定。

(3) 应用价值工程进行设计方案优化的程序

① 功能分析。不同的建筑产品有不同的使用功能,它们通过一系列建筑因素体现出来,反映建筑物的使用要求。建筑产品的功能一般分为社会性功能、适用性功能、技术性功能、物理性功能和美学功能五类。功能分析首先应明确项目的各类功能具体有哪些,哪些是主要功能,并对功能进行定义和整理。

② 功能评价。功能评价主要是比较各项功能的重要程度,采用0~1评分法、0~4评分法、环比评分法等,计算各项功能的功能评价指数,作为该功能的重要度权数。

③ 方案设计。根据功能分析的结果,提出各种实现功能的方案。

④ 方案评价。对上一步所设计的各方案针对各项功能的满足程度打分,然后加权计算各方案的功能评价指数,结合成本评价指数计算各方案的价值指数,价值指数最大者为最优方案。

(4) 价值工程在设计阶段工程造价控制中的应用

① 对象选择。优化设计应选择对造价影响较大的项目作为应用价值工程优化的研究对象。选择研究对象的定量方法可采用ABC分析法、百分比分析法、强制确定法、价值指数法。

A. ABC分析法是根据产品的数量和所占总成本的比重大小来选择对象的方法。ABC分析法是一种定量分析方法,它是将产品的成本构成进行逐项统计,将每一种零件占产品成本的多少从高到低排列出来,分成A、B、C三类,找出少数零件占多数成本的零件项目,以此作为价值工程的重点分析对象。

B. 百分比分析法是通过分析比较产品在各项经济指标中所占的百分比大小来选择对象的方法。它是将在总体中所占成本较大而利润较少的产品作为价值工程选择的对象。

C. 强制确定法是以功能重要程度作为选择价值工程对象的决策指标的一种分析方法。它是选择功能重要程度较大的产品作为价值工程选择的对象。

D. 价值指数法是通过比较各个对象之间的功能水平位次和成本位次,寻找价值指数偏离1的对象,作为价值工程研究对象的一种方法。

② 功能分析。功能分析主要是分析研究对象具有哪些功能,各项功能之间的关系如何。

③ 功能评价。功能评价的方法有功能成本法和功能指数法。在这里只介绍功能指数法。功能指数法是通过评定各对象功能的重要程度,用功能指数来表示其功能程度的大小,然后将评价对象的功能指数与相对应的成本指数进行比较,得出该评价对象的价值指数,从而确定改进对象,并计算出该对象的成本改进期望值。其表达式为

$$\text{价值指数(VI)} = \frac{\text{功能指数(FI)}}{\text{成本指数(CI)}} \quad (5-6)$$

④ 方案创新与评价。

方案创新的方法有以下几种。

A. 头脑风暴法。这种方法是选择 5～10 名有经验、有专长的人员开会讨论，会前将讨论的内容通知与会者，开会时要求气氛热烈、协调，并对与会者约定四条规则：不互相批评指责、自由奔放思考、多提构思方案、结合别人的意见提出设想。

B. 哥顿法（又称模糊目标法）。这种方法是把研究的问题适当抽象，要求大家对新方案做一番笼统的介绍，提出各种设想。

C. 德尔菲法（又称专家调查法）。这种方法是向专家做调查的方法，可以采用开会的方式，也可以采用函询的方式。

典型考题：设计方案的优化

⑤ 方案评价与选择。对于方案创新所提出的多个方案需要进行评价，从中选择最优方案。方案评价分为概略评价和详细评价。概略评价是对提出的多个方案进行粗略评价，从多个设想方案中选出价值较高的少数几个方案；详细评价是在通过概略评价以后选出的价值较高的少数几个方案中，再具体而又详细地分析、评价，从中选择最优的方案。

 应用案例 5-2

【案例概况】

某市高新技术开发区要建一幢综合办公楼，现有 A、B、C 三个设计方案。

A 方案：结构形式为现浇框架体系，墙体材料采用多孔砖及可拆装式板材隔墙，窗户采用单层塑钢窗。使用面积系数为 92%，单位面积造价为 1248 元/m²。

价值工程在基础设计中的应用实例

B 方案：结构形式为现浇框架体系，墙体采用内浇外砌，窗户采用单层铝合金窗。使用面积系数为 88%，单位面积造价为 1002 元/m²。

C 方案：结构形式为砖混结构，采用现浇钢筋混凝土楼板，墙体材料采用普通黏土砖，窗户采用单层铝合金窗。使用面积系数为 80%，单位面积造价为 838 元/m²。

问题 1：应用价值工程方法选择最优设计方案。

【案例解析】

（1）功能分析。

价值工程小组认真分析了拟建工程的功能，认为建筑的结构形式（F_1）、使用面积系数（F_2）、墙体材料（F_3）、窗户类型（F_4）及模板类型（F_5）五项功能为主要功能。

0～1 评分法

（2）功能评价。

经过价值工程小组研究，认为使用面积系数（F_2）和结构形式（F_1）最重要，墙体材料（F_3）次重要，窗户类型（F_4）、模板类型（F_5）不太重要，即 $F_1=F_2>F_3>F_4=F_5$，利用 0～4 评分法，可计算出各项功能因素的权重。按 0～4 评分法的规定，对两个功能因素进行比较时，其相对重要程度有以下三种情况。

国之重器——三峡工程

① 很重要的功能因素得 4 分，另一很不重要的功能因素得 0 分。

② 较重要的功能因素得 3 分，另一较不重要的功能因素得 1 分。
③ 同样重要或基本同样重要时，则两个功能因素各得 2 分。
根据给出的条件，各项功能的评价指数见表 5-2。

表 5-2　利用 0~4 评分法进行各项功能评价指数计算

功能	F_1	F_2	F_3	F_4	F_5	得分	功能评价指数
F_1	×	2	3	4	4	13	0.325
F_2	2	×	3	4	4	13	0.325
F_3	1	1	×	3	3	8	0.200
F_4	0	0	1	×	2	3	0.075
F_5	0	0	1	2	×	3	0.075
合计						40	1.000

（3）方案评价。

分别计算出各方案的功能指数、成本指数和价值指数，并根据价值指数选择最优方案。

① 各方案的功能指数见表 5-3。

表 5-3　各方案的功能指数

功能	重要度权数	A 方案 功能得分	B 方案 功能得分	C 方案 功能得分
F_1	0.325	10	10	7
F_2	0.325	9	8	7
F_3	0.200	10	9	7
F_4	0.075	9	8	8
F_5	0.075	10	10	9
方案加权得分和		9.6	9	7.6
功能指数		0.37	0.34	0.29

② 各方案的成本指数见表 5-4。

表 5-4　各方案的成本指数

项目	设计方案		
	A	B	C
单位面积造价/（元/m²）	1248	1002	838
成本指数	0.40	0.32	0.28

③ 各方案的价值指数计算见表5-5。

表5-5 各方案的价值指数计算

项目	设计方案		
	A	B	C
功能指数	0.37	0.34	0.29
成本指数	0.40	0.32	0.28
价值指数	0.925	1.063	1.036

由以上结果可知，B方案价值指数较大，因此B方案为最佳方案。

问题2：为控制工程造价和进一步降低费用，对所选最佳方案即B方案的土建部分，以工程材料费为对象应用价值工程进行造价控制。将土建工程划分为四个功能项目，各功能项目的评分值及目前成本见表5-6。目前成本为234万元。按限额设计要求，目标成本额应控制在186万元。

表5-6 各功能项目的评分值及目前成本

功能项目	功能指数	目前成本/万元
桩基工程	0.106	28.08
地下室工程	0.118	25.34
主体工程	0.424	86.92
装饰工程	0.352	93.66
合计	1.000	234

试分析各功能项目的目标成本及可能降低的额度，并确定功能改进顺序。

【案例解析】

根据表5-6所列数据，分别计算桩基工程、地下室工程、主体工程和装饰工程的功能指数、成本指数和价值指数，再根据给定的总目标成本额，计算各工程项目的目标成本额，从而确定其成本降低额度。具体计算结果如下。

（1）各功能项目价值指数的计算见表5-7。

表5-7 各功能项目价值指数的计算

功能项目	功能指数	成本指数	价值指数
桩基工程	0.106	0.12	0.88
地下室工程	0.118	0.11	1.07
主体工程	0.424	0.37	1.15
装饰工程	0.352	0.40	0.88

注：表中成本指数＝各功能项目目前成本/目前总成本。

由表5-7可知，价值指数小于1的有桩基工程和装饰工程，成本比重偏高，应降低成本。价值指数大于1的有地下室工程、主体工程，功能较重要，但成本比重偏低，应适当增加成本。

（2）目标成本的分配及成本改进期望值的计算见表 5-8。

表 5-8　目标成本的分配及成本改进期望值的计算

功能项目	功能指数	成本指数	目前成本/万元	目标成本/万元	成本降低额/万元
(1)	(2)	(3)	(4)	(5)=186×(2)	(6)=(4)-(5)
桩基工程	0.106	0.12	28.08	19.72	8.36
地下室工程	0.118	0.11	25.34	21.95	3.39
主体工程	0.424	0.37	86.92	78.86	8.06
装饰工程	0.352	0.40	93.66	65.47	28.19

由表 5-8 可知，桩基工程、地下室工程、主体工程、装饰工程均应通过适当方式降低成本，功能改进顺序依次为：装饰工程、桩基工程、主体工程、地下室工程。

5.2　限额设计

5.2.1　限额设计的基本原理

限额设计就是按照批准的可行性研究投资估算，控制初步设计，按照批准的初步设计总概算控制施工图设计，同时各专业在保证达到使用功能的前提下，按分配的投资限额控制设计，并严格控制设计的不合理变更，保证不突破总投资限额的工程设计过程。

限额设计的基本原理是通过合理确定设计标准、设计规模和设计原则，合理取定概预算基础资料，层层设计限额，来实现投资限额的控制和管理。限额设计不是一味地考虑节约投资，也不是简单地裁减投资，而应是设计质量的管理目标。

限额设计绝非限制设计人员的设计思想，而是要让设计人员把设计与经济二者结合起来，即监理工程师要求设计人员在设计过程中必须考虑经济性。

监理工程师在设计进展过程中及各阶段设计完成时，要主动地对已完成的图纸内容进行估价，并与相应的概算、修正概算、预算进行比照。若发现超投资情况，应找出其中原因，并向业主提出建议，从而在业主授权后，指示设计人员修改设计，使投资降到投资额内。必须指出，未经业主同意，监理工程师无权提高设计标准和设计要求。

5.2.2　限额设计的内容

1. 实现投资纵向控制

限额设计必须贯穿于设计的各个阶段，实现投资纵向控制。

① 建设项目从可行性研究开始，便要建立限额设计观念，合理、准确地确定投资估算。它是核定项目总投资额的依据。获得批准后的投资估算，就是下一阶段进行限额设计、控制投资的重要依据。

② 初步设计应按核准后的投资估算限额，通过多个方案的设计比较、优选来实现。

初步设计应严格按照施工规划、施工组织设计及合同文件要求进行，并要切实、合理地选定费用指标和经济指标，正确地确定设计概算。经审核批准后的设计概算限额，便是下一步施工详图设计控制投资的依据。

③ 施工图设计是设计单位的最终产品，必须严格按初步设计确定的原则、范围、内容和投资额进行设计，即按设计概算限额进行施工图设计。但由于初步设计受外部条件（如工程地质、设备、材料供应、价格变化及横向协作关系）的影响，加上人们主观认识的局限性，往往给施工图设计及其以后的实际施工带来局部变更和修改，合理地修改、变更是正常的，关键是要进行核算和调整来控制施工图设计不突破设计概算限额。对于涉及建设规模、设计方案等的重大变更，则必须重新编制或修改初步设计文件和初步设计概算，并以批准的修改初步设计概算作为施工图设计的投资控制额。

④ 加强设计变更的管理工作，对于确实可能发生的变更，应尽量提前实现，如在设计阶段变更，则只需改图纸，其他费用尚未发生，损失有限；如在采购阶段变更，则不仅要修改图纸，还必须重新采购设备材料；如在施工阶段变更，则除上述费用外，已施工的工程还需拆除，势必造成重大的变更损失。为此，要建立相应的设计管理制度，尽可能地把设计变更控制在设计阶段，对影响工程造价的重大设计变更，更要用先算后变的办法。

2. 实现投资横向控制

实行限额设计有利于健全和加强设计单位对建设单位及设计单位内部的经济责任制，实现投资横向控制。

① 明确设计单位内部各专业科室对限额设计的责任，建立各专业投资分配考核制。

② 设计开始前按估算、概算、预算不同阶段将工程投资按专业分配，分段考核，下一阶段指标不得突破上一阶段指标。当某一专业突破投资控制指标时，应首先分析突破原因，用修改设计的方法解决，在本阶段处理，责任落实到个人，建立限额设计的奖惩机制。

5.2.3 限额设计的责任划分

为加强设计单位与建设单位以及设计单位内部的经济责任制，要正确处理责、权、利三者之间的有机关系，其核心是责任；必须明确设计单位内部各专业科室对限额设计所负的责任；要建立设计部门内各专业投资分配考核制；设计开始前按照设计过程的估算、概算、预算的不同阶段，将工程投资按专业进行分配，分段考核。

要明确设计单位对限额设计承担的责任范围，但由于国家政策变动等因素导致项目投资增加的，设计单位不承担限额设计的责任。此外，为实施限额设计，应制定对设计单位节约投资的奖罚和由于设计错误导致投资超支的处罚规定。

1. 限额设计中设计单位应承担的责任

① 凡永久建筑、水电、设备等项目的工程量增加及型号规格变动等造成的投资增加。

② 设计单位未经原审批部门同意，违反规定，擅自提高标准，增列初步设计范围以外的工程项目等原因造成的投资增加。

③ 由于初步设计深度不够或设计标准选用不当，未经原审批部门同意而导致下一设计阶段投资增加。

④ 未经原审批部门同意，其他部门要求设计单位提高工程建设标准，增加建设项目，并经设计单位出图造成的投资增加。

2. 限额设计中设计单位的除外责任

设计单位对以下情况造成的项目投资增加不承担责任。

① 国家政策变动和设计调整。

② 工资、物价调整后的价差。

③ 与工程无关的不合理摊派。

④ 土地征用费标准、水库淹没处理补偿费标准的改变。

⑤ 建设单位和地方承包项目超出国家规定及初步设计审批意见需开支的费用。

⑥ 经原审批部门同意，超出已审批的初步设计范围的重大设计变动及工程项目增加。

⑦ 其他单位强行干预设计，而设计单位又提出不同的初步意见，并报送上级主管部门和投资方，仍然发生的项目投资增加。

⑧ 经原审批部门批准补充增加的勘察设计工作量相应增加的勘察设计科研费。

⑨ 审批部门对设计单位报审的初步设计中推荐的主要设计方案修改不当，使设计方案审定后在技术设计和施工图设计阶段又有较大修改，导致的投资增加。

⑩ 其他特殊情况，如施工过程中发生超标准洪水和地震等造成的投资增加。

5.3 设计概算的编制与审查

5.3.1 设计概算概述

1. 设计概算的概念和作用

设计概算是设计部门在初步设计阶段，为确定拟建基本建设项目所需的投资额或费用而编制的一种文件。它是设计文件的重要组成部分，是编制基本建设计划，实行基本建设投资大包干，控制基本建设拨款和贷款的依据，也是考核设计方案和建设成本是否经济合理的依据。

设计概算的主要作用有以下几点。

① 设计概算是确定建设项目、各单项工程及各单位工程投资的依据。按照规定报请有关部门或单位批准的初步设计及总概算，一经批准即作为建设项目静态总投资的最高限额，不得任意突破，必须突破时需报原审批部门（单位）批准。

② 设计概算是编制投资计划的依据。计划部门根据批准的设计概算编制建设项目年固定资产投资计划，并严格控制投资计划的实施。若建设项目实际投资数额超过总概算，那么必须在原设计单位和建设单位共同提出追加投资的申请报告的基础上，经上级计划部门审核批准后，方能追加投资。

③ 设计概算是进行拨款和贷款的依据。银行根据批准的设计概算和年度投资计划，进行拨款和贷款，并严格实行监督控制。对超出概算的部分，未经计划部门批准，银行不得追加拨款和贷款。

④ 设计概算是实行投资包干的依据。在进行概算包干时，单项工程综合概算及建设项目总概算是投资包干指标商定和确定的基础，尤其经上级主管部门批准的设计概算或修

正概算，是主管单位和包干单位签订包干合同，控制包干数额的依据。

⑤ 设计概算是考核设计方案的经济合理性和控制施工图预算的依据。设计单位根据设计概算进行技术经济分析和多方案评价，以提高设计质量和经济效果，同时保证施工图预算在设计概算的范围内。

⑥ 设计概算是进行各种施工准备、确定设备供应指标、加工订货及落实各项技术经济责任制的依据。

⑦ 设计概算是控制项目投资，考核建设成本，提高项目实施阶段工程管理和经济核算水平的必要手段。

2. 设计概算的内容

设计概算分为三级概算，包括单位工程概算、单项工程综合概算、建设项目总概算，是由单个到综合、局部到总体、逐个编制、层层汇总而成的，如图 5.1 所示。

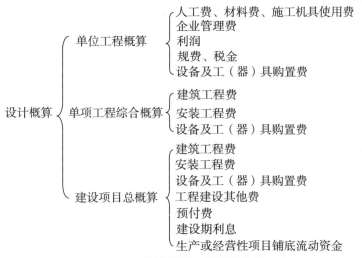

图 5.1 设计概算三级概算关系

设计概算应按建设项目的建设规模、隶属关系和审批程序报请审批。建筑项目总概算按规定的程序经有关机关批准后，就成为国家控制该建设项目总投资额的主要依据，不得任意突破。

（1）单位工程概算

单位工程概算是确定各单位工程建设费用的文件，是编制单项工程综合概算的依据，是单项工程综合概算的组成部分。单位工程概算按其工程性质分为建筑工程概算和设备及安装工程概算两大类（图 5.2）。建筑工程概算包括一般土建工程概算，给排水、采暖工程概算，通风、空调工程概算，电气、照明工程概算，弱电工程概算，特殊构筑物工程概算等。设备及安装工程概算包括机械设备及安装工程概算、热力设备及安装工程概算、电气设备及安装工程概算、工（器）具及生产家具购置费概算等。

（2）单项工程综合概算

单项工程综合概算是确定一个单项工程所需建设费用的文件。它由单项工程中的各单位工程概算汇总编制而成，是建设项目总概算的组成部分。单项工程综合概算的组成如图 5.3 所示。

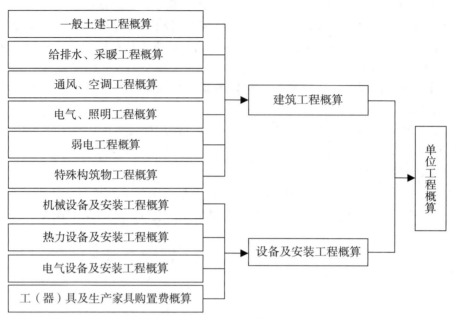

图 5.2 单位工程概算的组成

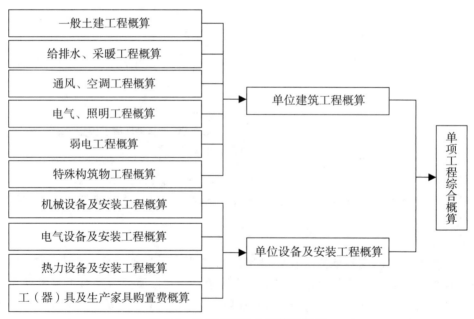

图 5.3 单项工程综合概算的组成

(3) 建设项目总概算

建设项目总概算是确定整个建设项目从筹建到竣工验收交付使用所需全部费用的文件。它是由单项工程综合概算、工程建设其他费概算、预备费概算、建设期贷款利息概算和生产或经营性项目铺底流动资金概算等汇总编制而成的，如图 5.4 所示。

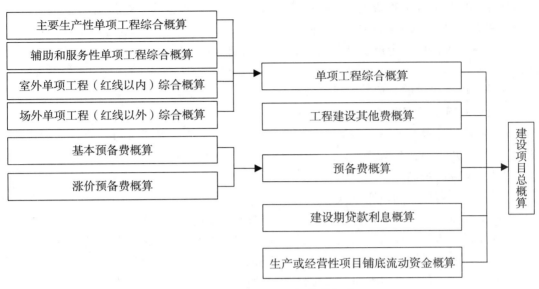

图 5.4 建设项目总概算的组成

5.3.2 设计概算的编制

1. 设计概算的编制原则

为提高建设项目设计概算的编制质量、科学合理地确定工程项目投资，设计概算编制应坚持以下原则。

① 严格执行国家的建设方针和经济政策。设计概算是一项重要的技术经济工作，要严格按照党和国家的方针、政策办事，坚决执行勤俭节约的方针，严格执行规定的设计标准。

② 要完整、准确地反映设计内容。编制设计概算时，要认真了解设计意图，根据设计文件、图纸准确计算工程量，避免重算和漏算。设计修改后，要及时修正概算。

③ 要坚持结合拟建工程的实际，反映当时所在地的价格水平。为提高设计概算的准确性，要实事求是地对工程所在地的建设条件、可能影响造价的各种因素进行认真的调查研究。在此基础上正确使用定额、指标、费率和价格等各项编制依据，按照现行工程造价的构成，根据有关部门发布的价格信息及价格调整指数，考虑建设期的价格变化因素，使概算尽可能地反映设计内容、施工条件和实际价格。

2. 设计概算的编制依据

① 国家、行业和地方的有关规定。
② 相应工程造价管理机构发布的概算定额（或指标）。
③ 工程勘察与设计文件。
④ 拟定的或常规的施工组织设计和施工方案。
⑤ 建设项目资金筹措方案。
⑥ 工程所在地编制的同期的人工、材料、施工机具台班市场价格，以及设备供应方式和供应价格。

⑦ 建设项目的技术复杂程度，新技术、新材料、新工艺及专利使用情况等。

⑧ 建设项目批准的相关文件、合同、协议等。

⑨ 政府有关部门、金融机构等发布的价格指数、利率、汇率、税率及工程建设其他费用等。

⑩ 委托单位提供的其他技术经济资料。

3. 设计概算的编制方法

建设项目设计概算的编制一般是首先编制单位工程概算，然后逐级汇总，形成单项工程综合概算及建设项目总概算，因此，下面分别介绍单位工程概算、单项工程综合概算和建设项目总概算的编制方法。

(1) 单位工程概算的编制方法

单位工程是指具有单独设计文件，可以独立组织施工，但不能独立发挥生产能力或使用效益的工程。单位工程概算应根据单项工程中所属的每个单体按专业分别编制，一般分土建、装饰、采暖通风、给排水、照明、工艺安装、自控仪表、通信、道路等专业或工程分别编制。单位工程概算包括建筑工程概算和设备及安装工程概算两类。其中，建筑工程概算的编制方法有概算定额法、概算指标法、类似工程预算法等。设备及安装工程概算的编制方法有预算单价法、扩大单价法、设备价值百分比法和综合吨位指标法等。下面分别介绍这些方法。

① 概算定额法。

概算定额法又称扩大单价法或扩大结构定额法，当初步设计或扩大初步设计具有一定深度，建筑结构比较明确，图纸的内容比较齐全、完善，能够根据图纸进行工程量计算时，方可采用概算定额法编制概算。利用概算定额法编制概算的具体步骤如下。

A. 搜集基础资料，熟悉设计图纸，了解有关施工条件和施工方法。

B. 按照概算定额子目，列出单位工程中分部分项工程项目名称并计算工程量。工程量计算应按概算定额中规定的工程量计算规则进行，计算时采用的原始数据必须以初步设计图纸所标识的尺寸或初步设计图纸能读出的尺寸为准，并将计算所得各分部分项工程量按概算定额编号顺序，填入工程概算表内。

C. 确定各分部分项工程费。工程量计算完毕后，逐项套用各子目的综合单价，各子目的综合单价应包括人工费、材料费、施工机具使用费、企业管理费、利润、规费和税金，然后分别将其填入单位工程概算表和综合单价表中。如遇设计图中的分项工程项目名称、内容与采用的概算定额手册中相应的项目有某些不相符，则按规定对定额进行换算后方可套用。

D. 计算措施项目费。措施项目费的计算分两部分进行。

a. 可以计量的措施项目费与分部分项工程费的计算方法相同，其费用按分部分项工程费的规定计算。

b. 综合计取的措施项目费应以该单位工程的分部分项工程费和可以计量的措施项目费之和为基数乘以相应费率计算。

E. 汇总计算单位工程概算造价。

$$单位工程概算造价 = 分部分项工程费 + 措施项目费 \qquad (5-7)$$

F. 编写概算编制说明。建筑工程概算按照规定的表格形式进行编制，具体格式参见

表 5-9，所使用的综合单价应编制建筑工程综合单价分析表（表 5-10）。

表 5-9 建筑工程概算表

单位工程概算编号：　　　　　　单位工程名称：　　　　　　　　　共　页　第　页

序号	项目编码	工程项目或费用名称	项目特征	单位	数量	综合单价/元	合价/元
1		分部分项工程					
(1)		土石方工程					
①	××	×××××					
②	××	×××××					
(2)		砌筑工程					
①	××	×××××					
(3)		楼地面工程					
①	××	×××××					
(4)		××工程					
		分部分项工程费小计					
2		可计量措施项目					
(1)		××工程					
①	××	×××××					
②	××	×××××					
(2)		××工程					
①	××	×××××					
		可计量措施项目费小计					
3		综合取定的措施项目费					
(1)		安全文明施工费					
(2)		夜间施工增加费					
(3)		二次搬运费					
(4)		冬雨季施工增加费					

（续）

序号	项目编码	工程项目或费用名称	项目特征	单位	数量	综合单价/元	合价/元
	××	×××××					
		综合取定措施项目费小计					
		合计					

编制人：　　　　　　　　　审核人：　　　　　　　　　审定人：

注：建筑工程概算表应以单项工程为对象进行编制，表中综合单价应通过综合单价分析表计算获得。

表 5-10　建筑工程综合单价分析表

单位工程概算编号：　　　　　单位工程名称：　　　　　　　共　页　第　页

项目编码		项目名称		计量单位		工程数量	

综合单价组成分析							
定额编号	定额名称	定额单位	定额直接费单价/元			直接费合价/元		
			人工费	材料费	施工机具使用费	人工费	材料费	施工机具使用费

间接费及利润税金计算	类别	取费基数描述	取费基数	费率（%）	金额/元	备注
	企业管理费	如：人工费				
	利润	如：直接费				
	规费					
	税金					

综合单价/元

概算定额人材机消耗量和单价分析	人材机项目名称及规格、型号	单位	消耗量	单价/元	合价/元	备注

编制人：　　　　　　　　　审核人：　　　　　　　　　审定人：

注：① 本表适用于采用概算定额法的分部分项工程项目和可计量措施项目的综合单价分析。
　　② 在进行概算定额消耗量和单价分析时，消耗量应采用定额消耗量，单价应为报告编制期的市场价。

② 概算指标法。

概算指标法是指用拟建的厂房、住宅的建筑面积（体积）乘以技术条件相同或基本相同工程的概算指标，得出人工费、材料费、施工机具使用费，然后按规定计算出企业管理费、利润、规费和税金等，得出单位工程概算的方法。

A. 概算指标法适用条件如下。

a. 设计无详图只有概念性设计时,或初步设计深度不够,不能准确计算工程量,但工程设计技术比较成熟而又有类似工程概算指标可以利用时。

b. 设计方案急需造价概算而又有类似工程概算指标可利用时。

c. 图样设计间隔很久才实施,原概算造价不适用,可修正时。

d. 通用设计图设计可编制通用的概算指标时。

B. 采用概算指标法进行单位工程概算编制时,通常有两种方法。

a. 方法一:直接套用概算指标法。

当拟建工程结构特征与概算指标相同(即建设地点、工程特征、结构特征、建筑面积相同或相差不大)时,可直接套用类似工程概算指标编制拟建工程单位工程概算。

$$单位工程概算造价 = 概算指标单位面积(体积)综合单价 \times 拟建工程建筑面积(体积) \tag{5-8}$$

式中,概算指标单位面积(体积)综合单价为全费用综合单价,即包括人工费、材料费、施工机具使用费、企业管理费、利润、规费、税金。

b. 方法二:修正概算指标法。

当拟建工程结构特征与概算指标有局部差异时,可通过调整类似工程的结构特征来编制拟建工程单位工程概算。

具体的调整方法如下。

调整概算指标中的单位面积(体积)综合单价。这种调整方法是将原概算指标中的综合单价进行调整,扣除单位面积(体积)原概算指标中与拟建工程结构不同部分的造价,增加单位面积(体积)拟建工程与概算指标结构不同部分的造价,使其成为与拟建工程结构相同的综合单价。其计算公式为

$$结构变化修正概算指标(元/m^2) = 原概算指标综合单价 + 换入结构的工程量 \times 换入结构的综合单价 - 换出结构的工程量 \times 换出结构的综合单价 \tag{5-9}$$

若概算指标中的单价为工料单价,则应根据企业管理费、利润、规费、税金的费(税)率确定该子目的全费用综合单价,再计算拟建工程单位工程概算造价。其计算公式为

$$单位工程概算造价 = 修正后的概算指标综合单价 \times 拟建工程建筑面积(体积) \tag{5-10}$$

调整概算指标中的人工、材料、施工机具数量。这种方法是将原概算指标中每 $100\ m^2$ ($1000\ m^3$)建筑面积(体积)中的人工、材料、施工机具数量进行调整,扣除原概算指标中与拟建工程结构不同部分的人工、材料、施工机具消耗量,增加拟建工程与概算指标结构不同部分的人工、材料、施工机具消耗量,使其成为与拟建工程结构相同的每 $100\ m^2$ ($1000\ m^3$)建筑面积(体积)人工、材料、施工机具数量。其计算公式为

$$结构变化修正概算指标的人工、材料、施工机具数量 = 原概算指标的人工、材料、施工机具数量 + 换入结构件的工程量 \times 相应定额人工、材料、施工机具消耗量 - 换出结构件的工程量 \times 相应定额人工、材料、施工机具消耗量 \tag{5-11}$$

将修正后的概算指标结合报告编制期的人工、材料、施工机具要素价格的变化,以及企业管理费、利润、规费、税金的费(税)率确定该子目的全费用综合单价。

应用案例 5-3

【案例概况】

某拟建项目建筑面积为 3620 m²，结构形式与已建成某工程相同，只有窗、外墙饰面不同，其他部分均较为接近，类似工程为双层普通钢窗，外墙面砖每平方米建筑面积工程含量分别为 0.45 m²、0.82 m²，双层钢窗单价为 150 元（含安装费），外墙面砖单价为 50 元。拟建工程窗采用彩板窗，外墙饰面采用防水涂料，每平方米建筑面积含量分别为 0.47 m²、0.75 m²，两分项工程单价分别为 280 元/m²、5 元/m²，类似工程造价为 852 元/m²，用概算指标法求拟建工程概算造价。

【案例解析】

该项目修正后的概算指标 = 852 + 0.47 × 280 + 0.75 × 5 − 0.45 × 150 − 0.82 × 50 = 878.85（元/m²）

拟建工程总造价 = 878.85 × 3620 = 3181437（元）

③ 类似工程预算法。

类似工程预算法是利用技术条件与设计对象相类似的已完工程或在建工程的工程造价资料来编制拟建工程设计概算的方法。

类似工程预算法在拟建工程初步设计与已完工程或在建工程的设计相类似而又没有可用的概算指标时采用，但必须对建筑结构差异和价差进行调整。建筑结构差异的调整方法与概算指标法的调整方法相同。类似工程造价价差调整的两种常用方法如下。

A. 类似工程造价资料有具体的人工、材料、施工机具台班的用量时，可按类似工程造价资料中的主要材料用量、工日数量、施工机具台班用量乘以拟建工程所在地的主要材料预算价格、人工单价、施工机具台班单价，计算出人工费、材料费、施工机具使用费，再计算企业管理费、利润、规费和税金，即可得出所需的造价指标。

B. 类似工程造价资料只有人工费、材料费、施工机具使用费和企业管理费等费用或费率时，可按下列公式调整。

$$D = AK \tag{5-12}$$

$$K = a\% K_1 + b\% K_2 + c\% K_3 + d\% K_4 \tag{5-13}$$

式中， D ——拟建工程单位建筑面积概算造价；

A ——类似工程单位建筑面积预算造价；

K ——综合调整系数；

$a\%$、$b\%$、$c\%$、$d\%$ ——类似工程预算的人工费、材料费、施工机具使用费、企业管理费占预算造价的比重，如 $a\%$ = 类似工程人工费/类似工程预算造价 × 100%，$b\%$、$c\%$、$d\%$ 类似；

K_1、K_2、K_3、K_4 ——拟建工程地区与类似工程预算造价在人工费、材料费、施工机具使用费、企业管理费之间的差异系数，如 K_1 = 拟建工程概算的人工费（或工资标准）/类似工程预算人工费（或地区工资标准），K_2、K_3、K_4 类似。

第5章 建设工程设计阶段建设工程造价控制与管理

✓ 应用案例 5-4

【案例概况】

新建一幢教学大楼,建筑面积为 $3200\,m^2$,根据下列类似工程施工图预算的有关数据,试用类似工程预算法编制概算。已知数据如下。

(1) 类似工程的建筑面积为 $2800\,m^2$,预算成本为 14000000 元。

(2) 类似工程各种费用占预算成本的权重是:人工费 15%、材料费 55%、施工机具使用费 10%。

(3) 拟建工程地区与类似工程地区造价之间的差异系数为 1.05、1.03、0.98。

(4) 假定以人工费、材料费、施工机具使用费之和为基数取费,综合费费率为 25%。

求拟建工程的综合单价和概算造价。

【案例解析】

(1) 使用调差系数计算出拟建工程的工料单价。

$$类似工程的工料单价 = \frac{14000000}{2800} \times (15\% + 55\% + 10\%) = 4000\,(元/m^2)$$

(2) 计算类似工程的工料单价中,人工费、材料费、施工机具使用费的比重。

$$人工费比重 = \frac{14000000/2800 \times 15\%}{4000} = 18.75\%$$

$$材料费比重 = \frac{14000000/2800 \times 55\%}{4000} = 68.75\%$$

$$施工机具使用费比重 = \frac{14000000/2800 \times 10\%}{4000} = 12.5\%$$

(3) 计算拟建工程的工料单价。

$$拟建工程的工料单价 = 4000 \times (18.75\% \times 1.05 + 68.75\% \times 1.03 + 12.5\% \times 0.98)$$
$$= 4110\,(元/m^2)$$

(4) 计算拟建工程的综合单价。

$$拟建工程的综合单价 = 4110 \times (1 + 25\%) = 5137.5\,(元/m^2)$$

(5) 计算拟建工程的概算造价。

$$拟建工程的概算造价 = 5137.5 \times 3200 = 16440000\,(元)$$

④ 设备及安装工程概算的编制方法。

设备及安装工程概述包括设备及工(器)具购置费概算和设备安装工程费概算两大部分。

A. 设备及工(器)具购置费概算。设备及工(器)具购置费是根据初步设计的设备清单计算出设备原价,并汇总求出设备总原价,然后按有关规定的设备运杂费费率乘以设备总原价,两项相加再考虑工(器)具及生产家具购置费而得。有关设备及工(器)具购置费概算可参见第 2 章 2.2 节的计算方法。

B. 设备安装工程费概算。设备安装工程费概算的编制方法应根据初步设计深度和要求所明确的程度来采用,其主要编制方法有以下 4 种。

a. 预算单价法。当初步设计较深,有详细的设备清单时,可直接按安装工程预算单价法编制安装工程费概算。该法的特点是计算比较具体,精确度较高。

b. 扩大单价法。当初步设计深度不够,设备清单不完备,只有主体设备或仅有成套设备质量时,可采用主体设备、成套设备的扩大单价法来编制概算。

c. 设备价值百分比法。设备价值百分比法又叫安装设备百分比法。当初步设计深度不够,只有设备出厂价而无详细规格、质量时,设备安装工程费可按设备价值百分比法来编制概算。其百分比值(即安装费费率)由相关管理部门制定或由设计单位根据已完类似工程确定。该法常用于价格波动不大的定型产品和通用设备产品,其计算公式为

$$设备安装工程费 = 设备原价 \times 安装费费率 \qquad (5-14)$$

d. 综合吨位指标法。当初步设计提供的设备清单有规格和设备质量时,可采用综合吨位指标法编制概算。其综合吨位指标由相关主管部门或由设计单位根据已完类似工程的资料确定。该法常用于设备价格波动较大的非标准设备和引进设备的设备安装工程费概算,其计算公式为

$$设备安装工程费 = 设备吨重 \times 每吨设备安装费指标(元/t) \qquad (5-15)$$

(2) 单项工程综合概算的编制方法

单项工程综合概算是以单项工程为编制对象,确定建成后可独立发挥作用的建筑物或构筑物所需全部建设费用的文件,由该单项工程内各单位工程概算汇总而成,是工程项目总概算的组成部分。

单项工程综合概算一般由单位工程概算汇总编制而成。单一的、具有独立性的单项工程建设项目,按照两级概算编制形式,直接编制总概算。

单项工程综合概算表(表 5—11)是根据单项工程所辖范围内的各单位工程概算等基础资料,按照国家或部委所规定的统一表格进行编制的。对工业建筑而言,其概算包括建筑工程概算、设备及工(器)具概算、安装工程概算;对民用建筑而言,其概算包括土建工程概算、给排水采暖工程概算、通风空调工程概算及电气照明工程概算等。

表 5-11 单项工程综合概算表

综合概算编号: 　　　　工程名称: 　　　　单位: 万元　　共 页 第 页

序号	概算编号	工程项目或费用名称	设计规模或主要工程量	建筑工程费	设备及工(器)具购置费	安装工程费	合计	其中: 引进部分		主要技术经济指标		
								美元	折合人民币	单位	数量	单位价值
一		主要工程										
1	××	×××××										
2	××	×××××										
二		辅助工程										
1	××	×××××										
2	××	×××××										
三		配套工程										
1	××	×××××										

(续)

序号	概算编号	工程项目或费用名称	设计规模或主要工程量	建筑工程费	设备及工(器)具购置费	安装工程费	合计	其中：引进部分		主要技术经济指标		
								美元	折合人民币	单位	数量	单位价值
2	××	×××××										
		单项工程概算费用合计										

编制人：　　　　　　　　　审核人：　　　　　　　　　审定人：

（3）建设项目总概算的编制方法

建设项目总概算是确定整个建设项目从筹建到竣工交付使用全部建设费用的文件，它由各个单项工程综合概算及工程建设其他费、预备费、建设期利息、经营性项目铺底流动资金概算汇总，按照主管部门规定的统一表格编制而成。

建设项目总概算文件一般包括以下6个部分。

① 封面、签署页及目录。

② 编制说明，包括以下内容。

A. 工程概况。工程概况主要包括建设项目的建设地点、设计规模、建设性质（新建、扩建或改建）、工程类别、建设期（年限）、主要工程内容、主要工程量、主要工艺设备及数量等。

B. 主要技术经济指标。主要技术经济指标包括项目概算总投资（有引进的给出所需外汇额度）、主要分项投资及主要单位投资指标等。

C. 资金来源和投资方式。

D. 编制依据。

E. 其他需要说明的问题。

③ 建设项目总概算表。建设项目总概算表格式见表5-12（适用于采用三级编制形式的总概算）。

表 5-12　建设项目总概算表

总概算编号：　　　　　　　工程名称：　　　　　　　　　单位：万元　　共　页　第　页

序号	概算编号	工程项目或费用名称	建筑工程费	设备及工(器)具购置费	安装工程费	其他费用	合计	其中：引进部分		占总投资比例（%）
								美元	折合人民币	
一		工程费								
1		主要工程								
2		辅助工程								

(续)

序号	概算编号	工程项目或费用名称	建筑工程费	设备及工(器)具购置费	安装工程费	其他费用	合计	其中：引进部分 美元	折合人民币	占总投资比例（%）
3		配套工程								
二		工程建设其他费								
1										
2										
三		预备费								
四		建设期利息								
五		流动资金								
		建设项目概算总投资								

编制人：　　　　　　　　　审核人：　　　　　　　　　审定人：

④ 工程建设其他费概算表。工程建设其他费概算按国家、地区或部委所规定的项目和标准确定，并按统一格式编制，按具体发生的工程建设其他费项目填写工程建设其他费概算表（表5-13），需要说明和具体计算的费用项目依次相应在备注及计算公式栏内填写或具体计算。

表5-13　工程建设其他费概算表

工程名称：　　　　　　　　　　　　　　　　单位：万元　　共　页　第　页

序号	费用项目编号	费用项目名称	费用计算基数	费率	金额	计算公式	备注
1							
2							
合计							

编制人：　　　　　　　　　审核人：　　　　　　　　　审定人：

⑤ 各单项工程综合概算表。
⑥ 主要建筑安装材料汇总表。针对每一个单项工程列出钢筋、型钢、水泥、原木等主要建筑安装材料的消耗量。

5.3.3 设计概算的审查

1. 设计概算的审查内容

（1）审查设计概算的编制依据

国家综合部门的文件，国务院主管部门和各省、自治区、直辖市根据国家规定或授权制定的各种规定及办法，以及建设项目的设计文件等应重点审查。

① 审查编制依据的合法性。采用的各种编制依据必须经过国家或授权机关的批准，符合国家的编制规定，未经批准的不能采用；也不能强调情况特殊，擅自提高概算定额、指标或费用标准。

② 审查编制依据的时效性。各种依据，如定额、指标、价格、取费标准等，都应根据国家有关部门的现行规定进行，注意有无调整和新的规定。有的虽然没有调整变化，但不能全部适用；有的应按有关部门颁布的调整系数执行。

③ 审查编制依据的适用范围。各种编制依据都有其适用范围，如各主管部门规定的各种专业定额及其取费标准，只适用于该部门的专业工程；各地区规定的各种定额及其取费标准，只适用于该地区范围内。特别是地区的材料预算价格区域性更强，如某市有该市市区的材料预算价格，又编制了该市郊区内一个矿区的材料预算价格，如在该市进行矿区建设时，其概算应采用矿区的材料预算价格，而不能采用市区的材料预算价格。

（2）审查设计概算的编制

① 审查编制说明。审查编制说明可以检查概算的编制方法、深度和编制依据等重大原则问题。

② 审查编制深度。一般大中型项目的设计概算应有完整的编制说明和"三级概算"（即建设项目总概算、单项工程综合概算、单位工程概算），并按有关规定的深度进行编制。审查是否有符合规定的"三级概算"，各级概算的编制、校对、审核是否按规定签署。

③ 审查编制范围。审查编制范围及具体内容是否与主管部门批准的建设项目范围及具体工程内容一致；审查分期建设项目的建筑范围及具体工程内容有无重复交叉，是否重复计算或漏算；审查其他费用所列的项目是否都符合规定，静态投资、动态投资和经营性项目铺底流动资金是否分别列出等。

④ 审查建设规模、标准。审查概算的投资规模、生产能力、设计标准、建设用地、建筑面积、主要设备、配套工程、设计定员等是否符合原批准可行性研究报告或立项批文的标准。如概算总投资超过原批准投资估算10%以上，应进一步审查超估算的原因。

（3）审查设备规格、数量和配置

工业建设项目设备投资比重大，一般占总投资的30%～50%，要认真审查。审查所选用的设备规格、台数是否与生产规模一致，材质、自动化程度有无提高标准，引进设备是否配套、合理，备用设备台数是否适当，消防、环保设备是否计算，等等；还要重点审查价格是否合理、是否符合有关规定，如国产设备应按当时询价资料或有关部门发布的出厂价、信息价，引进设备应依据询价或合同价。

（4）审查工程费

建筑安装工程投资是随工程量增加而增加的，要认真审查。要根据初步设计图纸、概算定额及工程量计算规则、专业设备材料表、建（构）筑物和总图运输一览表进行审查，有无多算、重算、漏算。

（5）审查计价指标

审查建筑工程采用工程所在地区的计价定额、费用定额、价格指数和有关人工、材料、施工机具台班单价是否符合现行规定；审查安装工程所采用的专业部门或地区定额是否符合工程所在地的市场价格水平，概算指标、主材价格、人工、施工机具台班和辅材调整系数是否按当地最新规定执行；审查引进设备安装费费率或计取标准、部分行业专业设备安装费费率是否按有关规定计算等。

（6）审查其他费用

工程建设其他费投资约占项目总投资的 25% 以上，必须认真逐项审查。审查费用项目是否按国家统一规定计列，具体费率或计取标准、部分行业专业设备安装费费率是否按有关规定计算等。

特别提示

设计概算投资一般应控制在立项批准的投资控制额以内；如果设计概算值超过投资控制额，则必须修改设计或重新立项审批；设计概算批准后不得任意修改和调整；如需修改或调整，须经原批准部门重新审批。概算文件需经编制单位自审，建设单位复审，工程造价主管部门审批。

2. 设计概算的审查方法

（1）对比分析法

对比分析法主要是通过建设规模、标准与立项批文对比，工程数量与设计图纸对比，综合范围、内容与编制方法、规定对比，各项取费与规定标准对比，材料、人工单价与统计信息对比，引进设备、技术投资与报价要求对比，技术经济指标与同类工程对比等，来发现设计概算存在的主要问题和偏差。

（2）查询核实法

查询核实法是对一些关键设备和设施、重要装置、引进工程图纸不全或难以核算的较大投资进行多方查询核对，逐项落实的方法。

（3）联合会审法

联合会审法是组成由业主、审批单位、专家等参加的联合审查组，组织召开联合审查会。审查前可先采取多种形式分头审查，包括业主预审、工程造价咨询公司评审、邀请同行专家预审等。在会审大会上，各有关单位、专家汇报初审、预审意见，然后进行认真分析、讨论，结合对各专业技术方案的审查意见所产生的投资增减，逐一核实原设计概算投资增减额。

典型考题：设计概算的编制

对审查中发现的问题和偏差，按照单位工程概算、单项工程综合概算、建设项目总概算的顺序，按设备费、安装费、建筑费和工程建设其他费分类整理，汇总核增或核减的项目及其投资额。

最后将具体审核数据，按照"原编概算""审核结果""增减投资""增减幅度""调整原因"5栏列表，并按照原总概算表汇总顺序，将增减项目逐一列出，相应调整所属项目投资合计，再依次汇总审核后的总投资及增减投资额。对于差错较多、问题较大或不能满足要求的设计概算，责成编制单位按审查意见修改后，重新报批。

5.4 施工图预算的编制与审查

5.4.1 施工图预算概述

1. 施工图预算的定义

施工图预算即单位工程预算书，是在施工图设计完成后、工程开工前，首先根据已批准的施工图纸，在施工组织设计或施工方案已确定的前提下，按照国家或省市颁发的现行预算定额、单位估价表、各项费用的取费标准、建筑材料的预算价格等有关规定，逐项计算工程量、套用相应定额、进行工料分析、计算人材机费用；然后计算企业管理费、规费、利润、税金等费用；最后进行汇总，确定单位工程造价的技术经济文件。

编制施工图预算是一项政策性和技术性很强的工作。建设工程产品的生产周期长，人工、材料、施工机具等市场价格存在变化，施工图预算编制人员的政策、业务水平不同，从而使施工图预算的准确度相差很大。这就要求施工图预算编制人员不但要具备一定的专业技术知识，熟悉施工过程，而且要具有全面掌握国家和地区工程定额及有关工程造价计费规定的政策水平，以及编制施工图预算的业务能力。

> **特别提示**
>
> 施工图预算价格既可以是按照政府统一规定的预算价格、取费标准、计价程序计算得到的计划或预期的施工图预算价格，也可以是施工企业根据企业定额、资源市场单价、市场供求及竞争状况计算得到的反映市场的施工图预算价格。

2. 施工图预算的作用

（1）施工图预算对建设单位的作用

① 施工图预算是施工图设计阶段确定建设工程项目造价的依据，是设计文件的组成部分。

② 施工图预算是建设单位在施工期间安排建设资金计划和使用建设资金的依据。建设单位按照施工组织设计、施工工期、工程施工顺序、各个部分的预算造价安排建设资金计划，确保资金正确有效使用，保证项目建设顺利进行。

③ 施工图预算是招投标的重要基础。它既是工程量清单的编制依据，也是招标控制价的编制依据。

④ 施工图预算是拨付进度款及办理结算的依据。

（2）施工图预算对施工企业的作用

① 根据施工图预算确定投标报价。在竞争激烈的建筑市场，积极参与投标的施工企业根据施工图预算确定投标报价，制定出投标策略，从某种意义上关系到施工企业的生存与发展。

② 根据施工图预算进行施工准备。施工企业通过投标竞争，中标和签订工程承包合

同后，劳动力的调配、安排，材料的采购、储存，施工机具台班的安排使用，内部分包合同的签订等，均是以施工图预算为依据的。

③ 根据施工图预算拟定降低成本措施。在招标承包制中，根据施工图预算确定的中标价格是施工企业收取工程价款的依据，施工企业必须依据工程实际，合理利用时间、空间，拟订人工费、材料费、施工机具使用费、企业管理费，以及降低成本的技术、组织和安全技术措施，确保工程又快又好又省地完成，以获得经济效益。

④ 根据施工图预算编制施工预算。在拟定降低工程计划成本措施的基础上，施工企业在施工前应编制施工预算。施工预算仍是以施工图预算的工程量为依据的，并采用施工定额来编制。

3. 施工图预算的内容

施工图预算有单位工程预算、单项工程综合预算和建设项目总预算。单位工程预算是根据施工图设计文件、现行预算定额、费用标准，以及人工、材料、施工机具台班等预算价格资料，以一定方法编制的单位工程预算；然后汇总所有单位工程预算，成为单项工程综合预算；再汇总所有单项工程综合预算，便是一个建设项目的总预算。

单位工程预算包括建筑工程预算和设备安装工程预算。建筑工程预算按其工程性质分为一般土建工程预算、卫生工程（包括室内外给排水工程、采暖通风工程、煤气工程等）预算、电气照明工程预算、特殊构筑物（如炉窑、烟囱、水塔等）工程预算和工业管道工程预算等。设备安装工程预算可分为机械设备安装工程预算、电气设备安装工程预算、工业管道工程预算和热力设备安装工程预算等。

5.4.2　施工图预算的编制依据

1. 施工图纸、说明书和标准图集

经审定的施工图纸、说明书和标准图集完整地反映了工程的具体内容、各部分的具体做法、结构尺寸、技术特征及施工方法，是编制施工图预算的重要依据。

2. 现行预算定额及单位估价表

国家和地区都已颁发现行建筑、安装工程预算定额及单位估价表，并有相应的工程量计算规则，它们是编制施工图预算、确定分项工程子目、计算工程量、选用单位估价表、计算直接工程费的主要依据。

3. 施工组织设计或施工方案

施工组织设计或施工方案中包括了与编制施工图预算必不可少的有关资料，如建设地点的土质和地质情况、土石方开挖的施工方法与余土外运方式与运距、施工机具使用情况、结构件预制加工方法及运距、重要的梁板柱的施工方案、重要或特殊机械设备的安装方案等。

4. 人工、材料、施工机具台班预算价格及调价规定

人工、材料、施工机具台班预算价格是预算定额的三要素，是构成直接工程费的主要因素。在市场经济条件下，人工、材料、施工机具台班的价格是随市场变化的。为使预算造价尽可能接近实际，各地区主管部门对此都有明确的调价规定。因此，合理确定人工、材料、施工机具台班预算价格及其调价规定是编制施工图预算的重要依据。

5. 建筑安装工程费定额

建筑安装工程费定额指各省、自治区、直辖市和各专业部门规定的费用定额及计算程序。

6. 预算员工作手册及有关工具书

预算员工作手册及有关工具书包括计算各种结构件面积和体积的公式，钢材和木材等各种材料的规格、型号及用量数据，各种单位换算比例，特殊断面、结构件的工程量速算方法，金属材料质量表等。显然，以上这些公式、资料、数据是施工图预算中常常要用到的，所以预算员工作手册及有关工具书是编制施工图预算必不可少的依据。

5.4.3 施工图预算的编制方法

1. 单位工程预算

单位工程预算包括建筑安装工程费和设备及工（器）具购置费。

（1）建筑安装工程费的计算

单位工程预算中的建筑安装工程费应根据施工图设计文件、预算定额（或综合单价），以及人工、材料、施工机具台班等价格资料进行计算。由于施工图预算既可以是设计阶段的施工图预算书，也可以是招标或投标，甚至施工阶段依据施工图纸形成的计价文件，因此它的编制方法较为多样。在设计阶段主要采用单价法，在招标及施工阶段则主要采用基于工程量清单的综合单价法。在此主要介绍设计阶段的单价法，单价法又可分为工料单价法和全费用综合单价法。两者的区别如图 5.5 所示。

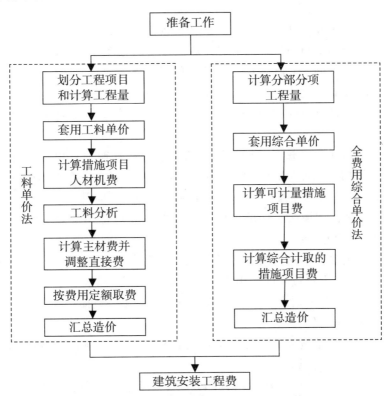

图 5.5 施工图预算中建筑安装工程费的计算程序

① 工料单价法。

工料单价法是以分部分项工程及措施项目的单价为工料单价，将子项工程量乘以对应工料单价后的合计作为直接费，直接费汇总后，再根据规定的计算方法计取企业管理费、利润、规费和税金，将上述费用汇总后得到该单位工程的施工图预算造价。工料单价法中的单价一般采用地区统一单位估价表中的各子目工料单价（定额基价）。

工料单价法计算公式如下。

建筑安装工程预算 = $\sum$(子目工程量 × 子目工料单价) + 企业管理费 + 利润 + 规费 + 税金

(5—16)

用工料单价法编制施工图预算的基本步骤如下。

A. 准备工作。准备工作阶段应主要完成以下工作内容。

a. 收集编制施工图预算的编制依据，其中主要包括现行建筑安装定额、取费标准、工程量计算规则、地区材料预算价格及市场材料价格等各种资料。

b. 熟悉施工图等基础资料。熟悉施工图纸、有关的通用标准图、图纸会审记录、设计变更通知等资料，并检查施工图纸是否齐全，尺寸是否清楚，了解设计意图，掌握工程全貌。

c. 了解施工组织设计和施工现场情况。全面分析各分部分项工程，充分了解施工组织设计和施工方案，如工程进度、施工方法、人员使用、材料消耗、施工机械、技术措施等内容，注意影响费用的关键因素；核实施工现场情况，包括工程所在地的地质、地形、地貌等情况，工程实地情况，当地气象资料，当地材料供应地点及运距等情况；了解工程布置、施工条件、料场开采条件、场内外交通运输条件等。

B. 列项并计算工程量。工程量计算一般按下列步骤进行。

a. 根据工程内容和定额项目，列出需计算工程量的分部分项工程。

b. 根据一定的计算顺序和计算规则，列出分部分项工程量的计算式。

c. 根据施工图纸上的设计尺寸及有关数据，代入计算式进行数值计算。

d. 对计算结果的计量单位进行调整，使之与定额中相应的分部分项工程的计量单位保持一致。

C. 套用定额预算单价。核对工程量计算结果后，将定额项目中的基价填于预算表单价栏内，并将单价乘以工程量得出合价，将结果填入合价栏，汇总求出分部分项工程人材机费合计。计算分部分项工程人材机费时需要注意以下几个问题。

a. 分项工程的名称、规格、计量单位与预算单价或单位估价表中所列内容完全一致时，可以直接套用预算单价。

b. 分项工程的主要材料品种与预算单价或单位估价表中规定材料不一致时，不可以直接套用预算单价，而需要按实际使用材料价格换算预算单价。

c. 分项工程施工工艺条件与预算单价或单位估价表不一致而造成人工、施工机具的数量增减时，一般调量不调价。

D. 计算直接费。直接费为分部分项工程人材机费与措施项目人材机费之和。措施项目人材机费应按下列规定计算。

a. 可以计量的措施项目人材机费与分部分项工程人材机费的计算方法相同。

b. 综合计取的措施项目人材机费应以该单位工程的分部分项工程人材机费和可以计

量的措施项目人材机费之和为基数乘以相应费率计算。

E. 编制工料分析表。工料分析是按照各分项工程或措施项目，依据定额或单位估价表，首先从定额项目表中分别将各子目消耗的每项材料和人工的定额消耗量查出；再分别乘以该工程项目的工程量，得到各分项工程或措施项目的工料消耗量，最后将各类工料消耗量加以汇总，得出单位工程人工、材料的消耗数量，即

$$人工消耗量 = 某工种定额用工量 \times 某分项工程或措施项目工程量 \quad (5-17)$$

$$材料消耗量 = 某种材料定额用量 \times 某分项工程或措施项目工程量 \quad (5-18)$$

分部分项工程（含措施项目）工料分析表见表5-14。

表5-14 分部分项工程（含措施项目）工料分析表

项目名称：　　　　　　　　　　　　　　　　　　　　　　　　　　　编号：

序号	定额编号	分部（项）工程名称	工程量	人工/工日	主要材料			其他材料费/元
					材料1	材料2	…	
1								
2								
合计								

编制人：　　　　　　　　　　　　　　　　审核人：

F. 计算主材费并调整直接费。许多定额项目基价为不完全价格，即未包括主材费在内，因此还应单独计算主材费，计算完成后将主材费的价差加入直接费。主材费计算的依据是当时当地的市场价格。

G. 计取其他费用，并汇总造价。根据规定的税率、费率和相应的计取基础，分别计算企业管理费、利润、规费和税金。将上述费用累计后与直接费进行汇总，求出建筑安装工程预算造价。与此同时，计算工程的技术经济指标，如单方造价等。

H. 复核。对项目列项、工程量计算公式、计算结果、套用单价、取费费率、数据计算结果、数据精确度等进行全面复核，及时发现差错并修改，以保证预算的准确性。

I. 填写封面、编制说明。封面应写明工程编号、工程名称、预算总造价和单方造价等；然后将封面、编制说明、预算费用汇总表、材料汇总表、工程预算分析表，按顺序编排并装订成册，单位施工图预算的编制工作即告完成。

② 全费用综合单价法。

采用全费用综合单价法编制建筑安装工程预算的程序与工料单价法大体相同，只是直接采用包含全部费用和税金等项在内的综合单价进行计算，过程更加简单，其目的是适应目前推行的全过程全费用单价计价的需要。具体的编制步骤如下。

A. 分部分项工程费的计算。建筑安装工程预算的分部分项工程费应由各子目的工程量乘以各子目的综合单价汇总而成。各子目的工程量应按预算定额的项目划分及其工程量计算规则计算。各子目的综合单价应包括人工费、材料费、施工机具使用费、企业管理费、利润、规费和税金。

B. 综合单价的计算。各子目综合单价的计算可通过预算定额及其配套的费用定额确定。其中人工费、材料费、施工机具使用费应根据相应的预算定额子目的人材机要素消耗

量,以及报告编制期人材机的市场价格(不含增值税进项税额)等因素确定;企业管理费、利润、规费和税金等应依据预算定额配套的费用定额或取费标准,并依据报告编制期拟建项目的实际情况、市场水平等因素确定,编制建筑安装工程预算时应同时编制综合单价分析表(略,参见表 5-10)。

C. 措施项目费的计算。建筑安装工程预算的措施项目费应按下列规定计算。

a. 可以计量的措施项目费与分部分项工程费的计算方法相同。

b. 综合计取的措施项目费应以该单位工程的分部分项工程费和可以计量的措施项目费之和为基数乘以相应费率计算。

④ 分部分项工程费与措施项目费之和即为建筑安装工程施工图预算费用。

(2) 设备及工(器)具购置费的计算

设备及工(器)具购置费编制方法及内容可参照设计概算相关内容。

2. 单位工程预算的编制

单位工程预算由建筑安装工程费和设备及工(器)具购置费组成,将计算好的建筑安装工程费和设备及工(器)具购置费相加,即得到单位工程预算。其计算公式如下:

$$单位工程预算 = 建筑安装工程预算 + 设备及工(器)具购置费 \quad (5-19)$$

3. 单项工程综合预算的编制

单项工程综合预算由组成该单项工程的各个单位工程预算汇总而成。其计算公式如下:

$$单项工程综合预算 = \sum 单位建筑工程费 + \sum 单位设备及安装工程费 \quad (5-20)$$

4. 建设项目总预算的编制

建设项目总预算由组成该建设项目的各个单项工程综合预算,以及经计算的工程建设其他费、预备费、建设期利息和铺底流动资金汇总而成。三级预算编制中建设项目总预算由单项工程综合预算和工程建设其他费、预备费、建设期利息及铺底流动资金汇总而成。其计算公式如下:

$$总预算 = \sum 单项工程综合预算 + 工程建设其他费 +$$
$$预备费 + 建设期利息 + 铺底流动资金 \quad (5-21)$$

二级预算编制中建筑项目总预算由单位工程预算和工程建设其他费、预备费、建设期利息及铺底流动资金汇总而成。其计算公式如下:

$$建筑项目总预算 = \sum 单位建筑工程费 + \sum 单位设备及安装工程费 + 工程建设其他费 +$$
$$预备费 + 建设期利息 + 铺底流动资金 \quad (5-22)$$

采用三级预算编制形式的工程预算文件包括封面、签署页及目录、编制说明、建设项目总预算表、单项工程综合预算表、单位工程预算表、附件等内容。

5.4.4 施工图预算的审查

1. 施工图预算审查的内容

施工图预算审查的重点应该放在编制依据是否合理,工程量计算是否准确,预算单价套用是否正确,设备材料预算价格取定是否正确,各项费用标准是否符合现行规定等方面。

(1) 审查编制依据

① 审查编制依据是否合法。采用的各种编制依据应经国家有关部门批准发布，符合国家编制规定。

② 审查编制依据的时效性。各种计价依据如定额、价格、取费标准等，应根据国家有关部门的现行规定进行，注意有无调整和新的规定。

③ 审查编制依据的适用范围。各种编制依据都有规定的适用范围，既要符合一定时间某种专业和某个地区的规定，又要符合编制依据的计价要求。

(2) 审查工程量计算

审查工程量计算主要依据工程量计算规则进行。

① 土方工程。

A. 平整场地、挖基槽、挖地坑、挖土方工程量的计算是否符合现行定额计算规定和施工图纸标注尺寸，土壤类别是否与勘察资料一致，基槽与基坑放坡、带挡土板是否符合设计要求，有无重算和漏算。

B. 回填工程量应注意基槽、基坑回填土的体积是否扣除了基础所占体积，地面和室内填土的厚度是否符合设计要求。

C. 运土方的审查除注意运距外，还要注意运土数量是否扣除了就地回填的土方。

② 打桩工程。

A. 注意审查各种不同的桩料，必须分别计算，施工方法必须符合设计要求。

B. 桩料长度必须符合设计要求，如果桩料长度超过一般桩料长度需要接桩，则要注意审核接头数是否正确。

③ 砖石工程。

A. 墙基和墙身的划分是否符合规定。

B. 按规定不同厚度的内、外墙是否分别计算，应扣除的门窗洞口及埋入墙体的各种钢筋混凝土梁、柱等是否已扣除。

C. 不同强度等级砂浆的墙和定额规定按立方米或按平方米计算的墙，有无混淆、错算或漏算。

④ 混凝土及钢筋混凝土工程。

A. 现浇与预制构件是否分别计算，有无混淆。

B. 现浇柱与梁，主梁与次梁及各种构件计算是否符合规定，有无重算或漏算。

C. 有筋与无筋构件是否按设计规定分别计算，有无混淆。

D. 钢筋混凝土的含钢量与预算定额的含钢量发生差异时，是否按规定予以增减调整。

⑤ 木结构工程。

A. 门窗是否区分不同种类，按门、窗洞口面积计算。

B. 木装修的工程量是否按规定分别以米或平方米计算。

⑥ 楼地面工程。

A. 楼梯抹面是否按踏步和休息平台部分的水平投影面积计算。

B. 细石混凝土地面找平层的设计厚度与定额厚度不同时，是否按其厚度进行换算。

⑦ 屋面工程。

A. 卷材屋面工程是否与屋面找平层工程量相等。

B. 屋面保温层的工程量是否按屋面层的建筑面积乘以保温层平均厚度计算，不做保温层的挑檐部分是否按规定不做计算。

⑧ 构筑物工程。当烟囱和水塔定额以座编制时，地下部分已包括在定额内，按规定不能再另行计算。审查是否符合要求，有无重算。

⑨ 装饰工程。内墙抹灰的工程量是否按墙面的净高和净宽计算，有无重算或漏算。

⑩ 金属构件制作工程。金属构件制作工程量多数以 t 为单位，在计算时，型钢按图示尺寸求长度，再乘以每米的质量；钢板要求算出面积，再乘以每平方米的质量。审查是否符合规定。

⑪ 水暖工程。室内外排水管道、暖气管道的划分是否符合规定；各种管道的长度、口径是否按设计规定和定额计算；室内给水管道不应扣除阀门、接头零件的长度，但应扣除卫生设备（浴盆、卫生盆、冲洗水箱、淋浴器等）本身所附带的管道长度，审查是否符合要求，有无重算；室内排水工程采用承插铸铁管，不能扣除异形管及检查口所占长度，室外排水管道是否已扣除了检查井与连接井所占的长度；暖气片的数量是否与设计一致。

⑫ 电气照明工程。灯具的种类、型号、数量是否与设计图一致；线路的敷设方法、线材品种等，是否达到设计标准，工程量计算是否正确。

⑬ 设备及安装工程。设备的种类、规格、数量是否与设计相符，工程量计算是否正确，有无把不需安装的设备作为安装的设备计算安装工程费。

（3）审查预算单价的套用

① 预算中所列各分项工程预算单价是否与现行预算定额的预算单价相符，其名称、规格、计量单位和所包括的工程内容是否与单位工程估价表一致。

② 审查换算的单价是否是定额允许换算的，换算是否正确。

③ 审查补充定额和单位工程估价表的编制是否符合编制原则，单位工程估价表计算是否正确。

（4）审查设备、材料的预算价格

设备、材料的预算价格是施工图预算造价所占比例大、变化大的内容，要重点审查。

① 审查设备、材料的预算价格是否符合工程所在地的真实价格及价格水平。若采用市场价格，要核实其真实性、可靠性；若采用有关部门公布的信息价，要注意信息价的时间、地点是否符合要求，是否要按规定调整。

② 设备、材料的原价确定方法是否正确；非标准设备原价的计价依据、方法是否正确、合理。

③ 设备的运杂费费率及其运杂费的计算是否正确，材料预算价格的各项费用的计算是否符合规定，是否正确。

（5）审查其他有关费用

其他直接费包括的内容各地不一，具体计算时，应按当地的现行规定执行。审查时要注意是否符合规定和定额要求。同时，还要注意以下几个方面。

① 间接费的计取基础是否符合现行规定，有无不能作为计费基础的费用被列入计费基础。

② 预算外调增的材料差价是否计取了间接费；直接费或人工费增减后，有关费用是否相应做了调整。

③ 有无巧立名目，乱计费、乱摊费用现象。

2. 施工图预算审查的方法

（1）逐项审查法

逐项审查法又称全面审查法，即按定额顺序或施工顺序，对各项工程细目逐项全面详细审查的一种方法。其优点是全面、细致，审查质量高、效果好。其缺点是工作量大，时间较长。这种方法适用于一些工程量较小、工艺比较简单的工程。

（2）标准预算审查法

标准预算审查法就是对利用标准图纸或通用图纸施工的工程，先集中力量编制标准预算，再以此为标准来审查工程预算的一种方法。按标准设计图纸施工的工程，一般上部结构和做法相同，只是根据现场施工条件或地质情况不同，仅对基础部分做局部改变。凡这样的工程，以标准预算为准，对局部修改部分单独审查即可，不需逐一详细审查。该方法的优点是时间短、效果好、易定案。其缺点是适用范围小，仅适用于采用标准图纸的工程。

（3）分组计算审查法

分组计算审查法就是把预算中有关项目按类别划分为若干组，利用同组中的一组数据审查分项工程量的一种方法。这种方法首先将若干分部分项工程按相邻且有一定内在联系的项目进行编组，利用同组分项工程间具有相同或相近计算基数的关系，审查一个分项工程数，由此判断同组中其他几个分项工程的准确程度。该方法的特点是审查速度快、工作量小。

（4）对比审查法

对比审查法是当工程条件相同时，用已完工程的预算或未完但已经过审查修正的工程预算对比审查拟建工程的同类工程预算的一种方法。采用该方法一般须符合下列条件。

① 拟建工程与已完或在建工程预算采用同一施工图，但基础部分和现场施工条件不同，则相同部分可采用对比审查法。

② 工程设计相同，但建筑面积不同，两个工程的建筑面积之比与两个工程各分部分项工程量之比大体一致。

③ 两个工程面积相同，但设计图纸不完全相同，则相同的部分，如厂房中的柱子、层架、层面、砖墙等，可进行工程量的对照审查。对不能对比的分部分项工程可按图纸计算。

（5）"筛选"审查法

"筛选"审查法是能较快发现问题的一种方法。建筑工程虽面积和高度不同，但其各分部分项工程的单位建筑面积指标变化却不大。将这样的分部分项工程加以汇集、优选，找出其单位建筑面积工程量、单价、用工的基本数值，归纳为工程量、价格、用工 3 个单方基本指标，并注明基本指标的适用范围。这些基本指标用来筛选各分部分项工程，对不符合条件的应进行详细审查，若审查对象的预算标准与基本指标的标准不符，应对其进行调整。

"筛选"审查法的优点是简单易懂，便于掌握，审查速度快，便于发现问题，但问题出现的原因尚需继续审查。该方法适用于审查住宅工程或不具备全面审查条件的工程。

（6）重点审查法

重点审查法就是抓住施工图预算中的重点进行审核的方法。审查的重点一般是工程量大或者造价较高的各种工程、补充定额、计取的各种费用（计费基础、取费标准）等。重点审查法的优点是重点突出，审查时间短、效果好。

综合应用案例

【案例概况】

试对某宿舍楼的门窗工程用工料单价法编制施工图预算。

(1) 编制依据及有关说明如下。

① 定额采用工程所在省《房屋建筑与装饰工程消耗量定额》及价目汇总表、《建设工程费用定额》。

② 设计单位提供的设计方案。

③ 动态调整按单位工程施工时所在地的《工程造价信息》中的人工、材料指导价格进行。

(2) 建筑安装工程预算书封面、建筑安装工程预算总值表、建筑安装工程预（决）算书分别见表5-15～表5-17。

表5-15 建筑安装工程预算书封面

建筑安装工程预算书			
建设工程名称：某宿舍楼		单位（项）工程名称：门窗工程	
工程类别：		结构类型：	
项目编号：		预（结）算造价：54086.82元	
建设单位：××学校		施工单位：××建筑工程有限公司	
审核主管：×××		编制主管：×××	
审核人：×××		编制人：×××	
审核人证号：		编制人证号：	
审核日期：		编制日期：	

表5-16 建筑安装工程预算总值表

序号	工程及费用名称	计算公式或基数	费率	金额	备注
1	分部分项工程费	分部分项工程量×人材机单价		38227.65	
2	施工技术措施费	技术措施费			
3	施工组织措施费	分部分项工程费×费率	4.33	1655.26	
4	小计	1+2+3		39882.91	
5	企业管理费	4×相应费率	7	2791.8	
6	规费	4×核准费率	8.59	3425.94	
7	小计	5+6		6217.75	

(续)

序号	工程及费用名称	计算公式或基数	费率	金额	备注
8	利润	(4+7)×相应利润率	6.5	2966.54	
9	动态调整	材料价差		553.74	
10	主材费	主材费			
11	税金	(4+7+8+9)×相应税率	9	4465.89	
12	工程造价	4+7+8+9+11		54086.82	
13	工程造价	伍万肆仟零捌拾陆元捌角贰分		54086.82	

表 5-17 建筑安装工程预（决）算书

序号	定额号	工程及费用名称	单位	数量	预（决）算价值 单价	预（决）算价值 总价	总价分析 人工费/元 单价	总价分析 人工费/元 总价	总价分析 材料费/元 单价	总价分析 材料费/元 总价	总价分析 施工机具使用费/元 单价	总价分析 施工机具使用费/元 总价
		1 分部分项工程	项			36638.9		1275.3		35282.61		80.99
1	B4-357	不带亮塑钢门窗安装	100 m²	0.566	23106.41	13087.47	750	424.8	22305.21	12633.67	51.2	29
2	B4-358	带亮塑钢窗安装	100 m²	1.134	20768.47	23551.44	750	850.5	19972.62	22648.95	45.85	51.99
		2 措施项目				1588.67		317.3		1112.75		158.67
3	1.2.2	文明施工费	项	0.5	366.9	183.45	73.28	36.64	256.99	128.5	36.64	18.32
4	1.3.2	安全施工费	项	0.56	366.9	205.47	73.28	41.04	256.99	143.91	36.64	20.52
5	1.4.1.2	临时设施费（生活）	项	0.9	366.9	330.21	73.28	65.95	256.99	231.29	36.64	32.98
6	1.4.2.2	临时设施费（生产）	项	0.42	366.9	154.1	73.28	30.78	256.99	107.94	36.64	15.39
7	1.5.2	夜间施工费	项	0.17	366.9	62.38	73.28	12.46	256.99	43.69	36.64	6.23
8	1.6.2	二次搬运费	项	0.29	366.9	106.4	73.28	21.25	256.99	74.53	36.64	10.63
9	1.12.2	冬雨季施工增加费	项	0.32	366.9	117.4	73.28	23.45	256.99	82.23	36.64	11.72
10	1.13.2	定位复测工程点场地清理费	项	0.01	366.9	3.67	73.28	0.73	256.99	2.57	36.64	0.37
11	1.14.2	室内环境污染物检测费	项	0.54	366.9	198.13	73.28	39.57	256.99	138.78	36.64	19.79
12	1.15.2	生产工具用具使用费	项	0.62	366.9	227.48	73.28	45.43	256.99	159.33	36.64	22.72
		合计				38227.58		1592.60		36395.37		239.66

本章小结

设计阶段是确定与控制工程造价的重点阶段,设计是否经济合理,对控制工程造价具有十分重要的意义。

在设计阶段需编制相应的工程造价文件:设计概算、修正概算、施工图预算。

在设计方案确定之前,首先要对设计方案进行优选,然后对优先选中的方案进行标准设计;其次进行限额设计,保证价格控制在总投资限额之内;接着研究被选中设计方案的功能和成本的最佳配置,进行效果评价;最后对设计概算、施工图预算进行编制及审查。

推荐阅读资料

1. 《工程造价计价与控制》(全国造价工程师执业资格考试培训教材)
2. 《建设工程经济》(全国一级建造师执业资格考试用书)
3. 《建筑安装工程费用项目组成》(建标〔2013〕44号)

习题

一、单项选择题

1. 投资估算的编制方法中,以拟建项目的主体工程费为基数,以其他工程费与主体工程费的百分比为系数,估算拟建项目静态投资的方法是(   )。
   A. 单位生产能力估算法   B. 生产能力指数法
   C. 系数估算法   D. 比例估算法

2. 下列有关设计概算的阐述,正确的是(   )。
   A. 建设项目设计概算是施工图设计文件的重要组成部分
   B. 设计概算受投资估算的控制
   C. 采用两阶段设计的建设项目,初步设计阶段必须编制修正概算
   D. 采用三阶段设计的建设项目,扩大初步设计阶段必须编制设计概算

3. 某地拟于2023年新建一年产60万吨产品的生产线,该地区2021年建成的年产50万吨相同产品的生产线的建设投资额为5000万元。假定2021—2023年该地区工程造价年均递增5%,则该生产线的建设投资为(   )万元。
   A. 6000   B. 6300
   C. 6600   D. 6615

4. 单位工程概算按其工作性质可分为建设工程概算和设备及安装工程概算两类,下列属于设备及安装工程概算的是(   )。
   A. 通风空调工程概算
   B. 工(器)具及生产家具购置费概算
   C. 电气照明工程概算
   D. 弱电工程概算

第5章 建设工程设计阶段建设工程造价控制与管理

5. 已知某引进设备重 50 t，设备原价为 3000 万元人民币，每吨设备安装费指标为 8 万元，同类国产设备的安装费费率为 15％，则该设备安装费为（   ）万元。
   A. 400   B. 425   C. 450   D. 500

6. 设计概算审查的常用方法中不包括（   ）。
   A. 联合会审法   B. 概算指标法
   C. 查询核实法   D. 对比分析法

7. 关于建设工程预算，符合组合与分解层次关系的是（   ）。
   A. 单位工程预算、单项工程综合预算、类似工程预算
   B. 单位工程预算、类似工程预算、建设项目总预算
   C. 单位工程预算、单项工程综合预算、建设项目总预算
   D. 单位工程综合预算、类似工程预算、建设项目总预算

8. 设计概算是编制和确定建设项目（   ）。
   A. 从筹建到竣工所需建筑安装工程全部费用的文件
   B. 从筹建到竣工交付使用所需全部费用的文件
   C. 从开工到竣工所需建筑安装工程全部费用的文件
   D. 从开工到竣工交付使用所需全部费用的文件

9. 用工料单价法编制施工图预算时，下列做法正确的是（   ）。
   A. 若分项工程主要材料品种与预算单价规定材料不一致，需要按实际使用材料价格换算预算单价
   B. 因施工工艺条件与预算单价的不一致而致工人、施工机具的数量增加，只调价不调量
   C. 因施工工艺条件与预算单价的不一致而致工人、施工机具的数量减少，既调价也调量
   D. 对于定额项目计价中未包括的主材费用，应按造价管理机构发布的造价信息价补充进定额基价

10. 建设工程预算编制中的建设项目总预算由（   ）组成。
    A. 单项工程综合预算和工程建设其他费、预备费
    B. 预备费、建设期利息及铺底流动资金
    C. 单项工程综合预算和工程建设其他费、铺底流动资金
    D. 单项工程综合预算和工程建设其他费、预备费、建设期利息及铺底流动资金

二、多项选择题

1. 设计概算编制方法中，照明工程概算的编制方法包括下列（   ）。
   A. 概算定额法   B. 设备价值百分比法
   C. 概算指标法   D. 综合吨位指标法
   E. 类似工程预算法

2. 审查工程概算的内容主要包括（   ）。
   A. 审查材料用量和价格   B. 审查项目的"三废"处理
   C. 审查概算的编制深度   D. 审查工程量是否正确
   E. 审查技术经济指标

3. 采用重点抽查法审查施工图预算，审查的重点是（ ）。
   A. 编制依据
   B. 工程量大或造价高、结构复杂的工程预算
   C. 补充单位估计表
   D. 各项费用的计取
   E. "三材"用量
4. 下列有关价值工程在设计阶段工程造价控制中的应用，表述正确的是（ ）。
   A. 功能分析是主要分析研究对象具有哪些功能及各项功能之间的关系
   B. 可以应用 ABC 法来选择价值工程研究对象
   C. 功能评价中不但要确定各功能评价指数还要计算功能的现实成本及价值指数
   D. 对于价值指数大于 1 的，可以不做优化
   E. 对于价值指数小于 1 的，必须提高功能水平
5. 某建设项目由厂房、办公楼、宿舍等单项工程组成，则可包含在各单项工程综合概算中的内容有（ ）。
   A. 机械设备及安装工程概算
   B. 电气设备及安装工程概算
   C. 工程建设其他费概算
   D. 特殊构筑物工程概算
   E. 流动资金概算

三、简答题

1. 单位工程概算分为哪两大类？设备及安装工程概算的编制方法有哪些？
2. 设计概算审查的内容是什么？
3. 简述工料单价法编制施工图预算的步骤。
4. 施工图预算审查的主要内容是什么？

四、案例分析

1. 甲、乙、丙三个设计方案的投资额和年成本见表 5-18。

表 5-18 设计方案投资额和年成本

方案	基建投资/万元	年成本/万元
甲	600	250
乙	1200	300
丙	800	220

基准投资回收期为 8.33 年，试比较三个设计方案哪个最优。

2. 某制造厂在进行厂址选择过程中，对甲、乙、丙三个地点进行考察。综合专家评审意见，提出厂址选择的评价指标，包括：①接近原料产地；②有良好的排污条件；③有一定的水源、动力条件；④当地有廉价劳动力从事原料采集、搬运工作；⑤地价便宜。经专家评审，三个地点的得分情况和各项指标的重要程度见表 5-19。

表 5-19　得分情况和各项指标的重要程度

评价指标	各评价指标权重	选择方案得分		
		甲	乙	丙
1. 接近原料产地	0.30	95	85	75
2. 排污条件	0.20	85	70	95
3. 水源、动力条件	0.25	75	85	85
4. 劳动力资源	0.15	85	80	85
5. 地价便宜	0.10	95	80	95

请根据上述资料进行厂址选择。

3. 某企业为扩大生产规模需要增加一个生产车间，现有三家设计单位分别设计了 A、B、C 三个设计方案，其初始投资和收益见表 5-20。

表 5-20　初始投资和收益　　　　　　　　　　　　单位：万元

设计方案	初始投资	年运行费用	年收益
A	600	160	465
B	720	140	620
C	900	150	750

三个设计方案的寿命期均为 15 年，基准收益率为 8%。选择经济上较合理的设计方案。

4. 某建设项目有两个设计方案，其生产能力和产品品种质量相同，两种设计方案有关基本数据见表 5-21。假定基准收益率为 8%，试选择设计方案。

表 5-21　两种设计方案有关基本数据

项目	初始投资/万元	生产期/年	残值/万元	年收入/万元
方案 1	7500	10	400	3500
方案 2	8500	8	450	2500

5. 某工程项目有甲、乙、丙、丁四个单位工程，造价工程师拟对该工程进行价值工程分析。在选择分析对象时，相关数据见表 5-22。

表 5-22　相关数据

名称	造价/万元	功能指数
甲	650	0.36
乙	450	0.15
丙	550	0.25
丁	150	0.24
合计	1800	1.00

问题：① 计算出成本指数和价值指数，选择价值工程分析对象。

② 按该工程项目实际情况，准备将工程造价控制在 1700 万元。试分析各单位工程的目标成本及其成本降低期望值，并确定单位工程改进的顺序。

第 5 章
在线答题

第6章 建设工程招投标阶段建设工程造价控制与管理

教学目标

本章介绍了建设工程招投标阶段的建设工程造价控制与管理。学生通过本章的学习，应了解建设工程招投标的基本概念、种类，熟悉招投标的程序，掌握招投标的标底、投标报价及合同价的确定，熟练运用招投标的理论知识来解决招投标中的各种实际问题。

思维导图

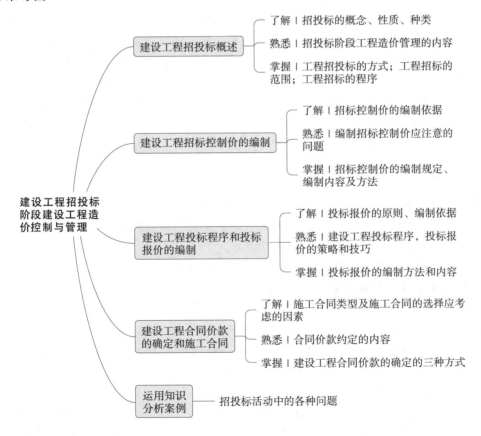

引例

【背景】

某省重点工程项目，由于工程复杂，技术难度高，一般施工队伍难以胜任，建设单位自行决定采取邀请招标方式。共有A、B、C、D、E、F、G、H 8家施工单位通过资格预审，并于规定的时间9月10—16日购买了招标文件。招标文件中规定，10月18日下午4时是投标截止时间，11月10日发出中标通知书。

在投标截止时间之前，A、C、D、E、F、G、H 7家施工单位均提交了投标文件，并按招标文件的规定提供了投标保证金。10月18日，G施工单位于下午3时向招标人书面提出撤回已提交的投标文件，E施工单位于下午3时30分向招标人递交了一份投标价格下降5%的书面说明，B施工单位由于中途堵车于下午4时15分才将投标文件送达。

10月19日下午，由当地招投标监督管理办公室主持进行了公开开标。开标时，由招标人检查投标文件的密封情况，确认无误后，由工作人员当众拆封并宣读各投标单位的名称、投标价格、工期和其他主要内容。

评标委员会委员由招标人直接确定，共由4人组成，其中招标人代表2人，经济专家1人，技术专家1人。

评标时发现A施工单位投标报价大写金额小于小写金额；C施工单位投标报价明显低于其他投标单位报价且未能合理说明理由；D施工单位投标文件虽无法定代表人签字和委托人授权书，但投标文件均有项目经理签字并加盖公章；F施工单位投标文件提供的检验标准和方法不符合招标文件的要求；H施工单位投标文件中某分项工程的报价有个别漏项。

建设单位最终确定C施工单位中标，并在中标通知书发出后第45天，与该施工单位签订了施工合同。之后双方又另行签订了一份合同金额比中标价降低10%的协议。

问题：

（1）建设单位自行决定采取邀请招标方式的做法是否妥当？说明理由。

（2）G施工单位提出的撤回投标文件的要求是否合理？其能否收回投标保证金？说明理由。

（3）E施工单位向招标人递交的书面说明是否有效？说明理由。

（4）A、B、C、D、F、H 6家施工单位的投标是否为有效标？说明理由。

（5）请指出开标工作的不妥之处，并说明理由。

（6）请指出评标委员会成员组成的不妥之处，并说明理由。

（7）请指出建设单位在施工合同签订过程中的不妥之处，并说明理由。

【案例解析】

（1）根据《中华人民共和国招标投标法》（简称《招标投标法》）规定，省、自治区、直辖市人民政府确定的地方重点项目中不适宜公开招标的项目，要经过省、自治区、直辖市人民政府批准，方可进行邀请招标。因此，本案例建设单位自行对省重点工程项目决定采取邀请招标的做法是不妥的。

（2）根据《招标投标法》规定，投标人在招标文件要求提交投标文件的截止时间前，可以补充、修改或者撤回已提交的投标文件，并书面通知招标人。本案例中G施工单位于投标文件的截止时间前向招标人书面提出撤回已提交的投标文件，其要求是合理的，并有权收回其已缴纳的投标保证金。

(3) E施工单位向招标人递交的书面说明有效。根据《招标投标法》规定，投标人在招标文件要求提交投标文件的截止时间前，可以补充、修改或者撤回已提交的投标文件，补充、修改的内容作为投标文件的组成部分。

(4) B、C、D、F 4家施工单位的投标不是有效标。B单位的标书逾期送达；C单位的报价可以认定为低于成本；D单位的标书无法定代表人签字，也无法定代表人的授权委托书；F单位的情况可以认定为明显不符合技术规格和技术标准的要求，属重大偏差。A、H两家单位的投标是有效标，他们的情况不属于重大偏差。

(5) ①根据《招标投标法》规定，开标应当在招标文件确定的提交投标文件的截止时间公开进行，本案例招标文件规定的投标截止时间是10月18日下午4时，但迟至10月19日下午才开标，是不妥之处一；②根据《招标投标法》规定，开标应由招标人主持，本案例由属于行政监督部门的当地招投标监督管理办公室主持，是不妥之处二；③根据《招标投标法》规定，开标时由投标人或者其推选的代表检查投标文件的密封情况，也可以由招标人委托的公证机构检查并公证，本案例由招标人检查投标文件的密封情况，是不妥之处三。

(6) 评标委员会委员不应全部由招标人直接确定，而且评标委员会成员组成也不符合规定。根据《招标投标法》规定，评标委员会由招标人的代表和有关技术、经济等方面的专家组成，成员人数为5人以上单数，其中技术经济等方面的专家不得少于成员总数的2/3。

(7) 在中标通知书发出后第45天签订施工合同不妥，依照《招标投标法》规定，应于30天内签订合同。在签订施工合同后双方又另行签订一份合同金额比中标价降低10%的协议不妥。依照《招标投标法》规定，招标人和中标人不得再行订立背离合同实质性内容的其他协议。

6.1 建设工程招投标概述

6.1.1 招投标的概念和性质

1. 招投标的概念

建设工程项目招标投标（简称招投标）是市场经济条件下进行工程建设发包与承包过程中所采用的一种交易方式，是建设市场中一对相互依存的经济活动。

建设工程招标是指招标人在发包建设项目之前，通过公共媒介告示或直接邀请潜在的投标人参加投标，并按规定开标、评标、定标等程序，从众多投标人中择优选定中标人的一种经济活动。

建设工程投标是建设工程招标的对称概念，指具有合法资格和能力的投标人根据招标文件的要求，提出实施方案和报价，在规定的期限内提交标书，并参加开标，中标后与招标人签订建设工程合同的一种经济活动。

2. 招投标的性质

从法律角度讲，建设工程招标是要约邀请，投标是要约，而中标是承诺。《中华人民共和国民法典》（以下简称《民法典》）（第三编 合同）也明确规定，招标公告是要约邀请。也就是说，招标实际上是邀请投标人对其提出要约（即报价），属于要约邀请的性质。投标是一种要约，它符合要约的所有条件，即投标人想与招标人缔结合同的目的；一旦中标将受投标文件的约束；投标文件的内容具有使合同成立的主要条件等。招标人向投标人发出的中标通知书，则是招标人同意接受中标投标人的投标条件，即同意接受该投标人的要约的意思表示，属于承诺的性质。

知识链接

要约邀请、要约及承诺

要约邀请又称为"要约引诱"，根据《民法典》第四百七十三条的规定，要约邀请是希望他人向自己发出要约的表示。要约邀请是当事人订立合同的预备行为，只是引诱他人发出要约，不能因相对人的承诺而成立合同。在发出要约邀请以后，要约邀请人撤回其邀请，只要没给善意相对人造成信赖利益的损失，要约邀请人一般不承担责任。

如寄送的价目表、拍卖公告、招标公告、招股说明书、商业广告等为要约邀请。但商业广告的内容符合要约规定的，则视为要约。因为要约邀请只是作出希望别人向自己发出要约的意思表示。因此，要约邀请可以向不特定的任何人发出，也不需要在要约邀请中详细表示，无论对于发出邀请人还是对于接受邀请人，都没有约束力。

依《民法典》第四百七十二条的规定，要约是希望与他人订立合同的意思表示。这一概念在其他国家有的被称为"发价"，也有的被称为"发盘"。发出要约的人被称为"要约人"，接受要约的人被称为"受要约人"。

要约的意思表示应当符合下列规定。

（1）内容具体确定。

（2）表明经受要约人承诺，要约人即受该意思表示约束。

依据《民法典》第四百七十九条和第四百八十条的规定，承诺是受要约人同意要约的意思表示。即受要约人同意接受要约的全部条件而与要约人成立合同。承诺应当以通知的方式作出，但根据交易习惯或者要约表明可以通过行为作出承诺的除外。承诺的法律效力在于，承诺一经作出，并送达要约人，合同即告成立，要约人不得加以拒绝。

承诺在国际贸易中，也称"接受"或"收盘"。

任何有效的承诺，都必须具备以下条件。

（1）承诺必须由受要约人作出。要约和承诺是一种相对人的行为，因此，承诺必须由受要约人作出。受要约人以外的任何第三者即使知道要约的内容并对此作出同意的意思表示，也不能认为是承诺。

（2）承诺必须是在有效时间内作出。

（3）承诺必须与要约的内容完全一致，即承诺必须是无条件地接受要约的所有条件。

承诺可以书面方式进行，也可以口头方式进行。通常，它须与要约方式相应，即要约以什么方式进行，其承诺也应以什么方式进行。对于口头要约的承诺，除要约有期限外，沉默不能作为承诺的方式，承诺的效力表现为要约人收到受要约人的承诺时，合同即为成立。口头承诺，要约人了解时即发生效力。非口头承诺生效的时间应以承诺的通知到达要约人时为准。一般认为，承诺和要约一样准许在到达对方之前或同时撤回。但迟到的撤回承诺的通知，不发生撤回承诺的效力。

6.1.2 招投标阶段工程造价管理的内容

1. 发包人选择合理的招标方式

《招标投标法》允许的招标方式有公开招标和邀请招标。根据项目的性质、特点、施工技术要求等，发包人选择合理的招标方式是合理确定工程合同价款的基础。如拟公开招标的费用与项目的价值相比，不值得的工程项目，就宜选择邀请招标的方式，这样可以控制投资，合理确定工程合同价款。

2. 发包人选择合理的承包模式

常见的承包模式包括总分包模式、平行承包模式、联合承包模式等，不同的承包模式对工程造价控制的要求不同。

① 总分包模式的总包合同价格确定得较早，业主承担的风险相对较少。对于承包商来说，责任重，风险大，但获利的潜力也较大。

② 平行承包模式的总合同价一般确定的时间稍长，对工程造价控制会产生一定的影响。因为招标任务量大，需要对多项合同价进行控制，所以增加了造价控制的难度。但对于业主来说，由于投标人多、竞争大，业主能够获得有竞争性的报价，从而降低工程造价。

③ 相对于平行承包模式，对业主来说，联合承包模式合同结构简单，有利于工程造价的控制；对联合体来说，联合承包模式可以集合各成员单位在资金、技术和管理等方面的优势，增强抗风险的能力。

3. 发包人编制招标文件，确定合理的工程计量方法和投标报价方法，确定工程标底

招标文件中不同的工程计量方法和报价方法，会产生不同的合同价格，因此在招标前应选择有利于降低工程造价和便于合同管理的工程计量方法和报价方法。而标底的编制是工程招标中重要的环节之一。标底的编制应当实事求是，综合考虑和体现发包人和承包人的利益。合理的标底能降低流标、提高择优选用承包人的概率。

4. 承包人编制投标文件，合理确定投标报价

投标人在通过资格审查后，根据获取的招标文件编制投标文件，并对其做出实质性的响应。合理确定报价，首先要核实工程量，再依据企业定额进行工程报价，然后广泛了解竞争者和发包人的情况，运用一定的报价技巧和策略确定投标报价。

5. 发包人选择合理的评标方式进行评标，在正式确定中标单位之前，对潜在的中标单位进行询标

正确选择评标方法有助于科学选择承包人。评标时，应针对不同的计价方式采用不同的评标方法。在确定中标人前，一般要对得分最高的一两家潜在中标人的投标文件进行质询，对其中有疑问的地方予以明确或纠正，以便选出最优的中标人。

6. 发包人通过评标定标，选择中标单位，签订承包合同

评标委员会根据评标规则，对投标人进行评分排名，向业主推荐中标人，且以中标人的报价作为承包价。目前的建筑工程合同格式一般有 3 种：参考 FIDIC 合同格式订立的合同；按照《建设工程施工合同（示范文本）》格式订立的合同；由建设单位和施工单位协商订立的合同。不同的合同文本适合不同类型的工程，正确选用合适的合同类型是保证合同顺利执行的基础。当前，我国承发包合同大都采用按照《建设工程施工合同（示范文本）》格式订立的合同。

6.1.3 工程招标的种类、方式

1. 工程招标的种类

工程招标可以依据不同的分类标准分成不同类别，其基本分类如图 6.1 所示。

《中华人民共和国招标投标法》

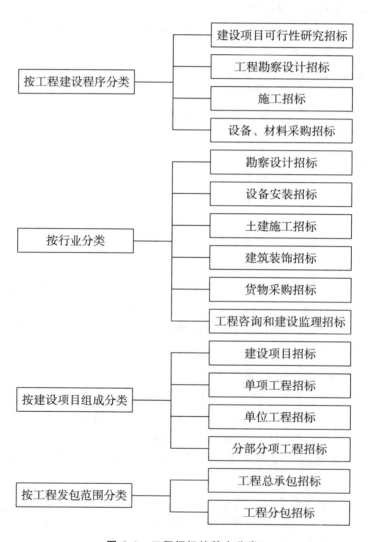

图 6.1 工程招标的基本分类

此外，根据有无涉外关系，工程招标还可以分为国内工程招标、境内国际工程招标和国际工程招标等。

2. 工程招标的方式

我国《招标投标法》规定，工程招标可采取公开招标或邀请招标的方式。

（1）公开招标

公开招标，又称无限竞争招标，是由招标单位通过报刊、广播、电视等方式发布招标公告，有投标意向的承包商均可参加投标资格审查，审查合格的承包商可购买或领取招标文件，参加投标的方式。

鲁布革工程成功经验

《招标投标法》第十一条和《招标投标法实施条例》第八条规定，依法应当公开招标的建设工程项目有以下几种。

① 国务院发展计划部门确定的国家重点建设项目。

② 省、自治区、直辖市人民政府确定的地方重点建设项目。

③ 全部使用国有资金或者国有资金占控股或者主导地位的工程建设项目。

公开招标的优点如下：为投标人提供公平竞争的机遇；竞争力大，建设单位有较大的选择余地，可以选择各方面最优的施工单位，且有利于降低工程造价，缩短工期，保证工程质量。其缺点如下：投标单位多且参差不齐，招标工作量大、时间长、组织工作复杂，需要投入较多的人力、物力。

（2）邀请招标

邀请招标，又称有限竞争性招标。这种方式不发布公告，业主根据自己的经验和所掌握的各种信息资料，向三个或三个以上具备承担招标项目的能力、资信良好的特定法人或者其他组织发出投标邀请书，收到邀请书的单位有权选择是否参加投标。

《工程建设项目施工招标投标办法》规定，对于应当公开招标的建设工程项目，有下列情形之一的，经批准可以进行邀请招标。

① 项目技术复杂或有特殊要求，或者受自然地域环境限制，只有少量潜在投标人可供选择。

② 涉及国家安全、国家秘密或者抢险救灾，适宜招标但不宜公开招标。

③ 采用公开招标方式的费用占项目合同金额的比例过大。

邀请招标的优点如下：参加竞争的投标人数目可以由招标人控制，目标集中，招标的组织工作较容易，工作量较小。其缺点如下：由于参加的投标人相对较少，竞争性范围较小，使招标人对投标人的选择余地较小，如果招标单位在选择被邀请的承包商前所掌握的信息资料不足，则会失去发现最适合承担该项目的承包商的机会。

（3）招标公告、投标邀请书的内容

① 招标人名称、地址及联系人姓名、电话。

② 工程情况简介。

③ 承包方式、材料、设备供应方式。

④ 对投标人的资质和业绩情况的要求及应提供的有关证明文件。

⑤ 招标日程安排。

⑥ 对招标文件收取的费用。

⑦ 其他需要说明的问题。

6.1.4 工程招标的范围

1. 必须进行招标的范围

根据《招标投标法》规定，在中华人民共和国境内进行下列工程建设项目包括项目的勘察、设计、施工、监理，以及与工程建设有关的重要设备、材料等的采购，必须进行招标。

① 大型基础设施、公用事业等关系社会公共利益、公众安全的项目。
② 全部或者部分使用国有资金投资或者国家融资的项目。
③ 使用国际组织或者外国政府贷款、援助资金的项目。

2018年3月27日依据《招标投标法》的规定颁布了《必须招标的工程项目规定》，对必须招标的工程建设项目的具体范围和规模作出了进一步细化的规定。

① 全部或者部分使用国有资金投资或者国家融资的项目包括：a. 使用预算资金200万元人民币以上，并且该资金占投资额10%以上的项目；b. 使用国有企业事业单位资金，并且该资金占控股或者主导地位的项目。

② 使用国际组织或者外国政府贷款、援助资金的项目包括：a. 使用世界银行、亚洲开发银行等国际组织贷款、援助资金的项目；b. 使用外国政府及其机构贷款、援助资金的项目。

③ 不属于上述①②规定情形的大型基础设施、公用事业等关系社会公共利益、公众安全的项目，必须招标的具体范围由国务院发展改革部门会同国务院有关部门按照确有必要、严格限定的原则制订，报国务院批准。

④ 各类工程建设项目，包括项目的勘察、设计、施工、监理，以及与工程建设有关的重要设备、材料的采购，达到下列规模标准之一者，必须进行招标：a. 施工单项合同估算价在400万元人民币以上；b. 重要设备、材料等货物的采购，单项合同估算价在200万元人民币以上；c. 勘察、设计、监理等服务的采购，单项合同估算价在100万元人民币以上。同一项目中可以合并进行的勘察、设计、施工、监理，以及与工程建设有关的重要设备、材料等的采购，合同估算价合计达到前款规定标准的，必须招标。

2. 可以不进行招标的范围

我国《招标投标法》第六十六条规定：涉及国家安全、国家秘密、抢险救灾或者属于利用扶贫资金实行以工代赈、需要使用农民工等特殊情况，不适宜进行招标的项目，按照国家有关规定可以不进行招标。按照《工程建设项目施工招标投标办法》，可以不进行施工招标的情形有以下几种。

① 涉及国家安全、国家秘密、抢险救灾或者属于利用扶贫资金实行以工代赈、需要使用农民工等特殊情况，不适宜进行招标。
② 施工主要技术采用不可替代的专利或者专有技术。
③ 已通过招标方式选定的特许经营项目投资人依法能够自行建设。
④ 采购人依法能够自行建设。
⑤ 在建工程追加的附属小型工程或者主体加层工程，原中标人仍具备承包能力，并且其他人承担将影响施工或者功能配套要求。
⑥ 国家规定的其他情形。

第6章 建设工程招投标阶段建设工程造价控制与管理

【案例背景】

2020年8月10日，A公司与B公司签订了建设工程施工合同，约定由A公司承建B公司开发的××省××市某广场1号地块工程。建设工程施工合同对讼争工程的承包范围、工期、价款、质量等内容进行了约定。本案中，A公司承包的工程为城中村改造项目，承包范围为4幢塔楼及裙房工程，其中五层及其以下的裙楼为商业，五层以上的四幢塔楼中，1号、2号楼为商品房，3号、4号楼为拆迁安置回迁房。另外，本案中B公司在未进行招标程序的情况下，将讼争工程发包给了A公司施工，并签订了上述《建设工程施工合同》。2023年3月6日，A公司因工程款结算争议将B公司诉至法院。

【案例分析】

党的二十大报告明确指出：法治社会是构筑法治国家的基础。《民法典》第七百九十条规定："建设工程的招标投标活动，应当依照有关法律的规定公开、公平、公正进行。"《最高人民法院关于审理建设工程施工合同纠纷案件适用法律问题的解释（一）》第一条规定："建设工程施工合同具有下列情形之一的，应当依据民法典第一百五十三条第一款的规定，认定无效……（三）建设工程必须进行招标而未招标或者中标无效的。"可见，必须招标项目应依法进行招投标而未招投标的，属于违反《招标投标法》效力性强制性规定的情形，根据《民法典》第一百五十三条的规定，当事人签订的建设工程施工合同无效。裁判实践中对必须招标项目未经招标所签订合同的效力认定基本不存在分歧，最高人民法院（2014）民一终字第108号认为，本案所涉工程系使用国有资金进行建设，属于《招标投标法》第三条第一款规定的必须进行招投标的项目。承包人通过竞争性谈判方式而非公开招投标的方式承建案涉项目，违反了该法的规定，一审法院依照《最高人民法院关于审理建设工程施工合同纠纷案件适用法律问题的解释（一）》第一条的规定认定本案所涉合同无效是正确的。最高人民法院（2017）最高法民终933号认为，案涉工程项目属于使用国有资金建设的项目，必须进行招投标。双方当事人未履行法律规定的招标投标程序违反了法律的强制性规定，故案涉合同为无效合同。本案讼争工程属于必须招标的项目，但B公司未经过招投标程序，就直接将讼争工程发包给A公司施工，那么根据上述法律及司法解释的规定，B公司与A公司就讼争工程所签订的建设工程施工合同应属于无效合同。

应当注意，对规避招标的认定，根据《招标投标法》第四条"任何单位和个人不得将依法必须进行招标的项目化整为零或者以其他任何方式规避招标"以及《招标投标法实施条例》第二十四条"依法必须进行招标的项目的招标人不得利用划分标段规避招标"的规定，对必须招标项目通过支解、划分标段等化整为零方式规避招标的，亦属于违反《招标投标法》效力性强制性规定的情形，当事人签订的建设工程施工合同无效。

6.1.5 工程招标的程序

工程招标是一项非常规范的管理活动，一般应遵循一定的程序。

1. 招标活动的准备工作

（1）招标必须具备的基本条件

按照《工程建设项目施工招标投标办法》的规定，依法必须招标的工程建设项目，应当具备下列条件。

建设工程招投标流程

① 招标人已经依法成立。
② 初步设计及概算应当履行审批手续的，已经批准。
③ 招标范围、招标方式和招标组织形式等应当履行核准手续的，已经核准。
④ 有相应资金或资金来源已经落实。
⑤ 有招标所需的设计图纸及技术资料。

（2）确定招标方式

按照《工程建设项目施工招标投标办法》的规定，国务院发展计划部门确定的国家重点建设项目和各省、自治区、直辖市人民政府确定的地方重点项目，以及全部使用国有资金投资或者国有资金投资占控股或者主导地位的工程建设项目，应当公开招标；有符合邀请招标情形的，经批准可以进行邀请招标（具体见 6.1.3 节）。

2. 资格预审公告或招标公告、投标邀请书的编制与发布

招标人采用公开招标方式的，应当发布招标公告。根据《中华人民共和国标准施工招标文件（2007 年版）》的规定，若在公开招标过程中采用资格预审程序，可用资格预审公告代替招标公告，资格预审后不再单独发布招标公告。采用邀请招标方式的，应当编制投标邀请书。

3. 资格审查

资格审查可以分为资格预审和资格后审。这里主要介绍资格预审。

资格预审的程序如下。

（1）发出资格预审文件

资格预审文件的内容主要包括资格预审公告、申请人须知、资格审查办法、资格预审申请文件格式、项目建设概况等内容，同时还包括关于资格预审文件澄清和修改的说明。

（2）对投标申请人的审查和评定

招标人组建的资格审查委员会在规定时间内，按照资格预审文件中规定的标准和方法，对提交资格预审申请文件的潜在投标人资格进行审查。

① 投标申请人应当符合的条件。

具体地说，投标申请人应当符合下列条件。

A. 投标人的组织和机构、资质等级证书、独立订立合同的权利。

B. 近三年来完成工程的情况。

C. 正在履行合同的情况。

D. 资源方面的情况，包括专业、技术资格和能力，资金、设备和其他物质设施状况，管理能力，经验、信誉和相应的从业人员。

E. 受奖罚的情况和其他相关资料，包括有没有处于被责令停业、财产被接管、查封、扣押、冻结、破产的状态，在最近三年内有没有骗取中标和严重违约及重大工程质量问题，有没有投标资格被取消等。

② 资格审查办法。

资格审查办法主要有合格制审查办法和有限数量制审查办法。

A. 合格制审查办法。投标申请人凡符合初步审查标准和详细审查标准的，均可通过资格预审。无论是初步审查，还是详细审查，有一项因素不符合审查标准的，均不能通过资格预审。

B. 有限数量制审查办法。审查委员会依据规定的审查标准和程序，对通过初步审查和详细审查的资格预审申请文件进行量化打分，按得分由高到低的顺序确定通过资格预审的申请人。通过资格预审的申请人不得超过规定的数量。

上述两种方法中，如通过详细审查申请人的数量不足 3 个的，招标人应重新组织资格预审或不再组织资格预审而直接招标。

（3）发出通知与申请人确认

招标人在规定的时间内，以书面形式将资格预审结果通知申请人，并向通过资格预审的申请人发出资格预审合格通知书（投标邀请书）。通过资格预审的申请人收到投标邀请书后，应在规定的时间内以书面形式明确表示是否参加投标。在规定时间内未表示是否参加投标或明确表示不参加投标的，不得再参加投标。因此造成潜在投标人数量不足 3 个的，招标人应重新组织资格预审或不再组织资格预审而直接招标。

不进行资格预审的公开招标，投标人只要按招标公告中规定的时间，到指定的地点购买招标文件即可。不进行资格预审的公开招标，资格审查一般在开标后进行，即资格后审。

4. 编制和发售招标文件

工程招标文件由招标人（或其委托的咨询机构）编制，由招标人发售。自招标文件开始发出之日起至投标人提交投标文件截止之日止，最短不得少于 20 日。

招标文件范本

（1）招标文件包含的内容

① 招标公告。

② 投标人须知。

③ 评标办法。

④ 合同条款及格式。

⑤ 工程量清单。

⑥ 图纸。

⑦ 技术标准和要求。

⑧ 投标文件格式。

⑨ 规定的其他材料。

（2）招标文件的发售、澄清与修改

① 招标文件的发售。招标文件一般发售给通过资格预审、获得投标资格的投标人。招标人不得通过发售招标文件谋取利益，通常售价为成本价。

② 招标文件的澄清与修改。投标人若对招标文件有疑问，应在规定的时间前以书面形式，要求招标人对招标文件予以澄清与修改。招标文件的澄清与修改应在规定的投标截止时间 15 天前以书面形式发给所有购买招标文件的投标人，但不指明澄清问题的来源。如果澄清与修改发出的时间距投标截止时间不足 15 天，则须相应延长投标截止时间。

5. 现场踏勘与召开投标预备会

（1）现场踏勘

招标人组织现场踏勘的目的是让投标人了解工程场地和周边环境情况，获取必要的信息。为了便于投标人提出的问题得到解决，现场踏勘通常安排在投标预备会的前 1～2 天。现场踏勘的内容包括以下几方面。

① 现场是否达到招标文件规定的条件。
② 现场的地理位置和地形、地貌。
③ 现场的地质、土质、地下水位、水文等情况。
④ 现场气温、湿度、风力、年雨雪量等气候条件。
⑤ 现场交通、饮水、污水排放、生活用电、通信等环境情况。
⑥ 工程在现场中的位置与布置。
⑦ 临时用地、临时设施搭建等。

(2) 召开投标预备会

为了澄清和解答招标文件和现场踏勘中遇到的问题，以便投标人更好地编制投标文件，需要举行投标预备会。投标预备会一般安排在招标文件发出后的7~28天内举行。会议由招标人主持。参会人员包括招标人、投标人、代理人、招标投标管理机构的人员等。会后，招标人将会议记录报招标管理机构核准，并将经核准后的会议记录送达所有获得招标文件的投标人。该内容为招标文件的组成部分。

6. 接受投标文件，并收取投标保证金

(1) 投标文件的递交

投标人应当在招标文件规定的提交投标文件的截止时间前，将投标文件密封送达投标指定地点。招标人收到投标文件后，应当向投标人出具标明签收人和签收时间的凭证，在开标前任何单位和个人不得开启投标文件。

在招标文件要求提交投标文件的截止时间后送达或未送达指定地点的投标文件，为无效的投标文件，招标人不予受理。

(2) 投标保证金

投标人在递交投标文件的同时，应按规定的金额、担保形式和投标保证金格式递交投标保证金，并作为其投标文件的组成部分。投标保证金除现金外，可以是银行出具的银行保函、保兑支票、银行汇票或现金支票。投标保证金的数额不得超过投标总价的2%，且最高不超过人民币80万元。投标人不按要求提交投标保证金的，其投标文件作废标处理。

招标人与中标人签订合同后5个工作日内，招标人应向未中标的投标人和中标人退还投标保证金。出现下列情况的，投标保证金将不予返还。

① 投标人在规定的投标有效期内撤销或修改其投标文件。
② 中标人在收到中标通知书后，无正当理由拒签合同协议书或未按招标文件规定提交履约担保。

(3) 投标有效期

投标有效期从投标截止时间起开始计算，主要用于组织评标委员会评标，招标人定标，发出中标通知书，以及签订合同等工作。投标保证金的有效期应与投标有效期保持一致。

出现特殊情况需要延长投标有效期的，招标人应以书面形式通知所有投标人延长投标有效期。投标人同意延长的，应相应延长其投标保证金的有效期，但不得要求或被允许修改或撤销其投标文件；投标人拒绝延长的，其投标失效，但投标人有权收回其投标保证金。

(4) 投标文件的密封和标识

投标文件的正本与副本应分开包装，加贴封条，并在封套上清楚标记"正本"或"副本"字样，于封口处加盖投标人单位章。

（5）投标文件的修改与撤回

在规定的投标截止时间前，投标人可以修改或撤回已递交的投标文件，但应以书面形式通知招标人。在招标文件规定的投标有效期内，投标人不得要求撤销或修改其投标文件。

7. 开标

开标应当在招标文件确定的提交投标文件截止时间的同一时间公开进行。开标地点应当为招标文件中预先指定的地点。开标由招标人或招标代理机构主持，并邀请所有投标人的法定代表人或其委托代理人准时参加。通常不应以投标人不参加开标为由将其投标作废标处理。

8. 评标

开标结束后，招标人要组织评标。评标委员会负责评标活动，向招标人推荐中标候选人或者根据招标人的授权直接确定中标人。

评标委员会由招标人负责组建，由招标人或其委托的招标代理机构熟悉相关业务的代表，以及有关技术、经济等方面的专家组成，成员人数为5人以上的单数，其中技术、经济等方面的专家不得少于成员总数的2/3。评标委员会成员名单一般应于开标前确定。评标委员会成员名单在中标结果确定前应当保密。评标委员会设负责人的，负责人由评标委员会成员推举产生或者由招标人确定，评标委员会负责人与评标委员会的其他成员有同等的表决权。

评标委员会的专家成员应当从省级以上人民政府有关部门提供的专家名册或者招标代理机构专家库内的相关专家名单中确定。确定评标专家，可以采取随机抽取或者直接确定的方式。一般项目，可以采取随机抽取的方式；技术特别复杂、专业性要求特别高或者国家有特殊要求的招标项目，采取随机抽取方式确定的专家难以胜任的，可以由招标人直接确定。

评标委员会完成评标后，应当向招标人提出书面评标报告，并推荐合格的中标候选人，整个评标过程应在招投标管理机构的监督下进行。

9. 定标

评标结束后应产生定标结果。除招标文件中特别规定了授权评标委员会直接确定中标人外，招标人应依据评标委员会推荐的中标候选人确定中标人，评标委员会推荐中标候选人的人数应符合招标文件的要求，一般应当限定在1~3人，并标明排列顺序。对使用国有资金投资或者国家融资的项目，招标人应当确定排名第一的中标候选人为中标人。排名第一的中标候选人放弃中标、因不可抗力提出不能履行合同，或者招标文件规定应当提交履约保证金而在规定的期限内未能提交的，招标人可以确定排名第二的中标候选人为中标人。排名第二的中标候选人因上述同样原因不能签订合同的，招标人可以确定排名第三的中标候选人为中标人。

经评标能当场定标的，应当场宣布中标人；不能当场定标的，中小型项目应在开标后7天内定标，大型项目应在开标后14天内定标；情况特殊需要延长定标期限的，应经招投标管理机构同意。

招标人不得向中标人提出压低报价、增加工作量、缩短工期或其他违背中标人意愿的要求，以此作为发出中标通知书和签订合同的条件。

10. 发出中标通知书，签订合同

（1）中标通知

中标人确定后，招标人应当向中标人发出中标通知书，并同时将中标结果通知所有未中标的投标人。中标通知书对招标人和中标人具有法律效力。依据《招标投标法》的规定，依法必须进行招标的项目，招标人应当自确定中标人之日起15天内，向有关行政监督部门提交招标投标情况的书面报告。

（2）履约担保

在签订合同前，中标人及联营体的中标人应按招标文件规定的金额、担保形式和履约担保格式，向招标人提交履约担保。履约担保有现金、支票、履约担保书和银行保函等形式，可以选择其中一种作为招标项目的履约担保，一般采用银行保函和履约担保书。履约担保金额一般为中标价的10%。中标人不能按要求提交履约担保的，视为放弃中标，其投标保证金不予退还，给招标人造成的损失超过投标保证金数额的，中标人还应当对超过部分予以赔偿。中标后的承包人应保证其履约担保在发包人颁发工程接收证书前一直有效。发包人应在工程接收证书颁发后28天内将履约担保退还给承包人。

（3）签订合同

典型考题：招标投标

招标人和中标人应当自中标通知书发出之日起30天内，根据招标文件和中标人的投标文件订立书面合同。中标人无正当理由拒签合同的，招标人取消其中标资格，其投标保证金不予退还；给招标人造成的损失超过投标保证金数额的，中标人还应当对超过部分予以赔偿。发出中标通知书后，招标人无正当理由拒签合同的，招标人向中标人退还投标保证金；给中标人造成损失的，还应当赔偿损失。招标人与中标人签订合同后5个工作日内，应当向中标人和未中标的投标人退还投标保证金。

（4）履行合同

中标人应当按照合同约定履行义务，完成中标项目。中标人不得向他人转让中标项目，也不得将中标项目支解后分别向他人转让。

 应用案例 6—1

【案例概况】

某投资公司建设一幢办公楼，采用公开招标方式选择施工单位，投标保证金有效期时间同投标有效期。提交投标文件截止时间为2017年5月30日。该公司于2017年3月6日发出招标公告，后有A、B、C、D、E 5家建筑施工单位参加投标，E单位由于工作人员疏忽于6月2日提交投标保证金。开标会6月3日由该省建委主持，D单位在开标前向投资公司要求撤回投标文件。经过综合评选，最终确定B单位中标。双方按规定签订施工承包合同。

问题：

（1）E单位的投标文件按要求如何处理？为什么？

（2）对D单位撤回投标文件的要求应当如何处理？为什么？

（3）上述招标投标程序中，有哪些不妥之处？请说明理由。

【案例解析】

（1）E单位的投标文件应当视为无效投标而被拒绝。因为招标文件规定的投标保证金是投标文件的组成部分，因此，对于未能按照要求提交投标保证金的投标文件，招标单位应将其视为不响应招标而予以拒绝。

(2) 对 D 单位撤回投标文件的要求，应当没收其投标保证金。因为，投标行为是一种要约，在投标有效期内撤回其投标文件，应视为违约行为。

(3) ①提交投标文件的截止时间，与举行开标会的时间不是同一时间。按照《招标投标法》的规定，开标应当在招标文件确定的提交投标文件截止时间的同一时间公开进行。②开标应当由招标人或者招标代理人主持，省建委作为行政管理机关只能监督招投标活动，不能作为开标会的主持人。

6.2 建设工程招标控制价的编制

6.2.1 招标控制价的编制规定与依据

招标控制价是指根据国家或省级建设行政主管部门颁发的有关计价依据和办法，依据拟订的招标文件和招标工程量清单，结合工程具体情况发布的招标工程的最高投标限价。根据住房和城乡建设部颁布的《建筑工程施工发包与承包计价管理办法》（住建部令第 16 号）的规定，国有资金投资的建筑工程招标的，应当设有最高投标限价；非国有资金投资的建筑工程招标的，可以设有最高投标限价或标底。

《中华人民共和国招标投标法实施条例》规定，招标人设有最高投标限价的，应当在招标文件中明确最高投标限价或者最高投标限价的计算方法，招标人不得规定最低投标限价。

1. 招标控制价的编制规定

① 国有资金投资的工程建设项目应实行工程量清单招标，招标人应编制招标控制价，并应当拒绝高于招标控制价的投标报价，即投标人的投标报价若超过公布的招标控制价，则其投标应被否决。

② 招标控制价应由具有编制能力的招标人或受其委托、具有相应资质的工程造价咨询人编制。工程造价咨询人不得同时接受招标人和投标人对同一工程的招标控制价和投标报价的编制。

③ 招标控制价应当依据工程量清单、工程计价有关规定和市场价格信息等编制。招标控制价应在招标文件中公布，对所编制的招标控制价不得进行上浮或下调。招标人应当在招标时公布招标控制价的总价，以及各单位工程的分部分项工程费、措施项目费、其他项目费、规费和税金。

④ 招标控制价超过批准的概算时，招标人应将其报原概算审批部门审核。这是由于国有资金投资项目的投资控制实行的是设计概算审批制度，国有资金投资的工程原则上不能超过批准的设计概算。

⑤ 投标人经复核认为招标人公布的招标控制价未按照《建设工程工程量清单计价规范》(GB 50500—2013) 的规定进行编制的，应在招标控制价公布后 5 天内向招标投标监督机构和工程造价管理机构投诉，工程造价管理机构受理投诉后，应立即对招标控制价进

行复查，组织投诉人、被投诉人或其委托的招标控制价编制人等单位人员对投诉问题逐一核对。工程造价管理机构应当在受理投诉的10天内完成复查，特殊情况下可适当延长，并做出书面结论，通知投诉人、被投诉人及负责该工程招投标监督的招投标管理机构。当招标控制价复查结论与原公布的招标控制价误差大于±3%时，应责成招标人改正。当重新公布招标控制价时，若重新公布之日起至原投标截止期不足15天的应延长投标截止期。

⑥ 招标人应将招标控制价及有关资料报送工程所在地或有该工程管辖权的行业管理部门工程造价管理机构备查。

2. 招标控制价的编制依据

招标控制价的编制依据是指在编制招标控制价时，需要进行工程量计量、价格确认、工程计价的有关参数和率值的确定等工作时所需的基础性资料，主要包括如下内容。

① 现行国家标准《建设工程工程量清单计价规范》与专业工程量计算规范。
② 国家或省级、行业建设主管部门颁发的计价定额和计价办法。
③ 建设工程设计文件及相关资料。
④ 拟定的招标文件及招标工程量清单。
⑤ 与建设项目相关的标准、规范、技术资料。
⑥ 施工现场情况、工程特点及常规施工方案。
⑦ 工程造价管理机构发布的工程造价信息，但工程造价信息没有发布的，参照市场价格。
⑧ 其他的相关资料。

6.2.2 招标控制价的编制内容

建设工程的招标控制价反映的是单位工程费，而各单位工程费是由分部分项工程费、措施项目费、其他项目费、规费和税金组成的。

1. 分部分项工程费的编制

分部分项工程费应根据招标文件中的分部分项工程项目清单及有关要求，按《建设工程工程量清单计价规范》的有关规定确定综合单价计价。

（1）综合单价的计价过程

招标控制价的分部分项工程费应由各单位工程的招标工程量清单中给定的工程量乘以其相应综合单价汇总而成。综合单价应按照招标人发布的分部分项工程项目清单的项目名称、工程量、项目特征描述，依据工程所在地区颁发的计价定额和人工、材料、施工机具台班价格信息等进行计价确定。具体步骤如下。

① 计算各分部分项项目的工程量。依据提供的工程量清单和施工图纸，按照工程所在地区颁发的计价定额规定，确定所计价的定额项目名称，并计算出相应的工程量。

② 依据工程造价政策规定或工程造价信息，确定其人工、材料、施工机具台班单价。

③ 考虑风险因素确定企业管理费费率和利润率，按规定程序计算出所计价定额项目的合价。其计算公式如下。

定额项目合价＝定额项目工程量×[Σ（定额人工消耗量×人工单价）＋
Σ（定额材料消耗量×材料单价）＋Σ（定额施工机具台班消耗量×施工机具台班单

价)+价差（基价或人工费、材料费、施工机具使用费)+企业管理费+利润]　　　(6-1)

④ 将若干项所计价的定额项目合价相加除以工程量清单项目工程量，便得到工程量清单项目综合单价，对于未计价材料费（包括暂估单价的材料费）应计入综合单价。其计算公式如下：

$$\text{工程量清单综合单价} = \frac{\sum \text{定额项目合价} + \text{未计价材料费}}{\text{工程量清单项目工程量}} \quad (6-2)$$

（2）综合单价中的风险因素

为使招标控制价与投标报价所包含的内容一致，综合单价中应包括招标文件中要求投标人所承担的风险内容及其范围（幅度）产生的风险费用。

① 对于技术难度较大和管理复杂的项目，可考虑一定的风险费用，并纳入综合单价中。

② 对于工程设备、材料价格的市场风险，应依据招标文件的规定、工程所在地或行业工程造价管理机构的有关规定及市场价格趋势考虑一定率值的风险费用，纳入综合单价中。

③ 税金、规费等法律、法规、规章和政策变化的风险和人工单价等风险费用不应纳入综合单价中。

2. 措施项目费的编制

① 措施项目应按招标文件中提供的措施项目清单确定，措施项目分为可计量措施项目和不可计量措施项目两种。对于可计量措施项目，应按分部分项工程量清单的方式采用综合单价计价；对于不可计量措施项目，则以"项"为单位，采用费率法按有关规定综合取定，采用费率法时需确定某项费用的计费基数及其费率，结果应包括除规费、税金以外的全部费用。其计算公式为

$$\text{以"项"计算的措施项目清单费} = \text{措施项目计费基数} \times \text{费率} \quad (6-3)$$

② 措施项目费中的安全文明施工费应当按照国家或省级、行业建设主管部门的规定标准计价，该部分不得作为竞争性费用。

3. 其他项目费的编制

其他项目费包括暂列金额、暂估价、计日工和总包服务费。

① 暂列金额。暂列金额由招标人根据工程特点、工期长短，按有关计价规定进行估算，一般按分部分项工程费的10%~15%计算。

② 暂估价。暂估价中的材料单价应按照工程造价管理机构发布的工程造价信息中的材料单价计算，工程造价信息未发布单价的材料，其单价参考市场价格估算；暂估价中的专业工程暂估价应分不同专业，按有关计价规定估算。

③ 计日工。在编制招标控制价时，对计日工中的人工单价和施工机具台班单价应按省级、行业建设主管部门或其授权的工程造价管理机构公布的单价计算；材料应按工程造价管理机构发布的工程造价信息中的材料单价计算，工程造价信息未发布单价的材料，其价格应按市场调查确定的单价计算。

④ 总承包服务费。总承包服务费应按照省级或行业建设主管部门的规定计算，通常可参考以下标准计算。

A. 招标人仅要求对分包的专业工程进行总承包管理和协调时，按分包的专业工程估算造价的1.5%计算。

B. 招标人要求对分包的专业工程进行总承包管理和协调，并同时要求提供配合服务时，根据招标文件中列出的配合服务内容和提出的要求，按分包的专业工程估算造价的3‰~5‰计算。

C. 招标人自行供应材料的，按招标人供应材料价值的1‰计算。

4. 规费和税金的编制

规费和税金必须按国家或省级、行业建设主管部门的规定计算，且不得作为竞争性费用。

6.2.3 编制招标控制价应注意的问题

在编制招标控制价时通常应注意如下几点。

① 采用的材料价格应是工程造价管理机构通过工程造价信息发布的材料价格，工程造价信息未发布单价的材料，其价格应通过市场调查确定。另外，未采用工程造价管理机构发布的工程造价信息时，需在招标文件或答疑补充文件中对采用的市场价格予以说明，采用的市场价格则应通过调查、分析确定，有可靠的信息来源。

② 施工机械设备的选型直接关系到综合单价水平，应根据工程项目特点和施工条件，本着经济实用、先进高效的原则确定。

典型考题：招标控制价的编制

③ 应该正确、全面地使用行业和地方的计价定额与相关文件。

④ 不可竞争的措施项目和规费、税金等费用的计算均属于强制性条款，编制招标控制价时应按国家有关规定计算。

⑤ 不同工程项目、不同施工单位会有不同的施工组织方法，所发生的措施费也会有所不同。因此，对于竞争性的措施项目与费用的确定，招标人应首先编制常规的施工组织设计或施工方案，然后依据专家论证确认后再合理确定措施项目与费用。

6.3 建设工程投标程序和投标报价的编制

6.3.1 建设工程投标程序

任何一项工程投标报价都是一项系统工程，必须遵循一定的程序。通常建设工程投标要经历如下程序：投标决策、申报资格审查、购领招标文件、组织投标班子或委托投标代理人、参加现场踏勘和投标预备会、编制并递交投标书、参与开标和评标期间的澄清会谈、接受中标通知书、签订合同。

1. 投标决策

投标决策是企业经营活动中的重要环节，它关系到投标人能否中标及中标后的经济效益，所以要高度重视。要进行投标决策，通常要做以下两方面的工作。

(1) 进行市场调查研究，收集并分析市场资料信息

在投标决策前要收集大量的市场资料、信息。收集的渠道主要有招标广告、投标邀请

书、政府有关部门、行业协会、各类咨询机构、设计单位、投资银行等。收集的资料主要包括以下内容。

① 政治和法律方面，如招投标活动中及合同履行过程中可能涉及的法律、法规，与项目有关的政治形势、国家政策等。

② 自然条件，包括工程所在地的地理位置、地形、地貌和气象状况等。

③ 市场状况，包括材料、设备、机械、燃料、动力等的供应情况、价格水平及价格变化趋势和预测，劳务市场情况，金融市场情况等。

④ 工程项目方面的情况，包括工程的性质、规模、发包范围，工程的技术规模及对材料性能和工人技术水平的要求，总工期及分批竣工交付使用的要求，施工场地的地形、地质、地下水、交通运输、给排水、供电、通信条件的情况，工程项目资金来源，工程价款的支付方式等。

⑤ 业主情况，包括业主的资信情况、履约态度、支付能力，有无欠款的前例，对实施工程的需求程度等。

⑥ 投标人自身情况，包括自身的资质、资金、人力、物资、管理经验、在建项目的数量等。

⑦ 竞争对手资料，包括竞争对手的技术等级、经营实力、施工水平、信誉、资金、装备、人力、管理经验、对投标项目有无特殊优势等。

收集资料后应对资料认真分析，为是否投标做出决策。

(2) 做出是否投标决策

经过上述的资料收集和分析后，承包商在进行投标决策时还应考虑以下几方面的问题。

① 承包招标项目的可能性与可行性。如是否有能力承包该项目，能否抽调出管理力量、技术力量参加项目实施，竞争对手是否存在明显优势。

② 招标项目的可靠性。如项目审批是否已经完成、资金是否已经落实等。

③ 招标项目的承包条件是否有额外的要求或风险。

④ 影响中标机会的内部、外部因素等。

2. 申报资格审查

投标人在获悉招标公告、资格预审公告或投标邀请后，应当按照要求，提供相关资料，向招标人申报资格审查。资格审查所需的资料，见前文 6.1.5 节中"资格审查"的内容。

经招标人审查后，招标人应将符合条件的投标人的资格审查资料报建设工程招投标管理机构复查。经复查合格的，便具有了参加投标的资格。

3. 购领招标文件

投标人经资格审查合格后，会收到招标人发出的资格预审合格通知书。按照招标公告或资格预审公告或投标邀请的要求，在招标人指定的发售招标文件的地点和时间购领招标文件和有关资料。

4. 组织投标班子或委托投标代理人

投标人购买招标文件后，按招标文件确定的投标准备时间着手开展投标准备工作。

投标准备时间是指从开始发放招标文件之日起至投标截止时间止的期限，它由招标人根据工程项目的具体情况确定，一般为 28 天之内。

首先要组织投标班子，即成立专门的投标机构或人员对投标全过程加以组织和管理，以提高工作效率和中标的可能性。投标组织的设立和人员的组成必须考虑建设单位招标项目的侧重因素，如价格、质量、工期，因此投标组织通常由经营管理类、专业技术类、商务金融类等方面的人员组成。投标班子不仅要求个体素质良好，还需要各方人员的共同协作，并保持成员的相对稳定，不断提高其整体素质和水平。

如果投标人不能组建投标班子，可以委托投标代理人代为进行投标活动。投标代理人协助投标人进行资格审查、编制投标书、办理各种证件的申领手续，按照合同的约定收取一定的代理费用。

5. 参加现场踏勘和投标预备会

投标人购领招标文件后，应进行全面细致的调查研究，研究招标文件中有关概念的含义和各项要求，尤其是招标文件中的工作范围、专业条款、设计图纸和说明等。若有疑问或不清楚的内容需要招标人予以澄清和解答的，应在收到招标文件后的 7 天内以书面形式向招标人提出，以便招标人安排现场踏勘和投标预备会的解答内容和问题。招标人在招标文件规定的时间内，组织投标人踏勘现场和参加投标预备会，投标人派代表出席。对于投标人的疑问和问题，招标人通过现场踏勘和投标预备会予以解答，并在投标预备会上形成会议记录，经招标人、投标人确认后，以书面形式发送给所有投标人，同时作为招标文件的组成部分。

6. 编制并递交投标书

现场踏勘和投标预备会后，投标人就要着手编制投标文件。投标人编制和递交投标文件的具体步骤和要求如下。

（1）根据现场踏勘和投标预备会的结果，进一步分析招标文件

招标文件是编制投标文件的主要依据，因此必须结合已获取的有关信息认真分析研究，特别是重点研究其中的投标须知、专用条款、设计图纸、工程范围及工程量表等，要弄清到底有没有特殊要求或有哪些特殊要求。

（2）校核招标文件中的工程量清单

通过认真校核工程量清单中的工程量，投标人大体确定了工程总报价后，估计某些项目工程量可能会增加或减少的，就可以相应地提高或降低单价。如发现工程量有重大出入的，特别是漏项的，可以找招标人核对，要求招标人认可，并给予书面确认。

（3）编制施工组织设计

施工组织设计编制的依据主要是设计图纸、技术规范，复核完成后的工程量清单，工程的开工、竣工日期，以及市场人工、材料、设备、机械价格等的调查。编制的施工组织设计，要在保证工期和质量的前提下，尽可能使成本最低、利润最大。也就是要根据工程类型编制出最合理的施工程序，选择和确定技术上先进、经济上合理的施工方法，选择最有效的施工设备、设施和劳动组织，周密、均衡地安排人力、物力和生产，正确编制施工进度计划，合理布置施工现场的平面和空间。

（4）进行工程估价，确定利润方针，计算和确定报价

投标报价是投标的一个核心环节，投标人要根据工程造价的构成对工程进行合理估价，确定切实可行的利润方针，正确计算和确定投标报价；但投标人不得以低于成本的报价竞标。

报价时，要考虑报价策略和技巧（具体内容参见本节下文）。

(5) 编制投标文件

投标文件应按照招标文件中的投标文件格式和各项要求来编写，应当对招标文件提出的实质性要求和条件做出响应，一般不能有任何附加条件，否则将被视为无效。

投标文件一般包括以下内容。

① 投标书（函）及投标书（函）附录。
② 法定代表人身份证明或附有身份证明的授权委托书。
③ 联合体协议书（如采用联合体投标）。
④ 投标保证金。
⑤ 具有标价的工程量清单和报价表。
⑥ 施工组织设计。
⑦ 项目机构表及主要工程管理人员人选及简历、业绩。
⑧ 拟分包项目情况表。
⑨ 资格审查资料（资格预审不用）。
⑩ "投标人须知"前附表规定的其他资料。

投标书是投标单位编制的用于投标的综合性经济技术文件，包括下列内容：综合说明；按照工程量清单计算的标价，以及钢材、木材、水泥等主要材料用量；施工方案和选用的主要施工机械；保证工程质量、进度、施工安全的主要技术组织措施；计划开工、竣工日期，工程总进度；对合同主要条件的确认。

完成了投标文件的各组成部分，经认真仔细检查，即可按照招标文件要求的顺序装订成册，签字盖章、密封，装进文件袋。

(6) 递交投标文件

投标人按照招标文件要求在提交投标文件的截止时间前，将准备好的投标文件密封送达指定的投标地点。招标人收到投标文件后，应当签收保存，不得开启。投标人在递交投标文件后、投标截止时间前，可以对所递交的投标文件进行补充、修改或撤回，并书面通知招标人，补充、修改或撤回通知必须按招标文件的规定编制、密封和标志。补充、修改的内容是投标文件的组成部分。

7. 参与开标和评标期间的澄清会谈

递交投标文件后，投标人应参加开标会议。在开标会议中，投标人应注意其投标文件是否被正确启封、宣读，对于被错误地认定无效的投标文件或唱标出现的错误，应当场提出异议。

在评标期间，评标委员会对于投标文件中不清楚或有疑问的地方要求澄清的，投标人应积极予以说明、解释、澄清。有关澄清的问题和内容，均要求以书面形式表示，经招标人和投标人签字确认后，作为投标文件的组成部分。在澄清会谈中，投标人不得更改标价、工期等实质性的内容，开标后和定标前提出的任何修改声明或附加优惠条件，一律不得作为评标的依据。

8. 接受中标通知书、签订合同

评标后，投标人若中标，就会收到招标人发出的中标通知书；若未中标，也应收到招标人发出的未中标通知结果。

中标人收到中标通知书后，应在规定时间和地点与招标人签订合同。所签订的合同草案应报招投标管理机构审查。审查后，按照招标文件的要求，投标人提交履约担保，双方签订合同。合同签完后 5 个工作日内，招标人应退还投标人和中标人的投标保证金，不予退还的情形除外。

中标人若拒绝在规定时间内提交履约担保和签订合同，招标人可以报请招投标管理机构批准同意后取消其中标资格，按规定不退还其投标保证金，并考虑在其他中标候选人中确定新中标人，签订合同，或重新招标。

应用案例 6-2

【案例概况】

某省一级公路××路段全长 224 km。本工程采取公开招标的方式，共分 20 个标段，招标工作从 2021 年 7 月 2 日开始，到 8 月 30 日结束，历时 60 天。招标工作的具体步骤如下。

1. 成立招标组织机构。
2. 发布招标公告和资格预审通告。
3. 进行资格预审。7 月 16—20 日出售资格预审文件，47 家省内外施工企业购买了资格预审文件，其中 46 家于 7 月 22 日递交了资格预审文件。经招标工作委员会审定后，其中 45 家单位通过了资格预审，每家被允许投 3 个以下的标段。
4. 编制招标文件。
5. 编制标底。
6. 组织投标。7 月 28 日，招标单位向上述 45 家单位发出资格预审合格通知书。7 月 30 日，向各投标人发出招标文件。8 月 5 日，召开投标预备会。8 月 8 日组织投标人踏勘现场，解答投标人提出的问题。8 月 20 日，各投标人递交投标书，每标段均有 5 家以上投标人参加竞标。8 月 21 日，在公证员出席的情况下，当众开标。
7. 组织评标。评标小组按事先确定的评标办法进行评标，对合格的投标人进行评分，推荐中标单位和后备单位，写出评标报告。8 月 22 日，招标工作委员会听取评标小组汇报，决定了中标单位，并发出了中标通知书。
8. 8 月 30 日招标人与中标单位签订合同。

问题：

（1）上述招标工作内容的顺序作为招标工作先后顺序是否妥当？如果不妥，请确定合理的顺序。

（2）简述编制投标文件的步骤。

【案例解析】

（1）不妥当。合理的顺序应该是：成立招标组织机构；编制招标文件；编制标底；发布招标公告和资格预审通告；进行资格预审；发售招标文件；组织现场踏勘；召开投标预备会；接收投标文件；开标；评标；确定中标单位；发出中标通知书；签订承发包合同。

（2）组织投标班子，确定投标文件编制的人员；仔细阅读投标须知、投标书附件等各个招标文件；结合现场踏勘和投标预备会的结果，进一步分析招标文件；校核招标文件中的工程量清单；根据工程类型编制施工规划或施工组织设计；根据工程价格构成进行工程估价，确定利润方针，计算和确定报价；编制投标文件。

6.3.2 投标报价的编制

1. 投标报价的原则

投标报价的编制主要是投标单位对承建招标工程所要发生的各种费用的计算。报价是投标的关键性工作,报价是否合理直接关系到投标的成败。因此,进行投标报价,应遵循以下原则。

① 以招标文件设定的发承包双方责任划分和工程发承包模式,综合考虑投标报价费用项目、费用计算的基础及费用内容和计算深度。

② 以施工方案、技术措施等作为投标报价计算的基本条件。

③ 以反映企业技术和管理水平的企业定额来计算人工、材料和施工机具台班消耗量。

④ 充分利用现场考察、调研成果、市场价格信息和行情资料,编制基价,确定调价方法。

⑤ 报价计算方法要科学严谨,简明适用。

2. 投标报价的编制依据

① 招标单位提供的招标文件。

② 招标单位提供的设计图纸、工程量清单及有关的技术说明书等。

③ 国家及地区颁发的现行建筑、安装工程预算定额及与之配套执行的各种费用定额规定等。

④ 地方现行材料预算价格、采购地点及供应方式等。

⑤ 因招标文件及设计图纸等不明确经咨询后由招标单位书面答复的有关资料。

⑥ 企业内部制定的有关取费、价格等的规定、标准。

⑦ 其他与报价计算有关的各项政策、规定及调整系数等。

3. 投标报价的编制方法和内容

投标报价的编制应首先根据招标人提供的工程量清单编制分部分项工程和措施项目清单与计价表,其他项目清单与计价汇总表,规费、税金项目计价表,然后汇总得到单位工程投标报价,再层层汇总,得出单项工程投标报价和建设项目投标总价。在编制过程中,投标人应按招标人提供的工程量清单填报价格,填写的项目编码、项目名称、项目特征、计量单位、工程量必须与招标人提供的一致。

(1) 分部分项工程量清单与计价表的编制

投标人投标报价时,分部分项工程费应按招标文件中分部分项工程项目清单与计价表的特征描述确定综合单价。综合单价包括完成一个规定清单项目所需的人工费、材料费、施工机具使用费、企业管理费、利润,并考虑一定范围的风险费用。

$$综合单价 = 人工费 + 材料费 + 施工机具使用费 + 企业管理费 + 利润 \quad (6-4)$$

① 确定综合单价时的注意事项。

A. 以项目特征描述为依据。项目特征是确定综合单价的重要依据之一。投标过程中,当出现招标工程量清单的项目特征描述与设计图纸不符时,投标人应以招标工程量清单的项目特征描述为准,确定投标报价的综合单价。当施工中施工图纸或设计变更与招标工程量清单的项目特征描述不一致时,发承包双方应按实际施工的项目特征,依据合同约定重新确定综合单价。

B. 材料和工程设备暂估价的处理。招标文件中在其他项目清单中提供了暂估单价的材料和工程设备，应按其暂估的单价计入清单项目的综合单价中。

C. 考虑合理的风险。招标文件中要求投标人承担的风险费用，投标人确定综合单价时应予以考虑。在施工过程中，当出现的风险内容及其范围（幅度）在招标文件规定的范围（幅度）内时，综合单价不得变动，合同价款不做调整。根据国际惯例并结合我国工程建设的特点，发承包双方对工程施工阶段的风险宜采用如下分摊原则。

对于主要由市场价格波动导致的价格风险，如工程造价中的建筑材料、燃料等价格风险，发承包双方应当在招标文件中或在合同中对此类风险的范围和幅度予以明确约定，进行合理分摊。根据工程特点和工期要求，一般采取的方式是承包人承担5%以内的材料和工程设备价格风险，10%以内的施工机具使用费风险。

对于法律、法规、规章或有关政策出台导致的工程税金、规费、人工费发生的变化，由省级、行业建设主管部门或其授权的工程造价管理机构根据上述变化发布的政策性调整，由政府定价或政府指导价管理的原材料等价格进行的调整，承包人不应承担此类风险，应按照有关调整规定执行。

对于承包人根据自身技术水平、管理、经营状况能够自主控制的风险，如承包人的企业管理费、利润的风险，承包人应结合市场情况，根据企业自身的实际合理确定、自主报价，该部分风险由承包人全部承担。

② 综合单价确定的步骤和方法。

当分部分项工程内容比较简单，由单一计价子项计价，且《建设工程工程量清单计价规范》与所使用计价定额中的工程量计算规则相同时，综合单价的确定只需用相应计价定额子目中的人工费、材料费、施工机具使用费作基数计算企业管理费、利润，再考虑相应的风险费用即可。当工程量清单给出的分部分项工程与所用计价定额的单位不同或工程量计算规则不同时，则需要按计价定额的计算规则重新计算工程量，并按照下列步骤来确定综合单价。

A. 确定计算基础。计算基础主要包括消耗量指标和生产要素单价。根据企业的实际消耗量水平，并结合拟定的施工方案确定完成清单项目需要消耗的各种人工、材料、施工机具台班的数量。计算时应采用企业定额，在没有企业定额或企业定额缺项时，可参照与本企业实际水平相近的国家、地区、行业定额，并通过调整来确定清单项目的人工、材料、施工机具单位用量。各种人工、材料、施工机具台班的单价，则应根据询价的结果和市场行情综合确定。

B. 分析每一清单项目的工程内容。投标人根据工程量清单中项目特征的描述，再结合施工现场情况和拟定的施工方案确定完成各清单项目实际应发生的工程内容。必要时可参照《建设工程工程量清单计价规范》中提供的工程内容，有些特殊的工程也可能出现规范列表之外的工程内容。

C. 计算工程内容的工程数量与清单单位的含量。每一项工程内容都应根据所选定的工程量计算规则计算其工程数量，当定额的工程量计算规则与清单的工程量计算规则一致时，可直接以工程量清单中的工程量作为工程内容的工程数量。

当采用清单单位含量计算人工费、材料费、施工机具使用费时，还需要计算每一计量单位的清单项目所分摊的工程内容的数量，即清单单位含量。

$$清单单位含量 = \frac{某工程内容的定额工程量}{清单工程量} \quad (6-5)$$

D. 分部分项工程人工费、材料费、施工机具使用费的计算。以完成每一计量单位清单项目所需的人工、材料、施工机具用量为基础计算,即

$$\begin{matrix}每一计量单位清单项目\\某种资源的使用量\end{matrix} = 该种资源的定额单位用量 \times 相应定额条目的清单单位含量$$

$$(6-6)$$

再根据预先确定的各种生产要素的单位价格,计算出每一计量单位清单项目的分部分项工程的人工费、材料费与施工机具使用费。

$$人工费 = 完成单位清单项目所需人工的工日数 \times 人工工日单价 \quad (6-7)$$

$$材料费 = \Sigma \begin{pmatrix}完成单位清单项目所需\\各种材料、半成品的数量\end{pmatrix} \times \begin{pmatrix}各种材料、\\半成品单价\end{pmatrix} + 工程设备费 \quad (6-8)$$

$$施工机具使用费 = \Sigma \begin{pmatrix}完成单位清单项目所需\\各种施工机械的台班数量\end{pmatrix} \times \begin{pmatrix}各种施工机械的\\台班单价\end{pmatrix} +$$

$$\Sigma \begin{pmatrix}完成单位清单项目所需\\各种仪器仪表的台班数量\end{pmatrix} \times \begin{pmatrix}各种仪器仪表\\的台班单价\end{pmatrix} \quad (6-9)$$

当招标人提供的其他项目清单中列示了材料暂估价时,应根据招标人提供的价格计算材料费,并在分部分项工程项目清单与计价表中表现出来。

E. 计算综合单价。企业管理费和利润的计算可按照规定的取费基数乘以一定的费率计算,若以人工费与施工机具使用费之和为取费基数,则

$$企业管理费 = (人工费 + 施工机具使用费) \times 企业管理费费率 \quad (6-10)$$

$$利润 = (人工费 + 施工机具使用费) \times 利润率 \quad (6-11)$$

将上述五项费用汇总,并考虑合理的风险费用后,即可得到清单综合单价。根据计算的综合单价,可编制分部分项工程量清单与计价表,如表6-1所示。

表6-1 分部分项工程量清单与计价表

工程名称: 标段: 第 页 共 页

序号	项目编码	项目名称	项目特征	计量单位	工程量	金额/元		
						综合单价	合价	其中:暂估价
		……						
		0105 混凝土及钢筋混凝土工程						
5	010503001001	基础梁	C30 预拌混凝土	m³	208	356.14	74077	
6	010515001001	现浇构件钢筋	螺纹钢 Q235,φ14	t	200	4787.16	957432	800000
		……						
			分部小计				2432419	800000

213

（2）工程量清单综合单价分析表的编制

为表明工程量清单综合单价的合理性，投标人应对其进行单价分析，以作为评标时的判断依据。工程量清单综合单价分析表的编制应反映上述综合单价的编制过程，并按照规定的格式进行，如表6-2所示。

表6-2 工程量清单综合单价分析表

工程名称：　　　　　　　　　标段：　　　　　　　　　　　　　　　　第　页　共　页

项目编码	010515001001	项目名称	现浇构件钢筋	计量单位	t	工程量	200

清单综合单价组成明细									
定额编号	定额名称	定额单位	数量	单价/元				直接费合价/元			
				人工费	材料费	施工机具使用费	企业管理费和利润	人工费	材料费	施工机具使用费	企业管理费和利润
AD0899	现浇构件钢筋制作安装	t	1.07	275.47	4044.58	58.34	95.60	294.75	4327.70	62.42	102.29
人工单价			小计					294.75	4327.70	62.42	102.29
80元/工日			未计价材料费								
清单项目综合单价									4787.16		

材料费明细	主要材料名称及规格、型号	单位	数量	单价/元	合价/元	暂估单价/元	暂估合价/元
	螺纹钢Q235，ϕ14	t	1.07			4000.00	4280.00
	焊条	kg	8.64	4.00	34.56		
	其他材料费			—	13.14	—	
	材料费小计			—	47.70		4280.00

（3）措施项目清单与计价表的编制

措施项目分为可计量的措施项目和不可计量的措施项目。其中，可计量的措施项目清单与计价表的编制同分部分项工程量清单与计价表的编制，综合单价的计算也同分部分项工程量清单综合单价的计算。因此，下文主要阐述不可计量的措施项目清单与计价表的编制。

对于不可计量的措施项目，通常编制总价措施项目清单与计价表（表6-3）。投标人对总价措施项目投标报价应遵循以下原则。

① 措施项目的内容应依据招标人提供的措施项目清单和投标人投标时拟定的施工组织设计或施工方案确定。

② 措施项目费由投标人自主确定，但其中安全文明施工费必须按照国家或省级、行业建设主管部门的规定计价，不得作为竞争性费用。招标人不得要求投标人对该项费用进行优惠，投标人也不得将该项费用作为竞争性费用。

表6-3 总价措施项目清单与计价表

工程名称： 标段： 第 页 共 页

序号	项目编码	项目名称	计算基础	费率(%)	金额/元	调整费率(%)	调整后金额/元	备注
1	011707001001	安全文明施工费	定额人工费	25	209650			
2	011707002001	夜间施工增加费	定额人工费	1.5	12479			
3	011707004001	二次搬运费	定额人工费	1	8386			
4	011707005001	冬雨季施工增加费	定额人工费	0.6	5032			
5	011707007001	已完工程及设备保护费			6000			
		……						
		合计			241547			

(4) 其他项目清单与计价表的编制

其他项目费主要由暂列金额、暂估价、计日工及总承包服务费等组成。其他项目清单与计价表如表6-4所示。

表6-4 其他项目清单与计价表

工程名称： 标段： 第 页 共 页

序号	项目名称	金额/元	结算金额/元	备注
1	暂列金额	350000		
2	暂估价	200000		
2.1	材料（工程设备）暂估价/结算价	—		
2.2	专业工程暂估价/结算价	200000		
3	计日工	26528		
4	总承包服务费	20760		
	合计	597288		

投标人对其他项目费投标报价时应遵循如下原则。

① 暂列金额应按照招标人提供的其他项目清单中列出的金额填写，不得变动，如表6-5所示。

表6-5 暂列金额明细表

工程名称： 标段： 第 页 共 页

序号	项目名称	计量单位	金额/元	备注
1	自行车车棚工程	项	100000	正在设计图纸
2	工程量偏差和设计变更	项	100000	
3	政策性调整和材料价格波动	项	100000	
4	其他	项	50000	
	合计		350000	

② 暂估价不得变动和更改。暂估价中的材料（工程设备）暂估单价必须按照招标人提供的暂估单价计入清单项目的综合单价，专业工程暂估价必须按照招标人提供的其他项目清单中列出的金额填写。材料（工程设备）暂估单价和专业工程暂估价均由招标人提供的，在工程实施过程中，对于不同类型的材料与专业工程采用不同的计价方法。材料（工程设备）暂估单价表如表 6-6 所示；专业工程暂估价表如表 6-7 所示。

表 6-6 材料（工程设备）暂估单价表

工程名称：　　　　　　　　　标段：　　　　　　　　　　　　　　　第 页 共 页

序号	材料（工程设备）名称、规格、型号	计量单位	数量		暂估/元		确认/元		差额/元		备注
			暂估	确认	单价	合价	单价	合价	单价	合价	
1	钢筋（规格见施工图）	t	200		4000	800000					用于现浇钢筋混凝土项目
2	低压开关柜（CGD190380/220 V）	台	1		45000	45000					用于低压开关柜安装项目
	合计					845000					

表 6-7 专业工程暂估价表

工程名称：　　　　　　　　　标段：　　　　　　　　　　　　　　　第 页 共 页

序号	工程名称	工程内容	暂估金额/元	结算金额/元	差额/元	备注
1	消防工程	合同图纸中标明的及消防工程规范和技术说明中规定的各系统中的设备、管道、阀门、线缆等的供应、安装和调试工作	200000			
	合计		200000			

③ 计日工应按照招标人提供的其他项目清单列出的项目和估算的数量，自主确定各项综合单价并计算费用，如表 6-8 所示。

表 6-8 计日工表

工程名称：　　　　　　　　　标段：　　　　　　　　　　　　　　　第 页 共 页

序号	项目名称	单位	暂定数量	实际数量	综合单价/元	合价/元	
						暂定	实际
一	人工						
1	普工	工日	100		80	8000	
2	技工	工日	60		110	6600	
			人工费小计			14600	
二	材料						
1	钢筋（规格见施工图）	t	1		4000	4000	

（续）

序号	项目名称	单位	暂定数量	实际数量	综合单价/元	合价/元 暂定	合价/元 实际
2	42.5水泥	t	2		600	1200	
3	中砂	m³	10		80	800	
4	砾石（5～40 mm）	m³	5		42	210	
5	页岩砖（240 mm×115 mm×53 mm）	千匹	1		300	300	
	材料费小计					6510	
三	施工机具						
1	自升式塔式起重机	台班	5		550	2750	
2	灰浆搅拌机（400 L）	台班	2		20	40	
	施工机具使用费小计					2790	
四	企业管理费和利润（按人工费的18%计）					2628	
	总计					26528	

④ 总承包服务费应根据招标人在招标文件中列出的分包专业工程内容和供应材料、设备情况，按照招标人提出的协调、配合与服务要求和施工现场管理需要自主确定，如表6-9所示。

表6-9 总承包服务费表

工程名称：　　　　　　　标段：　　　　　　　　　　　　　　　　　　第　页　共　页

序号	项目名称	项目价值/元	服务内容	计算基础	费率（%）	金额/元
1	发包人发包专业工程	200000	1. 按专业工程承包人的要求提供施工工作面，并对施工现场进行统一管理，对竣工资料进行统一整理、汇总。2. 为专业工程承包人提供垂直运输机械和焊接电源接入点，并承担垂直运输费和电费			
2	发包人提供材料	845000	对发包人供应的材料进行验收、保管和使用发放	项目价值	0.8	6760
	合计					20760

（5）规费、税金项目计价表的编制

规费、税金应按国家或省级、行业建设主管部门的规定计算，不得作为竞争性费用。因此，投标人在投标报价时必须按照规定计算规费、税金。规费、税金项目计价表如表6-10所示。

表 6-10 规费、税金项目计价表

工程名称： 标段： 第 页 共 页

序号	项目名称	计算基础	计算基数	费率（%）	金额/元
1	规费				239001
1.1	社会保险费				188685
(1)	养老保险费	定额人工费		14	117404
(2)	失业保险费	定额人工费		2	16772
(3)	医疗保险费	定额人工费		6	50316
(4)	工伤保险费	定额人工费		0.25	2096.5
(5)	生育保险费	定额人工费		0.25	2096.5
1.2	住房公积金	定额人工费		6	50316
2	税金	人工费+材料费+施工机具使用费+企业管理费+利润+规费		11	868225
	合计				1107226

（6）投标报价汇总

投标人的投标总价应当与组成工程量清单的分部分项工程费、措施项目费、其他项目费、规费和税金的合计金额一致，即投标人在进行工程量清单投标报价时，不能进行投标总价优惠，投标人对投标报价的任何优惠均应反映在相应清单项目的综合单价中。

单位工程投标报价汇总表如表 6-11 所示。

表 6-11 单位工程投标报价汇总表

工程名称： 标段： 第 页 共 页

序号	汇总内容	金额/元	其中：暂估价/元
1	分部分项工程	6318410	845000
	……		
0105	混凝土及钢筋混凝土工程	2432419	800000
	……		
2	措施项目	738257	
2.1	其中：安全文明施工费	209650	
3	其他项目	597288	
3.1	其中：暂列金额	350000	
3.2	其中：专业工程暂估价	200000	
3.3	其中：计日工	26528	
3.4	其中：总承包服务费	20760	
4	规费	239001	
5	税金	868225	
	投标报价合计=1+2+3+4+5	8761181	845000

6.3.3 投标策略和技巧

1. 投标策略

投标策略是指投标人在投标竞争中的系统工作部署及其参与投标竞争的方式和手段。投标策略主要内容有：以信取胜、以快取胜、以廉取胜、靠改进设计取胜、采用以退为进的策略、采用长远发展的策略等。

2. 投标技巧

投标技巧是指投标人在投标报价中采用的让招标人可以接受、中标后又能获得更多的利润的投标手段。投标人在工程投标时，主要应该在先进合理的技术方案和较低的投标价格上下功夫，以争取中标，但是还有其他一些手段对中标有辅助性的作用，主要表现在以下几个方面。

（1）根据招标项目的不同特点、类别、施工条件等采用不同报价

① 通常遇到如下情形，报价可稍高些。

A. 施工条件差（如高空作业多、施工交通条件差）的工程。

B. 专业要求高的技术密集型工程（如核电站、大型电站等），而本公司这方面有类似工程建设经验，声望较高时。

C. 总价低的小工程，以及自己不愿做而被邀请投标时，不便于不投标的工程。

D. 特殊的工程，如高压输变电工程、港口码头工程、地下开挖工程等。

E. 业主对工期要求急的工程。

F. 邀请招标项目。

G. 业主支付条件不理想的工程。

② 遇到如下情形，报价可稍低些。

A. 施工条件好的工程，工程相对简单、工程量大而一般公司可以做的工程，如大量的土方工程、一般房建工程等。

B. 本公司目前急于打入某一市场、某一地区，或虽已在某地区经营多年，但即将面临没有工程的情况，机械设备等无工地转移时。

C. 正在承包该工程，投本工程二期工程标，可利用一期工程的现有设备、劳务，成本相对较低。

D. 投标对手多，竞争力强时。

E. 业主支付条件好的工程。

（2）不平衡报价法

不平衡报价法是指一个工程项目总报价基本确定后，通过调整内部各个项目的报价，以期既不提高总报价、不影响中标，又能在结算时得到更理想的经济效益。

一般可以考虑在以下几方面采用不平衡报价。

① 能够早日结账收款的项目可适当提高报价。

② 预计今后工程量会增加的项目，单价适当提高；将工程量可能减少的项目单价降低。

③ 设计图纸不明确，估计修改后工程量要增加的，可以提高单价；而工程内容解说不清楚的，则可适当降低一些单价，待澄清后可再要求提价。

④ 暂定项目，又叫任意项目或选择项目，对这类项目要具体分析。

（3）计日工单价的报价

如果是单纯报计日工单价，而且不计入总价中，可以报高些，以便在业主额外用工或使用施工机械时可多盈利。但如果计日工单价要计入总报价，则需具体分析是否报高价，以免抬高总报价。总之，要分析业主在开工后可能使用的计日工数量，再来确定报价方针。

（4）可供选择项目的报价

所谓"可供选择项目"并非由承包商任意选择，而是由业主来选择。因此，虽然适当提高了可供选择项目的报价，但是并不意味着肯定可以取得较好的利润，只是提供了一种可能性，一旦业主今后选用，承包商即可得到额外加价的利益。

（5）暂定工程量的报价

暂定工程量有以下三种。

① 业主规定了暂定工程量的分项内容和暂定总价款，并规定所有投标人都必须在总报价中加入这笔固定金额，但由于分项工程量不很准确，允许将来按投标人所报单价和实际完成的工程量付款。一般来说，投标时应当对这类暂定工程量的单价适当提高。

② 业主列出了暂定工程量项目的数量，但并没有限制这些工程量的估价总价款，要求投标人既列出单价，也按暂定项目的数量计算总价，当将来结算付款时可按实际完成的工程量和所报单价支付。一般来说，这类工程量可以采用正常价格。

③ 只有暂定工程的一笔固定总金额，将来这笔金额做什么用，由业主确定。这种情况对投标竞争没有实际意义，按招标文件要求将规定的暂定款列入总报价即可。

（6）多方案报价法

对于一些招标文件，如果发现工程范围不很明确，条款不清楚或很不公正，或技术规范要求过于苛刻，则要在充分估计投标风险的基础上，按多方案报价法处理。即按原招标文件报一个价，然后再提出如某某条款做某些变动，报价可降低多少，由此可报出一个较低的价。这样可以降低总价以吸引业主。

（7）增加建议方案

有时招标文件中规定，可以提一个建议方案，即可以修改原设计方案，提出投标者的方案。投标者这时应抓住机会，组织一批有经验的设计和施工工程师，对原招标文件的设计和施工方案仔细研究，提出更为合理的方案以吸引业主，促成自己的方案中标。建议方案不要写得太具体，要保留方案的技术关键，防止业主将此方案交给其他承包商。同时要强调的是，建议方案一定要比较成熟，有很好的可操作性。

（8）分包商报价的采用

总承包商在投标前找2～3家分包商分别报价，而后选择其中一家信誉较好、实力较强和报价合理的分包商签订协议，同意该分包商作为本分包工程的唯一合作者，并将分包商的姓名列到投标文件中，但要求该分包商相应地提交投标保函。如果该分包商认为这家总承包商确实有可能中标，或许愿意接受这一条件。这种把分包商的利益同投标人捆在一起的做法，不但可以防止分包商事后反悔和涨价，也可以迫使分包商报出较合理的价格，以便共同争取中标。

（9）无利润算标

缺乏竞争优势的承包商，在不得已的情况下，只好在算标中根本不考虑利润去夺标。

这种办法一般是处于以下条件时采用。

① 有可能在中标后,将大部分工程分包给索价较低的一些分包商。

② 对于分期建设的项目,先以低价获得首期工程,而后赢得机会创造二期工程中的竞争优势,并在以后的实施中赚得利润。

③ 较长时期内,承包商没有在建的工程项目,如果再不中标就难以维持生存。因此,虽然本工程无利可图,只要能有一定的企业管理费维持公司的日常运转,就可设法渡过暂时的困难,以图将来东山再起。

典型考题：投标报价的编制

 应用案例 6-3

【案例概况】

某办公楼施工招标文件的合同条款中规定：预付款数额为合同价的30%,开工后3天内支付,上部结构工程完成一半时一次性全额扣回,工程款按季度支付。

某承包商对该项目投标,经造价工程师估算,总价为9000万元,总工期为24个月,其中：基础工程估价为1200万元,工期为6个月；上部结构工程估价为4800万元,工期为12个月；装饰和安装工程估价为3000万元,工期为6个月。

该承包商为了既不影响中标,又能在中标后取得较好的收益,决定采用不平衡报价法对造价工程师的原估价做适当调整,基础工程调整为1300万元,结构工程调整为5000万元,装饰和安装工程调整为2700万元。

另外,该承包商还考虑到,该工程虽然有预付款,但平时工程款按季度支付不利于资金周转,决定除按上述调整后的数额报价外,还建议业主将支付条件改为：预付款为合同价的5%,工程款按月支付,其余条款不变。

问题：

（1）该承包商所运用的不平衡报价法是否恰当？为什么？

（2）除了不平衡报价法,该承包商还运用了哪一种报价技巧？运用是否恰当？

【案例分析】

（1）恰当。因为该承包商是将属于前期工程的基础工程和上部结构工程的报价调高,而将属于后期工程的装饰和安装工程的报价调低,这样可以在施工的早期阶段收到较多的工程款,从而可以提高承包商所得工程款的现值；而且,这三类工程单价的调整幅度均在±10%以内,属于合理范围。

（2）该承包商运用的另一种投标技巧是多方案报价法,该报价技巧运用恰当,因为承包商的报价既适用于原付款条件也适用于建议的付款条件。

6.4 建设工程合同价款的确定和施工合同

6.4.1 建设工程合同价款的确定

建设工程合同价款是发包人与承包人在协议书中约定,发包人用以支付承包人按照合同约定完成承包范围内全部工程,并承担质量保修责任的价款。合同价款是双方当事人关心的核心条款。招标工程的合同价款由发包人与承包人依据中标通知书中的中标价格,在协议书中约定,任何一方不得擅自更改。

根据《民法典》(第三编 合同)、《建设工程施工合同(示范文本)》及住建部的有关规定,依据招标文件、投标文件,双方签订施工合同时,按计价方式的不同,有三种可供选择的合同价款方式:固定合同价、可调合同价、成本加酬金合同价。

1. 固定合同价

合同中确定的工程合同价在实施期间不因价格变化而调整。固定合同价可分为固定合同总价和固定合同单价两种。

（1）固定合同总价

固定合同总价的价格计算是以图纸及规定、规范为基础,工程任务和内容明确,业主的要求和条件清楚,合同总价一次包死,固定不变,即不再因为环境的变化和工程量的增减而变化。在这类合同中,承包商承担了全部的工作量和价格的风险。工作量风险有工程量计算错误、工作范围不确定、工程变更或设计深度不够所造成的误差等；价格风险有报价计算错误、漏报项目、物价和人工费上涨等。因此,承包商在报价时应对一切费用的价格变动因素及不可预见因素做充分的估计,并将其包含在合同价格之中。

（2）固定合同单价

固定合同单价是合同中确定的各项单价在工程实施期间不因价格变化而调整。这种合同是以工程量表中所列工程量和承包商所报出的单价为依据来计算合同价的。固定合同单价条件下,无论发生哪些影响价格变动的因素都不对单价进行调整,因而对承包商来说存在一定的风险；而且要求实际完成的工程量与原估计的工程量不能有实质性的变化,如果有变化,则变化超出一定比例时,允许调整单价。

2. 可调合同价

可调合同价是针对固定价格而言的,通常用于工期较长的施工合同。可调合同价可分为可调合同总价和可调合同单价。

（1）可调合同总价

可调合同总价也称变动合同总价,是以图纸及规定、规范为基础,按照时价进行计算,得到包括全部工程任务和内容的暂定合同价格。它是一种相对固定的价格,在执行合同期间,由于通货膨胀等原因而使所使用的工料成本增加时,可以按照合同约定对合同总价进行相应调整。如果设计变更、工程量变化、其他工程条件变化引起费用变化也可以进行调整。对于承包商来说,承担的风险较小；但对于业主来说,由于通货膨胀等不可预见因素的风险都由他来承担,控制投资的风险则较大。

（2）可调合同单价

可调合同单价是指合同双方约定一个估计的工程量,当实际工程量发生较大变化,或通货膨胀达到一定水平,或国家政策发生变化时,可以对单价进行调整,同时还应约定如何对单价进行调整。在这种可调合同单价条件下,承包商的风险相对较小。

3. 成本加酬金合同价

成本加酬金合同价是指工程施工的最终合同价按照工程的实际成本再加上一定的酬金进行计算。在合同签订时,工程实际成本往往不能确定,只能确定酬金的取值比例或计算原则。因此,一般成本加酬金合同价分为以下四种形式。

(1) 成本加固定比例酬金合同价

这种合同价是发包人对承包人支付的人工费、材料费、施工机具使用费、其他直接费、企业管理费等按实际直接成本全部据实补偿，同时按照实际直接成本的固定比例付给承包人一笔酬金，作为承包方的利润。这种方式的酬金随成本加大而增加，不利于缩短工期和降低成本。一般在工程初期很难描述工作范围和性质，或工期紧迫，无法按常规编制招标文件时采用。

(2) 成本加固定金额酬金合同价

这种合同价与上述成本加固定比例酬金合同价相似。其不同之处仅在于发包人付给承包人的是一笔固定金额的酬金。这种方式虽不能鼓励承包商降低成本，但为了尽快得到酬金，承包商会尽力缩短工期。有时也可鼓励承包商提高工程质量、缩短工期和节约成本等的积极性给予额外的奖金。

(3) 成本加奖罚合同价

采用这种合同价，首先要确定一个目标成本，这个目标成本是根据粗略估算的工程量和单价表编制出来的。在此基础上，根据目标成本来确定酬金的数额，可以是百分数的形式，也可以是一笔固定酬金。然后，根据工程实际成本支出情况另外确定一笔奖金，当实际成本低于目标成本时，承包人除从发包人处获得实际成本、酬金补偿外，还可根据成本降低额得到一笔奖金。当实际成本高于目标成本时，承包人仅能从发包人处得到成本和酬金的补偿。此外，视实际成本高出目标成本情况，若超过合同价的限额，承包人还要处以一笔罚金。

(4) 最高限额成本加固定最大酬金合同价

在这种合同形式下，首先要确定限额成本、报价成本和最低成本。如果实际成本没有超过最低成本，承包人花费的成本费用及应得酬金等都可得到发包人的支付，并与发包人分享节约额；如果实际成本在最低成本和报价成本之间，承包人只能得到成本和酬金；如果实际成本在报价成本与最高限额成本之间，则只能得到全部成本；如果实际成本超过最高限额成本，则超过部分发包人不予支付。

采用成本加酬金合同价，承包商不承担任何价格变化或工程量变化的风险，对业主的投资控制非常不利。而承包商往往缺乏控制成本的积极性，常常不愿意控制成本，甚至还会期望提高成本以提高自己的经济效益，所以应尽量避免采用成本加酬金合同价。

6.4.2　建设工程施工合同类型和选择

1. 施工合同类型

建设工程施工合同按照付款方式划分，一般分为三种类型。

(1) 总价合同

总价合同是指在合同中确定一个完成项目的总价，承包单位据此完成项目全部内容的合同。

这类合同仅适用于工程量不太大且能精确计算、工期较短、技术不太复杂、风险不大的项目，因而采用这种合同类型要求建设单位必须准备详细而全面的设计图纸（一般要求施工详图）和各项说明，使承包单位能准确计算工程量。

(2) 单价合同

单价合同是承包单位在投标时，按招标文件就分部分项工程所列出的工程量表确定各分部分项工程费的合同类型。

这类合同的适用范围比较宽，其风险可以得到合理的分摊，并且能鼓励承包单位通过提高工效等手段从成本节约中提高利润。这类合同能够成立的关键在于双方对单价和工程量计算方法的确认。在合同履行中需要注意的问题则是双方对实际工程量计量的确认。

(3) 成本加酬金合同

成本加酬金合同是由业主向承包单位支付工程项目的实际成本，并按事先约定的某一种方式支付酬金的合同类型。

在这类合同中，业主需承担项目实际发生的一切费用，因此也就承担了项目的全部风险。而承包单位由于无风险，其报酬往往也较低。

这类合同的缺点是业主对工程总造价不易控制，承包商也往往不注意降低项目成本。这类合同主要适用于以下项目。

① 需要立即开展工作的项目，如震后的救灾工作。

② 新型项目，或对项目工程内容及技术经济指标未确定。

③ 风险很大的项目。

2. 施工合同的选择

从付款方式的合同类型来看，选择合同类型应考虑以下因素。

(1) 项目规模和工期长短

一般来说，规模较小、工期较短的项目选择任何一种类型的合同都可以；规模大、工期长的项目，风险较大，不宜选择总价合同。

(2) 项目的竞争情况

对于潜在承包商较多的项目，业主的主动权就大，可以根据各承包商的报价按照总价合同、单价合同、成本加酬金合同的顺序来选择；对于潜在承包商较少的项目，业主的主动权就较小，而承包商的主动权较大，业主应尽量选取承包商愿意采用的合同类型。

(3) 项目的复杂程度

对于复杂的项目，要求承包商技术水平高的情况下，承包商拥有较大的主动权，通常不选择总价合同；对于复杂程度低的项目，业主就在选择自己愿意采用合同类型方面有主动权。

(4) 项目的单项工程的明确程度

单项工程的类别和工程量都十分明确的，可根据需要任意选择合同类型；如果单项工程的分类已详细而明确，但实际工程量与预计的工程量有较大出入，则优选单价合同；如果单项工程的分类和工程量都不明确，则无法选用单价合同。

(5) 项目准备时间的长短

项目的准备时间包括业主的准备工作和承包商的准备工作。总价合同需要的准备时间较长，单价合同稍短，成本加酬金合同最短。对于一些非常紧迫的项目如抢险救灾项目，通常采用成本加酬金合同形式。

(6) 项目的外部环境因素

项目的外部环境因素如政治局势、经济环境变动较大，风险大，对于承包商来说就很难接受总价合同，只能选用成本加酬金合同或单价合同。

总之，在选择合同类型时，要综合考虑项目的各项因素，包括承包商的承受能力，双方共同协商采用都认可的类型。

根据《建筑工程施工发包与承包计价管理办法》（住建部第16号令），实行工程量清单计价的建筑工程，鼓励发承包双方采用单价方式确定合同价款；建设规模较小，技术难度较低，工期较短的建设工程，发承包双方可以采用总价方式确定合同价款；紧急抢险救灾及施工技术特别复杂的建设工程，发承包双方可采用成本加酬金方式确定合同价款。

6.4.3　合同价款约定的内容

发承包双方应在合同条款中对下列事项进行约定。
① 预付工程款的数额、支付时间及抵扣方式。
② 安全文明施工措施的支付计划、使用要求等。
③ 工程计量与支付工程进度款的方式、数额及时间。
④ 工程价款的调整因素、方法、程序、支付及时间。
⑤ 施工索赔与现场签证的程序、金额确认与支付时间。
⑥ 承担计价风险的内容、范围及超出约定内容、范围的调整方法。
⑦ 工程竣工结算价款的编制与核对、支付及时间。
⑧ 工程质量保证金的数额、预留方式及时间。
⑨ 违约责任及发生合同价款争议的解决方法与时间。
⑩ 与履行合同、支付价款有关的其他事项等。

典型考题：
合同价款的确定与施工合同

综合应用案例

【案例概况】

2021年3月4日，某路桥公司项目部（甲方）与赵某（乙方）签订《劳务分包临时协议》，将该公司承包的某二级公路LL04合同段K20+000～K23+500内所有施工项目承包给赵某，该协议约定的承包方式为：综合单价，辅助工程及临时设施不另行计量；承包单价按某二级公路工程量清单投标单价和施工合同中签证单价的94%计量，税收由乙方承担（甲方在工程款中代扣）。

2021年10月7日，赵某又以自己的名义与甫某签订《建设工程承包施工协议》，约定将其承包的施工工程某二级公路LL04合同段K20+000～K23+500范围内的所有土、砂、石方的开挖、回填、平整、碾压、运输承包给甫某。

该协议明确双方签订协议的依据为：①市交通运输局与路桥公司签订的某二级公路LL04合同段建设工程施工合同及工程处与建设单位签订的补充协议（即总合同）；②某二级公路LL04合同段施工图；③某二级公路LL04合同段工程招标文件、图纸答疑；④路桥公司投标文件及预算书。

合同还约定：合同工期为170天，每拖延一天罚款人民币1000元，提前一天奖励500元。

合同价款为土、砂、石的开挖分别为2.7元/m^3、5.2元/m^3、10元/m^3；土石方回填、碾压4元/m^3。

工程价款支付方式为：按当月实际完成的并经驻地监理工程师签字认可的工程量，工程指挥部拨付给项目部的百分比相应支付给甫某，工程尾款从工程指挥部同意转序之日起，一个月内付清。

2021年10月31日，甫某与刘某签订《租赁协议》，约定由刘某向其提供挖掘机在前述某二级公路LL04合同段K20+000～K23+500范围内使用，月租金4万元，月工作时间240小时，租期6个月。双方还约定：甫某在开挖工地必须现场进行技术交底和监督刘某施工，机械师由刘某负责，刘某必须服从甫某指挥人员的调动及工作安排，认真完成甫某安排的工作，如甫某拖欠刘某租赁费用，刘某有权停工及退场，甫某并负责刘某由此产生的损失费用。后刘某依照约定将挖掘机运到施工现场，并按甫某的要求自行进行甫某承包范围内的土方开挖、回填施工，后因甫某拖欠款项，刘某退场，甫某对刘某所做工程质量无异议，双方对所欠款项进行结算。因甫某未支付所欠款项，刘某将路桥公司、项目部、赵某、甫某一并起诉到法院，要求支付剩余款项。

【案例分析】

《最高人民法院关于审理建设工程施工合同纠纷案件适用法律问题的解释（一）》（简称《解释（一）》）第四十三条规定："实际施工人以转包人、违法分包人为被告起诉的，人民法院应当依法受理。

实际施工人以发包人为被告主张权利的，人民法院应当追加转包人或者违法分包人为本案第三人，在查明发包人欠付转包人或者违法分包人建设工程价款的数额后，判决发包人在欠付建设工程价款范围内对实际施工人承担责任。"本条是对施工人利益保护的规定。结合本条规定，分析本案如何处理。

1. 关于本案涉及合同性质及效力问题

本案中所涉合同包括：路桥公司项目部与赵某所签《劳务分包临时协议》、赵某与甫某所签《建设工程承包施工协议》、甫某与刘某所签《租赁协议》。不管是劳务分包还是租赁协议实际上都是非法转包，且赵某、甫某与刘某都是个人，不具备施工资质，上述合同全部无效。

"转包"与"分包"的区别：转包是指承包人在承包建设工程后，不履行或不全部履行合同约定，又将其承包的工程建设任务部分或全部转让给第三人（即转承包人），其自身不对工程承担任何技术、质量、经济法律责任的行为。分包是指已经与发包人签订建设工程施工合同的承包人或总承包人将其承包的工程建设任务的一部分交给第三人（即分包人）完成。

转包与分包是两个既相似又有区别的概念。其中相同之处在于，二者都是由第三人完成应由自己完成的建设工程的部分或全部工作。关于转包与分包行为的区别，可参照下列判断标准进行：一是核实原承包主体是否变更；二是检查现场管理人员的隶属关系，如管理人员是否除分包人的管理人员之外，还有承包人或总承包人的管理人员；三是承包人或总承包人、分包人的行为如工作协调、技术措施、方案、质量、安全责任等的落实情况；四是检查工程项目的原材料是由承包人或总承包人供应还是由分包人供应；五是检查用于工程施工的大型机械、设备、设施系为承包人或总承包人拥有还是由分包人拥有。如果检查出：①承包主体已经实际变更；②现场管理人员仅有分包人的管理人员而无承包人或总承包人的管理人员；③承包人或总承包人未进行如工作协调、技术措施、方案、质量、安全责任等行为;④工程项目的原材料并非由承包人或总承包人供应;⑤工程施工的大型机具、设备、设施并非为承包人或总承包人拥有等情形,则是转包而不是分包。

2. 关于实际施工人主张权利时的被诉主体问题

根据《解释(一)》第四十三条的规定,首先,刘某(实际施工人)可以转包人为被告提起诉讼,即以路桥公司、赵某、甫某为被告,法院应当受理。其次,刘某也可以单独或一起起诉本工程项目的发包人,如果单独起诉发包人的,法院可以追加转包人为本案当事人。同时,发包人只在欠付工程款的范围内对实际施工人承担责任。

《解释(一)》第四十三条规定突破了合同相对性原则,对建设工程施工中实际施工人利益的保护做出了规定,可以较好地保障实际施工人取得工程价款。

本章小结

本章结合全国造价工程师、一级建造师执行资格考试用书,主要介绍了建设工程招投标的概念、种类、方式,详细阐述了建设项目招标的范围、程序,招标控制价的编制,投标报价的编制,合同价款的确定,以及合同价款约定的内容。

通过本章的学习,学习者能掌握我国当前建筑市场上的招投标的程序和具体做法,学会通过招投标的内容来分析具体的案例。

推荐阅读资料

1. 《建设工程计价》(全国造价工程师执业资格考试培训教材)
2. 《建设工程经济》(全国一级建造师执业资格考试用书)
3. 《建设工程施工合同(示范文本)》
4. 《工程建设项目施工招标投标办法》

《建设工程施工合同(示范文本)》

《工程建设项目施工招标投标办法》

习 题

一、单项选择题

1. 邀请招标的邀请对象数目不应少于( )家。
   A. 2　　　　B. 3　　　　C. 5　　　　D. 7
2. 业主在( )合同中承担的风险最小。
   A. 可调总价　　B. 不可调总价　　C. 单价　　D. 成本加酬金
3. 与邀请招标相比,公开招标的最大优点是( )。

A. 节省招标费用　　　　　　　　B. 招标时间短
C. 竞争激烈　　　　　　　　　　D. 减小合同履行过程中承包违约的风险

4. 自中标通知书发出（　　）内，建设单位和中标人签订书面的建设工程承发包合同。
A. 15 天　　　　　　　　　　　B. 21 天
C. 30 天　　　　　　　　　　　D. 35 天

5. 下列说法不正确的是（　　）。
A. 《招标投标法》规定招标方式分为公开招标和邀请招标两类
B. 只有不属于法规规定必须招标的项目才可以采用直接委托方式
C. 建设行政主管部门派人参加开标、评标、定标的活动，监督招标按法定程序选择中标人；所派人员可作为评标委员会的成员，但不得以任何形式影响或干涉招标人依法选择中标人的活动
D. 公开招标中，评标的工作量较大，所需招标时间长，费用高

6. 以下不属于建设工程施工投标文件内容的是（　　）。
A. 投标函　　　B. 商务标　　　C. 技术标　　　D. 评标办法

7. 承包商在获得招标文件后和计算投标报价前，按照建设工程施工投标程序依次完成的工作是（　　）。
A. 招标环境调查→招标文件研究→制定施工方案→确定投标策略
B. 招标文件研究→招标环境调查→确定投标策略→制定施工方案
C. 确定投标策略→招标文件研究→招标环境调查→制定施工方案
D. 招标文件研究→招标环境调查→制定施工方案→确定投标策略

8. 工程量清单计价以综合单价计价，投标报价时，人工费、材料费、施工机具使用费均为（　　）。
A. 参考价格　　　B. 预算价格　　　C. 市场价格　　　D. 可变价格

9. 抢险救灾紧急工程应采用（　　）方式选择施工单位。
A. 公开招标　　　B. 邀请招标　　　C. 议标　　　D. 直接委托

10. 关于招标控制价，下列说法中正确的是（　　）。
A. 招标人不得拒绝高于招标控制价的投标报价
B. 利润可按建筑施工企业平均利润率计算
C. 招标控制价超过批准概算10%时，应报原概算审批部门审核
D. 经复查的招标控制价与原招标控制价误差大于±3%的应责成招标人改正

11. 下列情况标书有效的是（　　）。
A. 投标书封面无投标单位或其代理人印鉴
B. 投标书未密封
C. 投标书逾期送达
D. 投标单位未参加开标会议

12. 招标单位在评标委员会中人员不得超过三分之一，其他人员应来自（　　）。
A. 参与竞争的投标人　　　　　　B. 招标单位的董事会
C. 上级行政主管部门　　　　　　D. 省人民政府有关部门提供的专家名册

13. 作为施工单位，采用（　　）合同形式，可尽量减少风险。
    A. 不可调值总价　　　　　　　　B. 可调值总价
    C. 单价　　　　　　　　　　　　D. 成本加酬金

14. 若业主拟定的合同条件过于苛刻，为使业主修改合同，可准备"两个报价"，并阐明，若按原合同规定，投标报价为某一数值，但倘若合同做某些修改，则投标报价为另一数值，即比前一数值的报价低一定的百分点，以此吸引对方修改合同。但必须先报按招标文件要求估算的价格而不能只报备选方案的价格，否则可能会被当作"废标"来处理，此种报价方法称为（　　）。
    A. 不平衡报价法　　　　　　　　B. 多方案报价法
    C. 突然袭击法　　　　　　　　　D. 低投标价夺标法

15. 当一个工程项目总报价基本确定后，通过调整内部各个项目的报价，以期既不提高报价、不影响中标，又能在结算时得到较为理想的经济效益，这种报价技巧叫作（　　）。
    A. 根据中标项目的不同特点采用不同报价
    B. 多方案报价法
    C. 可供选择的项目报价
    D. 不平衡报价法

二、多项选择题

1. 必须进行招标的项目包括（　　）。
    A. 私人投资的高级别墅
    B. 外国老板投资的基础设施的项目
    C. 大型基础设施、公用事业等关系到社会公共利益、公众安全的项目
    D. 全部或部分使用国有资金投资或者国家融资的项目
    E. 使用国际组织或者外国政府贷款、援助资金的项目

2. 单位工程工程量清单计价的费用是指按招标文件规定，完成工程清单所列项目的全部费用，包括（　　）。
    A. 分部分项工程费　　　　　　　B. 分部工程费
    C. 措施项目费　　　　　　　　　D. 规费和税金
    E. 其他项目费

3. 建设工程施工投标文件组成内容包括（　　）。
    A. 招标文件格式　　　　　　　　B. 投标保证金
    C. 资格审查表　　　　　　　　　D. 合同主要条款
    E. 投标书附录

4. 建设工程施工投标的程序包括（　　）。
    A. 招标文件研究　　　　　　　　B. 招标环境调查
    C. 召开招标答疑会　　　　　　　D. 确定投标策略
    E. 制定施工方案

5. 施工招标文件的主要内容包括（　　）。
    A. 工程综合说明　　　　　　　　B. 必要的图纸和技术资料
    C. 工程量清单　　　　　　　　　D. 合同条件

E. 要求投标单位必须提出的优惠条件

6. 关于招标工程量清单与招标控制价，下列说法中正确的有（　　）。

　A. 专业工程暂估价应包括除规费、税金以外的企业管理费和利润等

　B. 招标控制价必须公布其总价而不得公布各组成部分的详细内容

　C. 投标报价若超过公布的招标控制价则按废标处理

　D. 招标控制价原则上不得超过批准的设计概算

　E. 招标人仅要求对分包的专业工程进行总承包管理和协调时，总承包服务费按专业工程估算的3%～5%计算

7. 关于履约担保，下列说法中正确的有（　　）。

　A. 履约担保可以用现金、支票、汇票、银行保函形式但不能单独用履约担保书

　B. 履约保证金不得超过中标合同金额的10%

　C. 中标人不按期提交履约担保的视为废标

　D. 招标人要求中标人提供履约担保的，招标人应同时向中标人提供工程款支付担保

　E. 履约保证金的有效期需保持至工程接收证书颁发之时

8. 建设单位决定合同形式，应根据（　　）因素综合考虑。

　A. 设计工作深度　　　　　　　　　　B. 工期长短

　C. 质量要求的高低　　　　　　　　　D. 工程规模、复杂程度

　E. 施工单位的要求

9. 评审资格预审文件时，评审内容主要包括（　　）。

　A. 法人资格　　　　　　　　　　　　B. 商业信誉

　C. 财务能力　　　　　　　　　　　　D. 技术能力

　E. 施工经验

10. 建设工程施工招标的条件有（　　）。

　A. 招标人已经依法成立

　B. 初步设计及概算应当履行审批手续的，已经批准

　C. 招标范围、招标方式和招标组织形式等应当履行核准手续的，已经核准

　D. 有相应资金或资金来源已经落实

　E. 有招标所需的设计图纸及技术资料

三、简答题

1. 简述我国施工招标过程中，招标控制价编制的具体内容。
2. 解释建设工程招投标的概念。
3. 说明公开招标和邀请招标的优缺点。
4. 简述招标公告、投标邀请书的内容。
5. 从计价方式来看，选择施工合同类型应考虑哪些因素？

四、案例分析

1. 某建设单位经当地主管部门批准，自行组织某项建设项目施工公开招标工作，招标程序如下：①成立招标工作小组；②发出招标邀请书；③编制招标文件；④编制标底；⑤发放招标文件；⑥投标单位资格预审；⑦组织现场踏勘和招标答疑；⑧接收投标文件；⑨开标；⑩确定中标单位；⑪发出中标通知书；⑫签订承包合同。

该工程有 A、B、C、D、E 5 家经资格审查合格的施工企业参加投标。经招标小组确定的评标指标及评分方法如下。

① 评价指标包括报价、工期、企业信誉和施工经验四项，权重分别为 50%、30%、10%、10%。

② 报价在标底价的（1%±3%）以内为有效标，报价比标底价低 3% 为 100 分，在此基础上每上升 1% 扣 5 分。

③ 工期比定额工期提前 15% 为 100 分，在此基础上，每延长 10 天扣 3 分。

5 家投标单位的投标报价及有关评分如表 6-12 所示。

表 6-12 5 家投标单位的投标报价及有关评分

评标单位	报价/万元	工期/天	企业信誉评分	施工经验得分
A	3920	580	95	100
B	4120	530	100	95
C	4040	550	95	100
D	3960	570	95	90
E	3860	600	90	90
标底	4000	600	—	—

问题：

(1) 该工程的招标工作程序是否妥当？为什么？

(2) 根据背景资料填写计算各单位的报价、工期、企业信誉、施工经验得分，并据此确定中标单位。

2. 某建设项目实行公开招标，招标过程出现了下列事件，指出不正确的处理方法。

(1) 招标方于 5 月 8 日发出招标文件，文件中特别强调由于时间较紧，要求各投标人不迟于 5 月 23 日之前提交投标文件（即确定 5 月 23 日为投标截止时间），并于 5 月 10 日停止出售招标文件，6 家单位领取了招标文件。

(2) 招标文件中规定：如果投标人的报价高于标底 15% 以上一律确定为无效标。招标方请咨询机构代为编制标底，并考虑投标人存在为招标方有无垫资施工的情况编制了两个不同的标底，以适应投标人情况。

(3) 5 月 15 日招标方通知各投标人，原招标工程中的土方量增加 20%，项目范围也进行调整，各投标人据此对投标报价进行计算。

(4) 招标文件中规定，投标人可以用抵押方式进行投标担保，并规定投标保证金额为投标价格的 5%，不得少于 100 万元，投标保证金有效期同投标有效期。

(5) 按照 5 月 23 日的投标截止时间要求，外地的一个投标人于 5 月 21 日从邮局寄出了投标文件，由于天气原因 5 月 25 日招标人收到投标文件。本地 A 公司于 5 月 22 日将投标文件密封加盖了本企业公章并由准备承担此项目的项目经理本人签字按时送达招标方。

本地 B 公司于 5 月 20 日送达投标文件后，5 月 22 日又递送了降低报价的补充文件，补充文件未对 5 月 20 日送达文件的有效期进行说明。本地 C 公司于 5 月 19 日送达投标文件后，考虑自身竞争实力于 5 月 22 日通知招标方退出竞标。

(6) 开标会议由该市常务副市长主持。开标会议上对退出竞标的 C 公司未宣布其单位名称,本次参加投标单位有 5 家单位。开标后宣布各单位报价与标底时发现 5 个投标报价均高于标底 20% 以上,投标人对标底的合理性当场提出异议。与此同时,招标代理方代表宣布 5 家投标报价均不符合招标文件要求,此次招标作废,请投标人等待通知。(若某投标人退出竞标其保证金在确定中标人后退还)3 天后招标方决定于 6 月 1 日重新招标。招标方调整标底,原投标文件有效。7 月 15 日经评标委员会评定本地区无中标单位。由于外地某公司报价最低故确定其为中标人。

(7) 7 月 16 日发出中标通知书。通知书中规定,中标人自收到中标书之日起 30 天内按照招标文件和中标人的投标文件签订书面合同。与此同时招标方通知中标人与未中标人。投标保证金在开工前 30 天内退还。中标人提出投标保证金不需归还,当作履约担保使用。

(8) 中标单位签订合同后,将中标工程项目中的三分之二工程量分包给某未中标人 E,未中标人又将其转包给外地的施工单位。

第 6 章
在线答题

第 7 章 建设工程施工阶段建设工程造价控制与管理

教学目标

本章介绍了建设工程施工阶段的建设工程造价控制与管理。学生通过本章的学习，应了解施工阶段工程造价管理的内容和造价控制的措施，掌握工程变更和合同价款的调整方法、工程索赔的概念及分类、工程索赔的处理原则和计算。

思维导图

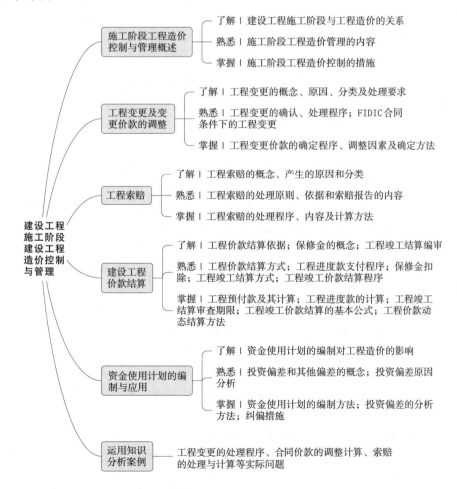

引例

某项目属于高科技产品制造项目工程，由于全寿命周期及生产周期短，对项目的建设周期提出了较高的要求，因此业主采用"快速跟进"的项目管理模式，又称平行发包模式。配合平行发包模式，在合同中包含了支付工程预付款占合同总价40%~60%的条款，初始施工进展迅速，达到预期设想。但随着合同价格问题等风险在实施过程中逐步体现，整体工程出现了执行难、索赔多的局面。

同时，由于宏观经济层面出现钢材价格猛烈上涨（根据国家统计数据，半年时间上涨了40%）、工程行业招投标全面推行新的与国际接轨的工程量清单计价方法等原因，使该工程合同索赔矛盾更加突出。

工程主厂房钢结构工程合同经邀请招标、价格谈判，于2022年9月15日签订固定单价合同，工程量依实计算，工程总量暂定为2500 t，并有下列条款"施工期间政策性调整包死（无论定额和取费标准及材料价格如何变化，工程单项造价均不增减）"。当期钢板材料（主材）市场销售价为3700元/t，此后伴随工程进度，钢板材料价格大幅上涨：至2022年12月底，期间完成工程量2500 t，钢板材料（主材）市场销售价平均上涨至4200元/t；2023年1月1日至3月底，期间完成工程量2000 t，钢板材料（主材）市场销售价平均上涨至4700元/t。施工承包商于2023年3月底以"市场原材料价格猛涨（即通货膨胀），施工方严重亏损，无力履约"为由，向业主提出书面合同变更及索赔：要求变更"工程单项造价均不增减"条款，同时要求2023年1月1日至3月底，工程单项造价补偿价差＝4700－3700＝1000（元/t）。与此同时，施工现场全面停工。

问题：作为业主方的高层决策者，该如何解决这个严重的问题呢？

【案例解析】

1. 业主方的高层决策者听取相关各方的意见

（1）施工方意见

作为具有国际工程承包经验的施工方认为当前签订的该国内工程合同，虽然在很多方面与国际接轨，但存在着以下情况。

① 即使与国内工程标准合同相比，本合同约定条文也过于简单，省略了较多有关工程经济方面的详细约定，特别是关于经济变更、纠纷方面的约定。

② 固定单价合同本身就是风险最大的合同，按照国际惯例和工程惯例，一般都需要事先约定风险程度，如工程总价的3%~5%（国际工程承包行业平均利润率在3%~5%），超出部分双方需另行约定。

③ 在本合同执行过程中，施工方已经为业主承担了部分风险，但业主想把所有的风险完全转嫁给施工方，类似"生死"合同，既不合理也不合法，同时违背了合同双方权利对等、风险共担的原则。

④ 合同是依据国家相关法律、法规签订的，违背国家相关法律、法规的合同，即使双方签字、盖章，合同也不具有法律效力。根据国家相关法律、法规，价差是需要调整的。

（2）业主工程合同主管部门意见

① 由于宏观经济层面出现钢材价格猛烈上涨（根据国家统计数据，半年时间上涨40%），对这种情况虽有所考虑，但上涨幅度过猛超出合同双方预期，是极特殊的情况，客观上造成合同双方共同违约。

② 由于以往工程工期均较短，在1年之内，并且以往材料价格波动幅度也较小，再加之本合同延续了以往工程的合同文本，而以往工程的合同在实施过程中没有出现类似问题，因此，以往不是问题的问题，在当前特定的情况下成了大问题。与时俱进是非常必要的。

③ 实行通用、标准合同是非常必要的。

④ 大多数业主均有"把所有风险完全转嫁给施工方"的倾向，实践证明这样做只会引起施工方的敌意，破坏双方合作的诚意，其结果将是两败俱伤：施工方严重亏损，无力履约；项目全面停工，整体失败，业主血本无归，业主将承担100%的风险。相比较，业主损失更大。

（3）业主工程合同审计部门意见

① 工程合同管理与国际接轨是必然趋势，根据国际经验，业主是合同双方中的弱者，施工方是合同双方的强者，合同保护弱者，但绝不是偏袒弱者。对于业主来说，签订一份严谨、规范的合同是非常重要的，这才是真正的"做甲方不做上帝"的心态。

② 对于业主工程合同主管部门来说，既负责合同的签订又负责合同的执行，在这个过程中与其他相关部门密切合作、听取其他部门的意见是非常重要的。合同管理也应该是"预防为主、群策群力"，而尽量避免"事后验尸"。业主工程合同审计部门作为施工过程的审计而没有参与合同谈判、合同起草等事宜，事后弥补往往力所难及。

③ 根据该合同的实际情况，对于合同中甲乙双方均未明确的事宜，甲乙双方可以经过友好协商签订补充协议。

2. 索赔受理及决策

业主的高层决策者在听取了相关各方的意见后，同意受理施工方的索赔。正所谓"索赔事出有因，源于合同，终于合同"。以合同为中心，以工程施工文件、市场价格数据为证据，双方经过艰苦的价格谈判，签订了补充协议：工程单项造价补偿价差＝600元/t。

3. 索赔案例反思

虽然该合同变更、索赔暂时告一段落，但它却给项目的高级管理者留下了深深的思考：离开了合同，项目就寸步难行，因此合同管理是工程项目管理的核心。如何提高项目管理的水平，非常重要的就是要提高合同管理的水平。如何提高合同管理的水平呢？建议如下。

① 合同管理是一个从招投标开始到签订合同再到执行合同的全过程管理，严格的全过程管理即以全面质量管理思想管理合同。从本项目的管理来看，前后脱节现象比较严重，因此在合同管理中引入全面质量管理思想将是下一步管理工作中一个可能的尝试，即管理者注重"细节"管理，更要注重"关节"管理，不换思想就换人。

② 合同执行难，难在何处？难在索赔及执行。因此索赔管理是合同管理的重要内容。索赔是一个复杂的解决过程，需要运用风险管理、冲突管理、谈判沟通管理等多种管理工具，这对项目经理的综合管理能力提出了较高的要求。因此项目经理如何做好索赔管理的理论学习与管理实践是一个必须面对的个人修炼难题，这需要项目经理在实践中学习，在学习中实践。

③ 万事开头难。索赔管理如何入手呢？应该抓住"成本分析"这一管理工具。因为市场经济条件下任何价格总是在成本的基础上产生的。因此不管是企业中的管理还是项目

中的管理，做好成本管理这一基础管理工作至关重要，即一切都要用"数字"来说话，一切都要用"数字"来管理。

7.1 施工阶段工程造价控制与管理概述

7.1.1 建设工程施工阶段与工程造价的关系

建设工程施工阶段是按照设计规范、文件、图纸及业主的要求等，具体组织施工建造的阶段，即把设计图纸变为实物形态的过程，是工程价值实现的主要阶段，也是建设项目资金投入最大的阶段。因此，这个阶段的工程造价非常关键，是业主和承包商工作的中心环节，也是业主和承包商工程造价管理的中心，各类工程造价从业人员的主要造价工作就集中于这一阶段。而建设工程施工是一个动态系统的过程，涉及主体多、环节复杂、难度大、形式多样，最关键的是影响工程造价的因素多，如工程的质量变化、材料的替换、投入的人材机用量和市场价格的变化、工程变更、工程索赔等都会直接影响工程的实际价格。所以，这一阶段的工程造价管理最为复杂，是工程造价控制与管理理论和方法的重点和难点所在。

建设工程施工阶段工程造价控制的目标，就是把工程造价控制在承包合同价或施工图预算内，并力求在规定的工期内生产出质量好、造价低的建设（或建筑）产品。

7.1.2 施工阶段工程造价管理的内容

1. 施工阶段工程造价的确定

建设工程施工阶段工程造价的确定，就是在工程施工阶段按照承包人实际完成的工程量，以合同价为基础，同时考虑因物价上涨因素所引起的造价提高，考虑到设计中难以预计的而在施工阶段实际发生的工程变更及费用，合理确定工程的结算价款。

2. 施工阶段工程造价的控制

建设工程施工阶段工程造价的控制是建设项目全过程造价控制不可缺少的重要一环，造价管理者在施工阶段进行造价控制的基本原理是把计划投资额作为造价（投资）控制的目标值，在工程施工过程中定期进行造价实际值与目标值的比较，通过比较发现并找出实际值与目标值之间的偏差，分析产生偏差的原因，并采取有效措施加以控制，以保证造价控制目标的实现。

在这一阶段应努力做好以下工作：认真做好建设工程招投标工作，严格定额管理，严格按照合同约定拨付工程进度款，严格控制工程变更，及时处理施工索赔工作，加强价格信息管理，了解市场价格变动等。

第7章 建设工程施工阶段建设工程造价控制与管理

> **特别提示**
>
> 在施工阶段投资的计划值和实际值的比较包括以下几方面。
> ① 工程合同价与工程概算的比较。
> ② 工程合同价与工程预算的比较。
> ③ 工程款支付与工程概算的比较。
> ④ 工程款支付与工程预算的比较。
> ⑤ 工程款支付与工程合同价的比较。
> ⑥ 工程决算与工程概算、工程预算和工程合同价的比较。

3. 施工阶段工程造价管理的工作内容

建设工程施工阶段工程造价的确定与控制是工程造价管理的核心内容,通过决策阶段、设计阶段和招投标阶段对工程造价的管理工作,使工程建设规划在达到预先功能要求的前提下,其投资计划值也达到最优程度,这个最优程度的计划值能否变成现实,就要看工程建设施工阶段造价的管理工作做得是否到位。做好该项管理工作,就能有效地利用投入建设工程的人力、物力、财力,以尽量少的劳动和物资消耗,取得较高的经济和社会效益。

建设工程施工阶段工程造价管理的工作内容包括:依据工程承包合同和施工过程中发生的实际情况,正确计算索赔费用及工程变更价款,不断对已完工程进行价格调整,及时办理工程结算,工程完工以后再对合同价格进行最后调整,形成最终的竣工工程结算交易价格,即最终的建筑产品交易价格,从而完成产品的销售。

7.1.3 施工阶段工程造价控制的措施

施工阶段是工程造价控制的重要阶段。在这一阶段需要投入大量的人力、物力、财力等,是建设工程费消耗最多的时期,浪费投资的可能性比较大。因此本阶段工程造价控制的主要任务是:通过工程付款控制、工程变更费控制、预防并处理好费用索赔、挖掘节约工程造价潜力来实现实际发生费用不超过计划投资。要做好这些,应从组织、经济、技术、合同等多方面采取措施来控制造价。

1. 组织措施

① 在项目管理班子中落实从投资控制角度进行施工跟踪的人员,并进行任务分工和职能分工。
② 编制本阶段投资控制工作计划和详细的工作流程图。

2. 经济措施

① 编制资金使用计划,确定、分解投资控制目标。
② 对工程项目造价目标进行风险分析,并制定防范性对策。
③ 进行工程计量。
④ 复核工程付款账单,签发付款证书。
⑤ 在施工过程中进行投资跟踪控制,定期进行投资实际支出值与计划目标值的比较,发现偏差,分析产生偏差的原因,并采取纠偏措施。

⑥ 协商确定工程变更价款。
⑦ 审核竣工结算。
⑧ 对工程施工过程中的投资支出做好分析与预测,经常或定期向建设单位提交项目投资控制及其存在问题的报告。

3. 技术措施
① 对设计变更进行技术经济比较,严格控制设计变更。
② 继续寻找通过设计挖掘潜在节约投资的可能性。
③ 审核承包商编制的施工组织设计,对主要施工方案进行技术经济分析。

4. 合同措施
① 做好工程施工记录,保存各种文件图纸,特别是注有实际施工变更情况的图纸,注意积累素材,为正确处理可能发生的索赔提供依据,参与处理索赔事宜。
② 参与合同修改、补充工作,着重考虑它对工程造价控制的影响。

7.2 工程变更及变更价款的调整

7.2.1 工程变更概述

1. 工程变更的概念

工程变更是指施工过程中出现了与全部合同文件不一致的情况,而需要改变原定施工承包范围内的某些工作内容。这些工作内容不论是形式的、质量的或数量的变化,都称之为工程变更。

2. 工程变更产生的原因

在工程建设过程中,由于建设周期长、涉及的经济关系和法律关系复杂、受自然条件和客观因素的影响大,导致项目的实际情况与项目招投标时的情况不完全相同。如发包人对项目计划有了新要求;因设计不合理或错误而对图纸的修改;施工条件发生了不可预见的事故;自然条件或社会环境发生变化;政府出台了一些新政策、法规;出现了新技术、新知识等,这些都会引起工程变更。而引起变更的原因可能是其中的一种,也可能是多种。例如,2016年湖北省洪涝灾害,致使湖北等省大规模停电、停水、交通阻断,在这种情况下肯定会引起当地工程的停工及工期拖延,当地工程就会产生变更。

工程变更常常会导致工程量变化、施工进度变化等情况,这些都有可能使项目的实际造价超出原来的预算造价,因此,必须严格控制、密切注意其对工程造价的影响。

3. 工程变更的分类

工程变更包括设计变更、施工条件变更、进度计划变更、原招标文件和工程量清单中未包括"新增工程"等。我国要求严格按图设计,如果变更影响了原设计,则需经原设计单位发出相应的变更图纸和说明后方可变更,即最终表现为设计变更。因此,考虑到设计变更在工程变更中的重要程度,往往将变更分为设计变更和其他变更两大类。

(1) 设计变更

按照我国《建设工程施工合同（示范文本）》的有关规定，构成设计变更的常常包括以下事项。

① 更改工程有关部分的标高、基线、位置、尺寸。
② 增减合同中约定的工程量。
③ 改变有关工程的施工时间和顺序。
④ 其他有关工程变更需要的附加工作。

在施工中如果发生设计变更，将对施工进度产生很大影响，容易造成投资失控，因此应尽量减少设计变更。对必须变更的，应当严格按照国家的规定和合同约定的程序进行。

(2) 其他变更

合同履行中除设计变更外，其他能够导致合同内容变更的都属于其他变更，如发包人要求变更工程质量标准、双方对工期要求的变化、施工条件和环境的变化导致施工机具和材料的变化等。

7.2.2　工程变更的确认、处理要求及处理程序

1. 工程变更的确认

工程变更可能来源于许多方面，如发包人原因、承包人原因、工程师原因等。不论任何一方提出的工程变更，均应由工程师确认，并签发工程变更指令。工程变更指令发出后，应当迅速落实变更。

工程师确认工程变更的步骤如下。

① 提出工程变更。
② 分析提出的工程变更对项目目标的影响。
③ 分析有关合同条款、会议纪要和通信记录。
④ 向业主提交变更评估报告（初步确定处理变更所需要的费用、时间范围和质量要求）。
⑤ 确认变更。

2. 工程变更的处理要求

① 出现了必须变更的情况，应尽快变更。如果变更是不可避免的，不论是停止施工等待变更指令还是继续施工，都会导致损失。

② 工程变更确认后，应尽快落实。工程变更确认后，工程师应尽快发出指令并要求承包人迅速落实，同时全面修改各种相关文件、资料。如果承包人不能全面落实变更，则扩大的损失由承包人承担。

③ 对工程变更的影响应进一步分析。工程变更的影响往往是多方面的，影响持续的时间往往也较长，对此应深入分析。

3. 工程变更的处理程序

(1) 设计变更的处理程序

从合同的角度看，设计变更表现为发包人提出的设计变更和承包人提出的设计变更两种情况。

① 发包人提出的设计变更。施工中发包人如果需要对原工程设计进行变更，应提前

14天以书面形式向承包人发出变更通知。变更超过原设计标准建设规模时,发包人应报规划管理部门和其他有关部门重新审查批准,并由原设计单位提供变更的相应图纸和说明后,方可发出变更通知。承包人接到工程师发出的变更通知后才能进行工程变更。

由于发包人对原设计进行变更,导致合同价款的增减给承包人带来损失的,由发包人承担,延误的工期相应顺延。

② 承包人提出的设计变更。承包人应当严格按照图纸施工,不得对原工程设计进行变更。因承包人擅自变更设计发生的费用和由此导致发包人的直接损失,由承包人承担,延误的工期不得顺延。承包人在施工中提出的合理化建议涉及对施工图纸或施工组织设计的变更及对材料、设备的换用,须经工程师同意。工程师同意变更后,也须经有关主管部门批准,并由原设计单位提供变更的相应图纸和说明。未经同意擅自变更或换用时,承包人承担由此发生的费用,并赔偿发包人的有关损失,延误的工期不得顺延。工程师同意采用承包人的合理化建议,所发生的费用和获得的收益,发包人和承包人另行约定分担或分享。

(2) 其他变更的处理程序

合同履行中发包人要求变更工程质量标准及发生其他实质性变更,应由双方协商解决。双方协商一致签署补充协议后,方可变更。

应用案例 7-1

【案例概况】

某工程基础底板的设计厚度为1m,承包商根据以往的施工经验,认为设计有问题,未报监理工程师,即按1.2m施工,多完成的工程量在计量时监理工程师( )。

A. 不予计量
C. 予以计量
B. 计量一半
D. 由业主与承包商协商处理

【案例解析】

因承包商不得擅自进行工程设计变更,未经监理工程师同意擅自更改,发生的费用和由此导致业主的直接损失,由承包商承担,故答案为A。

7.2.3 工程变更价款的确定

1. 工程变更价款的确定程序

《建设工程施工合同(示范文本)》和《建设工程价款结算暂行办法》规定的工程合同变更价款的程序如图7.1所示。

① 在工程变更确定后14天内,工程变更涉及工程价款调整的,由承包人向发包人提出工程价款报告,经发包人审核同意后调整合同价款。

② 工程变更确定后14天内,如承包人未提出变更工程价款报告,则发包人可根据所掌握的资料决定是否调整合同价款和调整的具体金额。重大工程变更涉及工程价款变更报告和确认的时限由发承包双方协商确定。

③ 收到变更工程价款报告一方,应于收到之日起14天内予以确认或提出协商意见,自变更工程价款报告送达之日起14天内,对方未确认也未提出协商意见时,视为变更工程价款报告已被确认。

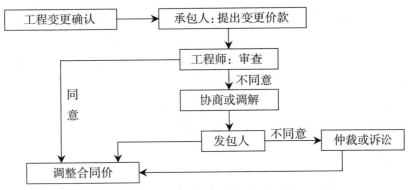

图 7.1 工程合同变更价款的程序

④ 确认增（减）的工程变更价款作为追加（减）合同价款与工程进度款同期支付。
⑤ 因承包人自身原因导致的工程变更，承包人无权要求追加合同价款。

2. 工程变更价款的调整因素

工程变更通常涉及工程费用的变动和工期的变化，对合同价有较大的影响，需要调整合同价，应密切注意对工程变更价款的处理。《财政部、建设部关于印发〈建设工程价款结算暂行办法〉的通知》规定调整因素包括以下五点。

① 法律、行政法规和国家有关政策变化影响合同价款。
② 工程造价管理机构的价格调整。
③ 经批准的设计变更。
④ 发包人更改经审定批准的施工组织设计（修正错误除外）造成费用增加。
⑤ 双方约定的其他因素。

3. 工程变更价款的确定方法

工程变更价款按照下列方法来调整或确定。
① 合同中已有适用于变更工程的价格，按合同已有的价格变更合同价款。
② 合同中只有类似变更工程的价格，可以参照类似价格变更合同价款。
③ 合同中没有适用或类似变更工程的价格，由承包人或发包人提出适当的变更价格，经对方确认后执行。如双方不能达成一致，双方可提请工程所在地工程造价管理机构进行咨询或按合同约定的争议或纠纷解决程序办理。

✓ 应用案例 7-2

【案例概况】
某工程项目原计划土方量 13000 m^3，合同约定土方单价 17 元/m，在工程实施中，业主提出增加一项新的土方工程，土方量 5000 m^3，施工方提出 20 元/m^3，增加工程价款为 5000×20＝100000（元）。施工方的工程价款计算是否被监理工程师支持？

【案例解析】
不被支持。因合同中已有土方单价，应按合同单价执行，正确的工程价款为：5000×17＝85000（元）。

7.2.4 FIDIC 合同条件下的工程变更

根据 FIDIC 合同条件规定，在颁发工程接收证书前的任何时间，工程师可通过发布指示或要求承包商以提交建议书的方式，提出变更。

承包商应遵守并执行每项变更，除非承包商立即向工程师发出通知，说明（附详细根据）承包商难以取得变更所需的货物。工程师接到此类通知后，应取消、确认或改变原指示。

1. 工程变更的范围

FIDIC 合同条件规定的工程变更的范围包括如下内容。

① 改变合同中任何工作的工程量。当合同实施过程中出现实际工程量与招标文件提供的"工程量清单"不符时，工程量按实际计量的结果，单价在双方合同专用条款内约定。

② 任何工作质量或其他特性的变更，如提高或降低质量标准。

③ 工程任何部分标高、位置和尺寸的改变。

④ 删减任何合同约定的工作内容。取消的工作应是不再需要的工作，不允许用变更指令的方式将承包范围内的工作变更给其他承包商实施。

⑤ 改变原定的施工顺序或时间安排。

⑥ 进行永久工程所必需的任何附加工作、永久设备、材料供应或其他服务，包括任何联合竣工检验及勘察工作。

⑦ 新增工程按单独合同对待，除非承包人同意此项按变更对待，一般应将新增工程按一个单独合同来对待。

2. 工程变更的程序

① 工程师将计划变更事项通知承包商，并要求承包商实施变更建议书。

② 承包商应尽快做出书面回应，或提出他不能照办的理由（如果情况如此），或提交依据工程师的指示递交实施变更的说明，包括对实施工作的计划及说明、对进度计划做出修改的建议、对变更估价的建议、提出变更费用的要求。若承包商由于非自身原因无法执行此项变更，承包商应立刻通知工程师。

③ 工程师收到此类建议书后，应尽快给予批准、不批准或提出意见的回复。

在这一过程中，应注意以下问题。

A. 承包商在等待答复期间，不应延误任何工作。

B. 工程师发出每一项实施变更的指令，应要求承包商记录支出的费用。

C. 承包商提出的变更建议书，只是作为工程师决定是否实施变更的参考。除工程师做出指示或批准以总价方式支付的情况外，每一项变更应依据计量工程量进行估价和支付。

3. 变更估价

（1）变更估价的确定原则

承包商按照工程师的变更要求工作后，往往会涉及对变更工程的估价问题。变更工程的价格或费率是双方协商的焦点。确定变更工程的价格或费率有以下三种方法。

① 变更工作在工程量表中有同种工作内容的价格或费率，应以该价格或费率计算变更工程费用。

② 工程量表中虽列有同类工作的价格或费率，但对具体变更工作而言已不适用，应在原价格或费率的基础上制定合理的新价格或费率。

③ 变更工作的内容在工程量表中没有同类工作的价格或费率，应按照与合同单价水平一致的原则确定新的价格或费率。

(2) 调整合同工作单价的原则

各项工作内容的适宜价格或费率，应为合同对此类工作内容规定的价格或费率，如合同中无某项内容，应取类似工作的价格或费率。但在下列情况下，宜对有关工作内容采取新的价格或费率。

① 该项工作实际测出的工程量超过工程量表或其他资料表中所列的10%。

② 实际工程量与该项工作规定的单价或费率的乘积，超过中标合同金额的0.01%。

③ 该工作的工程量变更直接导致该项工作的单位工程费变动超过1%。

④ 合同中没有规定该项工作为"固定费率项目"。

(3) 删减原定工作后对承包商的补偿

工程师发布删减工作的变更指令后，承包商不再实施部分工作，合同价格中包括的直接费部分没有受到损害，但分摊在该部分的间接费、利润和税金实际不能合理回收。这时承包商就可根据其损失向工程师发出通知并提供具体证明资料，工程师与合同双方协商后确定一笔补偿金额加入合同价内。

☑ 应用案例 7-3

【案例概况】

某项工作发包方提出的估计工程量为 $1500\,m^3$，合同中规定工程单价为 $16\,元/m^3$，实际工程量超过 10% 时，调整单价，单价为 $15\,元/m^3$。结束时实际完成工程量 $1800\,m^3$，则该项工作工程款为多少元？

【案例解析】

案例中合同规定实际工程量超过 10% 时，调整单价，单价为 $15\,元/m^3$。原合同工程量是 $1500\,m^3$，实际完成工程量 $1800\,m^3$，比原合同工程量超出：$1800-1500\times(1+10\%)=150\,(m^3)$，因此超出的部分单价要调整为 $15\,元/m^3$，没有超出部分和原合同部分按合同中规定工程单价 $16\,元/m^3$ 来计算。

$$1500\times(1+10\%)=1650\ (m^3)$$
$$1650\times16+(1800-1650)\times15=28650\ (元)$$

4. 承包商申请的变更

承包商根据工程施工的具体情况，可以向工程师提出对合同内任何一个项目或工作的详细变更请求报告。未经工程师批准前，承包商不得擅自变更。若工程师同意则按发布变更指令的程序执行。

承包商可随时向工程师提交书面建议，提出采纳后将：加快竣工；降低雇主的工程施工、维护或运行的费用；提高雇主的竣工工程的效率或价值；或给雇主带来其他利益的建议。

典型考题：
价款调整

7.3 工程索赔

7.3.1 工程索赔的概念、产生原因和分类

1. 工程索赔的概念

工程索赔是在工程承包合同履行中,当事人一方因非自身责任或对方不履行合同或不完全履行合同而受到经济损失或权利损害时,通过一定的合法程序向对方提出经济或时间补偿的要求。在实际工程中,索赔是"双向"的,既包括承包人向发包人提出的索赔,也包括发包人向承包人提出的索赔。但在工程实践中,发包人提出索赔的数量较少,而且处理方便,可以通过冲账、扣拨工程款、扣保修金等方式来实现对承包人的索赔;而承包人对发包人的索赔则比较困难,也更常见一些。因此,通常将索赔定义为承包人向发包人提出的索赔,而将发包人对承包人提出的索赔称为反索赔。本章主要讲述承包人向发包人提出的索赔。

2. 工程索赔的产生原因

(1) 当事人违约

当事人违约是指当事人没有按照合同约定履行自己的义务。当事人违约分为发包人违约和承包人违约。

① 发包人违约。发包人应当按合同约定完成相应的义务。如果发包人不履行合同义务或不按合同约定履行义务,则应当承担相应的违约责任。发包人的违约表现为三种形式。第一种形式是不履行合同义务。如没有履行"办理土地征用、房屋拆迁、平整施工场地等工作,使施工场地具备施工条件;将施工所需水、电、通信线路从施工场地外部接至专用条款约定地点;为施工提供畅通的交通"等这些义务。第二种形式是不按合同约定履行义务。如不及时支付工程进度款;不按照约定期限提供相应的资料或施工条件等。第三种形式是合同约定由工程师完成的工作,工程师没有完成或没有按照约定完成,给承包人带来损失的,应由发包人承担相应的违约责任。如工程师未能及时发出图纸、指令;工程师对承包商的施工组织进行不合理的干预,对施工造成影响;或未按合同约定履行其他义务等。

② 承包人违约。承包人违约主要有三种情况:一是因承包人原因不能按照协议书约定的竣工日期或工程师同意顺延的工期竣工,二是因承包人原因导致工程质量达不到协议书约定的质量标准,三是因承包人不履行或不按合同约定履行义务的其他情况。

应用案例 7-4

【案例概况】

某工厂与某建筑工程队于 2021 年 7 月 21 日签订了一份工厂土地平整工程合同。合同约定:承包人为发包人平整土地工程,造价 22 万元,交工日期是 2021 年 11 月底。在合同履行中因发包人未解决征用土地问题,承包人施工时被当地群众阻拦,使承包人 7 台推土机无法进入施工场地,窝工 328 个台班。后经双方协商同意将原合同规定的交工日期延

迟到 2021 年 12 月底。在施工过程中，发包人接到上级主管部门关于工程定额标准的规定后，与承包方口头交涉，同意按实际完成的工作量，按主管部门规定的机械化施工标准结算。工程完工结算时，因承包人要求按省标准结算，发包人要求按本行业定额标准结算，又因停工、窝工问题发生争议，发包人拒付工程款。承包人诉至法院要求支付工程款，赔偿窝工损失。

【案例解析】

在本案中，发包人应当为承包人提供施工场地和施工条件，既然该承包工程为平整土地工程，发包人在施工之前就应负责将土地征用事宜办理完毕。而发包人不仅没有办妥土地征用手续，没有为承包人提供施工条件，而且也没有通知承包人暂不能如期开工，致使承包人按期开始施工时受到当地群众阻拦，推土机无法进入施工场地，窝工 328 个台班。事后虽经双方协商将交工日期延迟，但是已经给承包人造成了不可挽回的经济损失。而且承包人的经济损失是由发包人未能按合同约定提供施工场地造成的，发包人当然应当赔偿因此给承包人造成的窝工损失。这是完全符合《民法典》的第八百零三条规定，按"发包人未按照约定的时间和要求提供原材料、设备、场地、资金、技术资料的，承包人可以顺延工程日期，并有权请求赔偿停工、窝工等损失"处理。

（2）不可抗力事件

不可抗力事件指当事人在订立合同时不能预见、对其发生和后果不能避免也不能克服的事件。不可抗力事件分为自然事件和社会事件。自然事件是指不利的自然条件和客观障碍，这是一个有经验的承包商无法预测的，包括施工中遇到的经现场调查无法发现、业主提供的资料也未提到、无法预料的情况等，如地下水、地质断层、洪水、地震、突发的恶劣天气等。社会事件是指国家政策、法律、法令的变更，战争，动乱，罢工等事件。

知识链接

不可抗力风险承担责任的原则如下。

① 工程本身的损害、第三方人员伤亡和财产损失及运至施工现场用于施工的材料和待安装设备的损坏，由发包人承担。

② 人员伤亡由其所属单位负责，并承担相应费用。

③ 承包人机械、设备的损坏及停工等损失，由承包人承担。

④ 停工期间，承包人应工程师要求留在施工场地的必要管理人员和保卫人员的费用由发包人承担。

⑤ 所需清理、修复费用，由发包人承担。

⑥ 工期给予顺延。

应用案例 7-5

【案例概况】

某工程项目，建设单位与 G 施工单位按照《建设工程施工合同（示范文本）》签订了施工合同。工程按期进入安装调试阶段后，由于雷电引发了一场火灾。火灾结束后 48 小时内，G 施工单位向项目监理机构通报了火灾损失情况：工程本身损失 150 万元；总价值 100 万元的待安装设备彻底报废；G 施工单位人员烧伤所需医疗费及补偿费预计 15 万元，租赁的施工设备损坏赔偿 10 万元；其他单位临时停放在现场的一辆价值 25 万元的汽车被烧毁。另外，大火扑灭后 G 施工单位停工 5 天，造成其他施工机械闲置损失 2 万元及必要的管理保卫人员费用支出 1 万元，并预计工程所需清理、修复费用 200 万元。损失情况经项目监理机构审核属实。安装调试阶段发生的这场火灾是否属于不可抗力？指出建设单位和 G 施工单位应各自承担哪些损失或费用（不考虑保险因素）。

【案例解析】

安装调试阶段发生的火灾属于不可抗力。建设单位应承担的费用包括工程本身损失 150 万元，其他单位临时停放在现场的汽车损失 25 万元，待安装的设备损失 100 万元，工程所需清理、修复费用 200 万元。施工单位应承担的费用包括 G 施工单位人员烧伤所需医疗费及补偿费预计 15 万元，租赁的施工设备损坏赔偿 10 万元，大火扑灭后 G 施工单位停工 5 天，造成其他施工机械闲置损失 2 万元及必要的管理保卫人员费用支出 1 万元。

(3) 合同缺陷

合同缺陷是指合同文件规定不严谨或有矛盾，合同中有遗漏或错误。如合同条文不全、不具体或错误，合同条款或合同文件之间存在矛盾，设计图纸错误等，发包人或工程师应予以解释，由于这些情况导致的承包人成本增加或工期延长，发包人应予以补偿。

(4) 合同变更

合同变更表现形式包括设计变更、追加或取消某些工作、施工方法变更、合同规定的其他变更等。如增加新的工程，提高质量标准，业主指令中止施工，业主要求修改施工方案，或要求承包人完成合同外的工作等。

(5) 其他第三方原因

在施工合同履行中，需要有多方面的协助和协调，与工程有关的第三方问题会给工程带来不利影响。

3. 工程索赔的分类

(1) 按索赔的依据分类

按索赔的依据可以将索赔分为合同内索赔、合同外索赔和道义索赔。

① 合同内索赔。

合同内索赔是指承包人所提出的索赔要求，在该工程项目的合同文件中有文字依据，并可根据合同规定明确划分责任。一般情况下，这种索赔的处理和解决要顺利些。

② 合同外索赔。

合同外索赔是指承包人的该项索赔要求，虽然在工程项目的合同条款中难以找到专门的文字叙述，但可以根据该合同的某些条款的引申含义和合同适用法律或政府颁发的有关法规中找到索赔的依据。这种索赔要求同样有法律效力，有权得到相应的经济补偿。

③ 道义索赔。

道义索赔是指承包人在合同内和合同外都找不到可以索赔的依据，因而没有提出索赔的条件和理由，但承包人认为自己有要求补偿的道义基础，而对其遭受的损失提出具有优惠性质的补偿要求。道义索赔的主动权在发包人手中，一般发包人在下列情况下会同意并接受这种索赔：一若另外找其他承包人，费用会更大；二为了树立自己的形象；三出于对承包人的同情和信任；四谋求与承包人的长久合作。

(2) 按索赔的目的分类

按索赔的目的可以将索赔分为工期索赔和费用索赔。这种分类是工程实践中最常见的索赔类型。

① 工期索赔。

由于非承包人自身原因而导致施工进程延误，要求批准顺延合同工期的索赔，称为工期索赔。工期索赔形式上是对权利的要求，以避免在原定合同竣工日不能完工时，被发包人追究拖期违约责任。一旦获得批准合同工期顺延后，承包人不仅免除了承担拖期违约赔偿费的严重风险，而且可能提前工期得到奖励，最终仍反映在经济收益上。

② 费用索赔。

当施工的客观条件改变导致承包人增加开支时，要求发包人调整合同价，给予补偿，弥补经济损失的索赔，称为费用索赔。费用索赔的目的是要求经济补偿。

(3) 按索赔事件的性质分类

① 工程延误索赔。

因发包人未按合同要求提供施工条件，如未及时交付设计图纸、施工现场、道路等，或因发包人指令工程暂停或不可抗力事件等原因造成工期拖延的，承包人对此提出索赔。这是工程中常见的一类索赔。

② 工程变更索赔。

由于发包人或监理工程师指令增加或减少工程量或增加附加工程、修改设计、变更工程顺序等，造成工期延长或费用增加，承包人对此提出索赔。

③ 合同被迫终止的索赔。

由于发包人或承包人违约及不可抗力事件等原因造成合同非正常终止，无责任的受害方因其蒙受经济损失而向对方提出索赔。

④ 工程加速索赔。

由于发包人或工程师指令承包人加快施工速度，缩短工期，引起承包人人、财、物的额外开支而提出的索赔。

⑤ 意外风险和不可预见因素索赔。

在工程实施过程中，因人力不可抗拒的自然灾害、特殊风险及一个有经验的承包人通常不能合理预见的不利施工条件或外界障碍，如地下水、地质断层、溶洞、地下障碍物等引起的索赔。

⑥ 其他索赔。

如因货币贬值、汇率变化、物价和工资上涨、政策法令变化等原因引起的索赔。

7.3.2 工程索赔的处理原则和程序

1. 工程索赔的处理原则

(1) 以合同为依据

不论索赔事件出自何种原因，在索赔处理中，都必须在合同中找到相应的依据。工程师必须对合同条件、协议条款等进行详细了解，以合同为依据来评价处理合同双方的利益纠纷。

(2) 及时合理地处理索赔

索赔事件发生后,索赔的提出应当及时,索赔的处理也应当及时。索赔处理不及时,对双方都会产生不利的影响,如承包人的索赔长期得不到合理解决,可能会影响承包人的资金周转,从而影响施工进度。处理索赔还必须坚持合理性,既要维护发包人的利益,又要照顾承包人的实际情况。如由于发包人的原因造成工程停工,承包人提出索赔,要求施工机械停工损失按施工机械台班计算、人工窝工按人工单价计算,这显然不合理。施工机械停工由于不发生运行费用,应按折旧费补偿;而对于人工窝工,承包人可以考虑将工人调到别的工作岗位,实际补偿的应是工人由于更换工作地点及工种造成的工作效率降低而发生的费用。

(3) 加强主动控制,减少工程索赔

在工程实施过程中,应对可能引起的索赔进行预测,尽量采取一些预防措施,避免索赔发生。

2. 工程索赔的处理程序

(1)《建设工程施工合同(示范文本)》中索赔的有关规定及程序

① 承包人提出索赔申请,向工程师发出索赔意向通知。索赔事件发生 28 天内,承包人以正式函件通知工程师,声明对此事件要求索赔。逾期申报,工程师有权拒绝承包人的要求。

② 承包人发出索赔报告。索赔意向通知发出 28 天内,承包人向工程师提出补偿经济损失和延长工期的索赔报告及有关资料。索赔报告中应对事件的原因、索赔的依据、索赔额度的计算和申请工期的天数有详细的说明。

③ 工程师审核承包人申请。工程师在收到承包人送交的索赔报告和有关资料后 28 天内给予答复,或要求承包人给予进一步的补充索赔理由和证据。工程师收到索赔报告 28 天内未予答复或未对承包人做进一步要求,该项索赔视为已经认可。

④ 当该索赔事件持续进行时,承包人应当阶段性地向工程师发出索赔意向,并在索赔事件终了后 28 天内,向工程师送交索赔有关资料和最终索赔报告。

⑤ 工程师与承包人谈判。双方若对该事件的责任、索赔金额、工期延长等不能达成一致时,工程师有权确定一个他认为合理的单价或价格作为处理意见,报送发包人并通知承包人。

⑥ 承包人接受或不接受最终索赔决定。若承包人接受索赔决定,索赔事件即告结束;若承包人不接受工程师决定,则按照合同纠纷处理方式解决。

(2) FIDIC 合同条件规定的工程索赔程序

① 承包商发出索赔通知。承包商察觉或应当察觉事件或情况后 28 天内,向工程师发出索赔通知,说明索赔的事件或情况。若未能在 28 天内发出索赔通知,则竣工时间不得延长,承包商无权获得追加付款,而业主应免除有关该索赔的全部责任。

② 承包商递交详细的索赔报告。承包商在察觉或应当察觉事件或情况后 42 天内,或在承包商可能建议并经工程师认可的其他期限内,承包商应向工程师递交详细的索赔报告。若引起索赔的事件连续影响,承包商每月递交中间索赔报告,说明累计索赔延误时间和金额,在索赔事件产生影响结束后 28 天内,递交最终索赔报告。

③ 工程师答复。工程师在收到索赔报告或对过去索赔的任何进一步证明资料后 42 天

内，或在工程师可能建议并经承包商认可的其他期限内做出回应，表示批准或不批准并附具体意见。

7.3.3　工程索赔的依据和索赔报告的内容

1. 工程索赔的依据

提出索赔，主要依据有以下几方面。

① 招标文件、施工合同文件及附件、经认可的施工组织设计、工程图纸、技术规范等。
② 双方的往来信件及各种会议纪要。
③ 施工进度计划和具体的施工进度安排。
④ 施工现场的有关文件，如施工记录、施工备忘录、施工日记等。
⑤ 工程检查验收报告和各种技术鉴定报告。
⑥ 建筑材料的采购、订货、运输、进场时间等方面的凭据。
⑦ 工程中电、水、道路开通和封闭的记录与证明。
⑧ 国家有关法律、法令、政策文件，政府公布的物价指数、工资指数等。

2. 工程索赔报告的内容

随索赔事件性质和特点的不同，索赔报告的具体内容也有所不同。但从报告的必要内容与文字结构方面而论，一个完整的索赔报告应包括以下四个部分。

（1）总论部分

总论部分一般包括以下内容：序言、索赔事项概述、具体索赔要求、索赔报告编写及审核人员名单。总论部分的阐述要简明扼要，说明问题。

（2）根据部分

本部分主要是说明自己具有的索赔权利，这是索赔能否成立的关键。根据部分的内容主要来自该工程项目的合同文件，并参照有关法律规定来编写。根据部分通常包括的内容有：索赔事件的发生情况、已递交的索赔意向通知书、索赔事件的处理过程、索赔要求的合同根据、所附的证据资料等。

（3）计算部分

计算部分是以具体的计算方法和过程来说明应得到经济补偿的金额和延长的工期。在款额计算部分，施工单位必须阐明下列问题：索赔款的总额；各项索赔款的计算，如额外开支的人工费、材料费、企业管理费和损失利润；指明各项开支的计算依据及证据资料，施工单位应注意采用合适的计价方法。至于采用哪一种计价法，应根据索赔事件的特点及自己所掌握的证据资料等因素来确定。另外，应注意每项开支款的合理性，并指出相应的证据资料的名称及编号。切忌采用笼统的计价方法和不实的开支款额。

（4）证据部分

证据部分包括该索赔事件所涉及的一切证据资料，以及对这些证据的说明。证据是索赔报告的重要组成部分，没有翔实可靠的证据，索赔是不能成功的。在引用证据时，一定要注意证据的效力，因此对重要的证据资料最好附上文字证明或确认件。如对一个重要的电话内容，仅附上自己的记录本是不够的，最好附上经过双方签字确认的电话记录或附上发给对方要求确认该电话记录的函件,即使对方未给复函,也可说明责任在对方,因为对方未复函确认或修改,按惯例应理解为他已默认。

7.3.4 工程索赔的计算

工程索赔的计算就是费用索赔和工期索赔的计算。

1. 费用索赔的计算

(1) 可索赔的费用

费用索赔的主要组成部分与建设工程施工承包合同价的组成部分相似。从原则上说,凡是承包人有索赔权的工程成本的增加,都可列入索赔的费用。索赔的费用包括如下内容。

① 人工费。可索赔的人工费包括三种情形:完成合同以外的额外工作所花费的人工费,应按照计日工费计算;非承包人责任的工效降低所增加的人工费,应按窝工费计算;非承包人责任工程延误导致的人员窝工费,也应按窝工费计算。计日工费和窝工费的标准双方应在合同中约定。在计算停工损失中的人工费时,通常采取人工单价乘以折算系数计算。

② 施工机具使用费。施工机具使用费包括完成额外工作增加的施工机具使用费,非承包人责任的工效降低所增加的施工机具费用,非承包人原因导致施工机具停工的窝工费。工作增加的施工机具使用费按施工机具台班费计算;而工效降低所增加的施工机具费用和施工机具停工的窝工费的计算要根据施工机具设备的来源来确定。如果是企业自有的,则按施工机具折旧费、人工费与其他费之和计算;如果是租赁的,则按台班租金加上每台班分摊的施工机械进出场费计算。

③ 材料费。材料费包括索赔事件材料实际用量增加费用,客观原因导致材料价格大幅度上涨,非承包人责任的工期延误导致的材料价格上涨,非承包人责任致使材料运杂费、采购与保管费用的上涨等。材料费的计算应包括运输费、仓储费和合理的损耗费。如果由于承包人管理不善,造成材料损坏失效,则不能列入索赔款项内。

④ 保函手续费。工程延期时,保函手续费相应增加;反之,保函手续费会扣减。因此,如果由于非承包人原因导致的工程延期,则可索赔增加的保函手续费。

⑤ 利息。利息包括拖期付款利息、由于工程变更和工程延误增加投资的利息、索赔款利息、错误扣款利息等。可索赔利息的计算按超出原应支付给银行的利息部分来确定。

⑥ 保险费。保险费与保函手续费类似,跟工程的期限长短有关。如果工程延期,保险费则增加;反之,保险费则降低。可索赔的保险费是工程延期导致增加的保险费。

⑦ 企业管理费。企业管理费分为现场管理费和总部管理费两种。现场管理费是指承包人完成额外工程、索赔事项工作及工期延长期间的管理费,包括管理人员工资、办公费、交通费等。总部管理费是指由于发包人原因导致工程延误期间所增加的承包人向公司总部提交的管理费,包括总部职工工资、办公大楼折旧、办公用品、财务管理、通信设施及总部领导人员赴工地检查指导工作等开支。这两种管理费的计算方法不同,在审核时应区别对待。

A. 现场管理费。现场管理费索赔金额的计算公式为

$$\text{现场管理费索赔金额} = \text{索赔的直接成本费用} \times \text{现场管理费费率} \quad (7-1)$$

其中，现场管理费费率的确定可以选用下面的方法：合同百分比法，即管理费比率在合同中规定；行业平均水平法，即采用公开认可的行业标准费率；原始估价法，即采用投标报价时确定的费率；历史数据法，即采用以往相似工程的管理费费率。

B. 总部管理费。总部管理费索赔金额的计算，目前还没有统一的方法，通常可采用以下几种方法。

a. 按总部管理费比率计算。

$$\text{总部管理费索赔金额} = (\text{直接费索赔金额} + \text{现场管理费索赔金额}) \times \text{总部管理费比率}$$

其中，总部管理费比率可以按照投标书中的总部管理费比率计算（一般为3%~8%），也可以按照承包人公司总部统一规定的管理费比率计算。

b. 按已获补偿的工程延期天数为基础计算。该公式是在承包人已经获得工程延期索赔的批准后，进一步获得总部管理费索赔的计算方法，其计算步骤如下。

计算延期工程应当分摊的总部管理费。

$$\text{延期工程应分摊的总部管理费} = \text{同期公司计划总部管理费} \times \frac{\text{延期工程合同价格}}{\text{同期公司所有工程合同总价}} \quad (7-2)$$

计算延期工程的日平均总部管理费。

$$\text{延期工程的日平均总部管理费} = \frac{\text{延期工程应分摊的总部管理费}}{\text{延期工程计划工期}} \quad (7-3)$$

计算索赔的总部管理费。

$$\text{总部管理费索赔金额} = \text{延期工程的日平均总部管理费} \times \text{工程延期的天数} \quad (7-4)$$

⑧ 利润。通常由于工程范围的变更、施工条件变化、文件有缺陷或技术性错误等引起的索赔，承包人可以列入利润。比较特殊的是，根据《中华人民共和国标准设计施工总承包招标文件（2012年版）》通用合同条款第11.3款的规定，对于因发包人原因暂停施工导致的工期延误，承包人有权要求发包人支付合理的利润（如现场签证所涉及的工程内容）。索赔利润的计算通常与原报价单中的利润百分率保持一致。但应当注意的是，由于工程量清单中的单价是综合单价，已经包含了人工费、材料费、施工机具使用费、企业管理费、利润及一定范围内的风险费用，因此在索赔计算中不应重复计算。

在一些索赔事件中，对于已经进行了合同价款调整的索赔事件，承包人在费用索赔计算时，不能重复计算。不同的索赔事件，可索赔的费用是不同的。如在 FIDIC 合同条件下，不同的索赔事件导致的索赔内容不同，具体表现如表 7-1 所示。

表 7-1 FIDIC 合同条件中可以合理补偿承包商索赔的条款

序号	条款	主要内容	可补偿内容		
			工期	费用	利润
1	1.9	延误发放图纸	√	√	√
2	2.1	延误移交施工现场	√	√	√
3	4.7	承包商依据工程师提供的错误数据导致放线错误	√	√	√
4	4.12	不可预见的外界条件	√	√	

(续)

序号	条款	主要内容	可补偿内容		
			工期	费用	利润
5	4.24	施工中遇到文物和古迹	√	√	
6	7.4	非承包商原因检验导致施工的延误	√	√	√
7	8.4（a）	变更导致竣工时间的延长	√		
8	8.4（c）	异常不利的气候条件	√		
9	8.4（d）	由于传染病或其他政府行为导致工期的延误	√		
10	8.4（e）	业主或其他承包商的干扰	√		
11	8.5	公共当局引起的延误	√		
12	10.2	业主提前占用工程		√	√
13	10.3	对竣工检验的干扰	√	√	√
14	13.7	后续法规引起的调整	√	√	
15	18.1	业主办理的保险未能从保险公司获得补偿部分		√	
16	19.4	不可抗力事件造成的损害	√	√	

（2）费用索赔的计算方法

费用索赔的计算方法有实际费用法、总费用法、修正总费用法三种。

① 实际费用法。这是最常用的一种方法。实际费用法是在明确责任的前提下，对每个索赔事件所引起损失的费用项目分别分析计算索赔值，然后再进行汇总的一种方法。实际费用法的计算分为三步。

A. 分析每个或每类索赔事件所影响的费用项目，不得有遗漏。这些费用项目通常与合同报价中的费用项目一致。

B. 计算每个费用项目受索赔事件影响后的数值，通过与合同价中的费用值进行比较即可得到该项费用的索赔值。

C. 将各项费用项目的索赔值汇总，得到总费用索赔值。

值得注意的是，这种方法以承包人为某项索赔工作所支付的实际开支为依据，仅限于由于索赔事项引起的、超过原计划的费用。非索赔工作引起的额外开支不得计算入内。

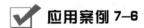

【案例概况】

某建设项目，业主与承包商签订了施工合同，其中规定，施工中如因业主原因造成窝工，则人工窝工费和施工机械的停工费按工日费和台班费的 60% 结算支付。在计划执行中，出现了下列情况（同一工作由不同原因引起的停工时间，都不在同一时间）。

① 业主不能及时供应材料使工作 A 延误 3 天，工作 B 延误 2 天，工作 C 延误 3 天。

② 因施工机械发生故障检修使工作 A 延误 2 天，工作 B 延误 2 天。

③ 因业主要求设计变更使工作 D 延误 3 天。

④ 公网停电使工作D延误1天,工作E延误1天。

已知起重机台班单价为240元/台班,小型施工机械的台班单价为55元/台班,混凝土搅拌机的台班单价为70元/台班,人工工日单价为28元/工日。工作A每日人工数30,工作B每日人工数15,工作C每日人工数35,工作D每日人工数35,工作E每日人工数20。试计算费用索赔值。

【案例解析】

该案例中业主不能及时供应材料属于业主违约,承包商可以得到工期和费用补偿;施工机械故障是承包商自身的原因造成的,不予补偿;业主要求设计变更可以补偿相应工期和费用;公网停电是业主应承担的风险,可以补偿承包商工期和费用。本案例只要求计算费用补偿。

解:经济损失索赔:工作A赔偿损失3天,工作B赔偿损失2天,工作C赔偿损失3天,工作D赔偿损失(3+1)=4(天),工作E赔偿损失1天。

由于工作A使用起重机:$3×240×0.6=432$(元)

由于工作B使用小型施工机械:$2×55×0.6=66$(元)

由于工作C使用混凝土搅拌机:$3×70×0.6=126$(元)

由于工作D使用混凝土搅拌机:$4×70×0.6=168$(元)

工作A人工索赔:$3×30×28×0.6=1512$(元)

工作B人工索赔:$2×15×28×0.6=504$(元)

工作C人工索赔:$3×35×28×0.6=1764$(元)

工作D人工索赔:$4×35×28×0.6=2352$(元)

工作E人工索赔:$1×20×28×0.6=336$(元)

合计经济补偿:7260元。

② 总费用法。当发生多次索赔事件以后,重新计算该工程的实际总费用,再从这个实际总费用中减去投标报价时估算的总费用,即

$$索赔金额=实际总费用-投标报价总费用 \qquad (7-5)$$

由于施工过程中会受到许多因素影响,既有发包人的原因,也有承包人自身的原因,采用这个方法,可能在实际费用中会包括承包人原因而增加的费用,所以,这种方法只有在难以按实际费用法计算索赔费用时才使用。

③ 修正总费用法。这种方法是对总费用法的改进,在总费用计算的原则上,去除一些不合理的因素,使其更合理。修正的内容如下。

A. 将计算索赔款的时段局限于受到外界影响的时间,而不是整个施工期。

B. 只计算受影响时段内的某项工作所受影响的损失,而不是计算该时段内所有施工工作所受的损失。

C. 与该项工作无关的费用不列入总费用中。

D. 对投标报价费用重新进行核算,按受影响时段内该项工作的实际单价进行核算,乘以实际完成的该项工作的工程量,得出调整后的报价费用。

$$索赔金额=某项工作调整后的实际总金额-该项工作的报价费用 \qquad (7-6)$$

2. 工期索赔的计算

（1）工期索赔中应注意的问题

① 划清施工进度拖延的责任。因承包人原因造成施工进度滞后，属于不可原谅延期；只有承包人不应承担任何责任的延期，才是可原谅延期。有时工程延期的原因中可能包含双方责任，此时工程师应进行详细分析，分清责任比例，只有可原谅延期部分才能批准顺延合同工期。可原谅延期，又可细分为可原谅并给予补偿费用的延期和可原谅但不给予补偿费用的延期；后者是指非承包人责任的影响并未导致施工成本的额外支出，大多属于发包人应承担风险责任事件的影响，如异常恶劣的气候条件影响的停工等。

② 被延误的工作应是处于施工进度计划关键线路上的施工内容。只有位于关键线路上的施工内容的滞后，才会影响到竣工日期。但有时也应注意，既要看被延误的工作是否在批准进度计划的关键路线上，又要详细分析这一延误对后续工作的可能影响。因为若对非关键路线上工作的影响时间较长，超过了该工作可用于自由支配的时间，也会导致进度计划中非关键路线转化为关键路线，其滞后将造成总工期的拖延。此时，应充分考虑该工作的自由时间，给予相应的工期顺延，并要求承包人修改施工进度计划。

③ 共同延误下工期索赔的处理原则。在实际施工过程中，工程延期很少是只由一方造成的，往往是由多种原因同时发生（或相互作用）而造成的，故称为"共同延误"。在这种情况下，通常应依据以下原则进行处理。

A. 首先确定"初始延误"者，即判断最先造成工程延期发生的责任方。"初始延误"者应对工程延期负责。在初始延误发生作用期间，其他并发的延误者不承担工程延期责任。

B. 如果"初始延误"者是发包人，则在发包人造成的延误期内，承包人既可得到工期延长，又可得到经济补偿。

C. 如果"初始延误"者是承包人，则在承包人造成的延误期内，既得不到工期延长，也得不到经济补偿。

D. 如果"初始延误"者是客观原因，则在客观因素发生影响的时间段内，承包人可以得到工期延长，但很难得到经济补偿。

（2）工期索赔的计算方法

工期索赔的计算方法有网络图分析法和比例计算法。

① 网络图分析法。

网络图分析法是利用进度计划的网络图，分析计算索赔事件对工期影响的一种方法。这种方法是一种科学、合理的分析方法，适用于许多索赔事件的计算。

典型考题：
工程索赔

运用网络计划计算工期索赔时，要特别注意索赔事件成立所造成的工期延误是否发生在施工进度计划的关键线路上。若工期延误发生在关键线路上，由于关键工作的持续时间决定了整个施工工期，发生在其上的工期延误会造成总工期的延误，应给予承包人相应的工期补偿。若工期延误没有发生在关键线路上，其延误不一定会造成总工期的延误，根据网络计划原理，如果延误时间在总时差内，则网络进度计划的关键线路并未改变，总工期没有变化，也即没有给承包人造成工期延误，此时索赔就不成立。

应用案例 7-7

【案例概况】

已知某工程网络计划如图 7.2 所示。

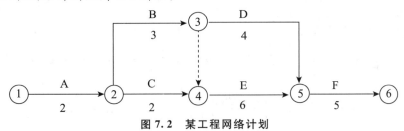

图 7.2 某工程网络计划

计算网络图，总工期 16 天，关键工作为 A、B、E、F。

若由于发包人原因造成工作 B 延误 2 天，由于工作 B 为关键工作，造成总工期延误 2 天，故向发包人索赔 2 天。

若由于发包人原因造成工作 C 延误 1 天，承包人是否可以向发包人提出 1 天的工期补偿？

【案例解析】

该案例中，工作 C 总时差为 1 天，即有 1 天的机动时间，发包人原因造成的 1 天延误对总工期不会有影响。实际上，将 1 天的延误代入原网络图，即工作 C 变为 3 天，计算总工期仍为 16 天。

若由于发包人原因造成工作 C 延误 3 天，由于工作 C 本身有 1 天的机动时间，对总工期造成的延误为 3−1＝2（天），故可向发包人索赔 2 天。或将工作 C 延误的 3 天代入原网络图中，即工作 C 为 2+3＝5（天），计算可以发现网络图关键线路发生了变化，工作 C 由非关键工作变成了关键工作，总工期为 18 天，工期索赔 18−16＝2（天）。

一般地，根据网络进度计划计算工期延误时，若想工程完成后一次性解决工期延误这样的问题，通常的做法是：在原进度计划工作持续时间的基础上，加上由于非承包人原因造成的工作延误时间，代入网络图，计算得出延误后的总工期，再减去原计划的工期，即可得到可批准的工期索赔值。

② 比例计算法。

在实际工程中，干扰时间常常影响某些单项工程、单位工程或分部分项工程工期，要分析它们对总工期的影响，可以采用简单的比例计算。其计算公式如下。

$$\text{工期索赔值} = \frac{\text{额外增加的工程量或价格}}{\text{原合同总工程量或总价}} \times \text{原合同总工期} \tag{7-7}$$

应用案例 7-8

【案例概况】

某工程基础施工中出现意外情况，导致工程量由原来的 2800 m³ 增加到 3500 m³。原定工期为 40 天，则承包人可以提出的工期索赔值是多少？如果合同规定工程量增减 10% 为承包人应承担的风险，则承包人可以提出的工期索赔值是多少？

【案例解析】

按照式（7-7）工期索赔值 = $\frac{额外增加的工程量或价格}{原合同总工程量或总价} \times 原合同总工期$，就可以计算出工期索赔值。

(1) 工期索赔值 = $\frac{3500-2800}{2800} \times 40 = 10$（天）

(2) 如果合同规定工程量增减10%为承包人应承担的风险，则承包人可以提出的工期索赔值为

$$工期索赔值 = \frac{3500-2800 \times (1+10\%)}{2800} \times 40 = 6（天）$$

7.4 建设工程价款结算

7.4.1 工程价款结算依据和方式

工程价款结算是指承包人在工程实施过程中，依据承包合同中有关付款条款的规定和已经完成的工程量，并按照规定的程序向发包人收取工程款的一项经济活动。

1. 工程价款结算依据

工程价款结算应按合同约定办理，合同未做约定或约定不明的，发承包双方应依照下列规定与文件协商处理。

① 国家有关法律、法规和规章制度。

② 国务院建设行政主管部门、省、自治区、直辖市或有关部门发布的工程造价计价标准、计价办法等有关规定。

③ 建设项目的合同、补充协议、变更签证和现场签证，以及经发承包双方认可的其他有效文件。

④ 其他可依据的材料。

2. 工程价款结算方式

我国现行工程价款结算根据不同情况，可采取多种方式。

① 按月结算。实行旬末或月中预支、月中结算、竣工后清算。

② 竣工后一次结算。建设项目或单项工程全部建筑安装工程建设期在12个月以内，或工程承包合同价在100万元以下的，可实行工程价款每月月中预支、竣工后一次结算。即合同完成后发包人与承包人进行合同价款结算，确认的工程价款为发承包双方结算的合同价款总额。

③ 分段结算。当年开工、当年不能竣工的单项工程或单位工程，按照工程形象进度，划分不同阶段进行结算。分段标准由各部门或省、自治区、直辖市规定。

④ 目标结算方式。在工程合同中，将承包工程的内容分解成不同验收单元，当承包人完成单元工程内容并经工程师验收合格后，发包人支付单元工程内容的工程价款。验收单元的设定在合同中应有明确描述。

在目标结算方式下,承包人要想获得工程款,就必须按照合同约定的质量标准完成控制面工程内容,而要想尽快获得工程款,承包人则必须充分发挥自己的组织实施能力,在保证质量的前提下,加快施工进度。

⑤ 双方约定的其他结算方式。

7.4.2 工程预付款及其计算

施工企业承包工程一般实行包工包料,这就需要准备一定数量的材料。准备采购材料的价款就是工程备料款。工程备料款也称工程预付款,是指建设工程施工合同订立后由发包人按照合同约定,在正式开工前预先支付给承包人的工程款。它是施工准备和所需材料、结构件等流动资金的主要来源。

按照我国《建设工程施工合同(示范文本)》的规定,实行工程预付款的,双方应当在专用条款内约定发包人向承包人预付工程款的时间和数额,开工后按约定的时间和比例逐次扣回。预付时间应不迟于约定的开工日期前7天。发包人不按约定预付,承包人在约定预付时间7天后向发包人发出要求预付的通知,发包人收到通知后仍不能按要求预付的,承包人可在发出通知后7天停止施工,发包人应从约定应付之日起向承包人支付应付款的贷款利息,并承担违约责任。

工程预付款仅用于承包人支付施工开始时与本工程有关的动员费用。如果承包人滥用此款,发包人有权立即收回。在承包人向发包人提交金额等于工程预付款数额的银行保函后,发包人按规定的金额和时间向承包人支付工程预付款,在发包人全部扣回工程预付款前,该银行保函一直有效。当工程预付款被发包人逐次扣回时,银行保函金额相应递减。

1. 工程预付款额度

工程预付款额度主要是保证施工所需材料和构件的正常储备。数额太少,备料不足,可能造成生产停工待料;数额太多,则会影响投资有效使用。一般是根据施工工期、建筑安装工作量、主要材料和构件工程造价的比例及材料储备周期等因素经测算来确定。下面简要介绍几种确定工程预付款额度的方法。

(1) 百分比法

百分比法是按年度工作量的一定比例确定工程预付款额度的一种方法。各地区和各部门根据各自的条件从实际出发分别制定了地方、部门的工程预付款比例。例如:建筑工程一般不得超过当年建筑(包括水、电、暖、卫等)工程量的30%,大量采用预制构件及工期在6个月以内的工程,可以适当增加;安装工程一般不得超过当年安装工程量的10%,安装材料用量较大的工程,可以按年产值的15%左右支付;小型工程(一般指工程投资额在30万元以下的工程)可以不预付,直接分阶段拨付工程进度款等。其计算公式如下。

$$工程预付款 = 年度工程量或年产值 \times 工程预付款比例 \quad (7-8)$$

如某建筑公司承建10栋联排别墅工程,工程承包合同额为1800万元,工期为6个月,工程预付款比例是20%,承包合同约定:甲乙双方签订合同后7日内,甲方向乙方支付工程预付款,则所支付工程预付款=1800×20%=360(万元)。

(2) 数学计算法

数学计算法是根据主要材料(含结构件等)占年度承包工程总价的比重、材料储备天数和年度施工天数等因素，通过数学公式计算工程预付款额度的一种方法。其计算公式如下。

$$工程预付款 = \frac{年度承包工程总值 \times 主要材料所占比重}{年度施工日历天数} \times 材料储备天数 \quad (7-9)$$

式（7-9）中，年度施工天数按 365 天日历天计算；材料储备天数由当地材料供应的在途天数、加工天数、整理天数、供应间隔天数、保险天数等因素决定。

✓ 应用案例 7-9

【案例概况】

某工程第 1 年承包工程总值为 2500 万元，第 2 年承包工程总值为 2800 万元。主要材料比重为 70%，年度施工日历天数为 200 天，材料储备天数为 60 天。求第 2 年的工程预付款。

【案例解析】

按照式（7-9）求工程预付款。

$$工程预付款 = \frac{年度承包工程总值 \times 主要材料所占比重}{年度施工日历天数} \times 材料储备天数$$

$$= \frac{2800 \times 70\%}{200} \times 60 = 588 \text{（万元）}$$

（3）协商议定

在较多情况下工程预付款额度是通过发承包双方自愿协商一致来确定的。在商洽时，施工单位作为承包人，应争取获得较多的工程预付款，从而保证施工有一个良好的开端并得以正常进行。但是，因为工程预付款实际上是发包人向承包人提供的一笔无息贷款，可使承包人减少自己垫付的周转资金，从而影响到作为投资人的发包人的资金运用，如不能有效控制，则会加大筹资成本，因此，发包人和承包人必然要根据工程的特点、工期长短、市场行情、供求规律等因素，最终经协商确定工程预付款，从而保证各自目标的实现，达到共同完成建设任务的目的。由于协商议定工程预付款，符合建设工程规律、市场规律和价值规律，必将被建设工程承发包活动越来越多地加以采用。

2. 工程预付款的扣回

发包人拨付给承包人的工程预付款属于预支的性质，工程实施后，随着工程所需材料储备的逐步减少，应以抵充工程款的方式陆续扣回，即在承包人应得的工程进度款中扣回。开始扣回的时间称为起扣点，起扣点的计算方法有两种。

① 按公式计算。这种方法原则上是以未完工程所需材料的价值等于工程预付款时起扣。从每次结算的工程款中按材料比重抵扣工程价款，竣工前全部扣清。具体计算公式如下。

$$T = P - \frac{M}{N} \quad (7-10)$$

式中：T——起扣点；

P——合同价；

M——工程预付款；

N——主要材料价款占工程总价款比重。

> **特别提示**
>
> 未完工程材料款＝工程预付款
> 未完工程材料款＝未完工程价值×主要材料价款占工程总价款比重＝（合同总价－已完工程价值）×主要材料价款占工程总价款比重
> 工程预付款＝（合同总价－已完工程价值）×主要材料价款占工程总价款比重
> 已完工程价值（起扣点）＝合同总价－工程预付款/主要材料价款占工程总价款比重

✓ 应用案例 7-10

【案例概况】

某工程合同价总额为 1000 万元，工程预付款为 200 万元，主要材料价款占工程总价款比重为 60%，则起扣点为多少？

【案例解析】

按照起扣点计算公式，有

$$T = P - \frac{M}{N} = 1000 - \frac{200}{60\%} \approx 666.67（万元）$$

② 在承包人完成金额累计达到合同总价一定比例（双方合同约定）后，由发包人从每次应付给承包人的工程款中扣回工程预付款，并在合同规定的完工期前将工程预付款扣清。

7.4.3 工程进度款结算

工程进度款结算也称中间结算，是施工企业在施工过程中，根据合同所约定的结算方式，按月、形象进度或验收单元，根据已经完成的工程量计算各项费用，向发包人办理工程款结算的过程。

1. 工程进度款的计算

工程进度款的计算，主要涉及两个方面：一是工程量的核实确认，二是单价的计算方法。

（1）工程量的核实确认

① 承包人应当按照合同约定的方法和时间，向工程师提交已完工程量的报告。工程师接到报告后 7 天内核实已完工程量，并在核实前 24 小时通知承包人，承包人应提供条件并派人参加核实。承包人收到通知后不参加核实，则以工程师核实的工程量作为工程进度款支付的依据。工程师不按约定时间通知承包人，致使承包人未能参加核实，核实结果无效。

② 工程师收到承包人报告后 7 天内未核实工程量，从第 8 天起，承包人提交的工程量视为被确认，作为工程进度款支付的依据。双方合同另有约定的，按合同执行。

③ 对承包人超出设计图纸（含设计变更）范围和因承包人原因造成返工的工程量，工程师不予计量。

（2）单价的计算方法

单价的计算方法主要根据发包人和承包人事先约定的工程价格的计价方法确定。目前我国的工程价格计算方法主要是工料单价法和全费用综合单价法两种（具体计算过程参见 5.4 节）。

通过工程量的核实确认和单价的确定，即可进行工程进度款的计算。承包人将计算出的工程进度款结算账单，提交给工程师和发包人确认，即可完成工程进度款的结算工作。

2. 工程进度款的支付

① 在确认工程计量结果后的 14 天内，发包人根据承包人提出的支付工程进度款申请，应按不低于工程价款的 60%，不高于工程价款的 90%向承包人支付工程进度款。按约定时间发包人应扣回的工程预付款，与工程进度款同期结算抵扣。符合规定范围合同价款的调整、工程变更调整的合同价款及其他条款中约定的追加合同价款应与工程进度款同期支付。

② 发包人超过约定的时间不支付工程进度款时，承包人应及时向发包人发出要求付款的通知，若发包人收到承包人通知后仍不能按要求付款，可与承包人协商签订延期付款协议，经承包人同意后可延期支付。协议应明确延期支付的时间和从工程计量结果确认后第 15 天起计算应付款的利息（利率按同期银行贷款利率计）。

③ 发包人不按合同约定支付工程进度款，双方又未达成延期付款协议，导致施工无法进行时，承包人可停止施工，由发包人承担违约责任。

✓ 应用案例 7-11

【案例概况】

某建筑安装工程总价款额为 600 万元，工程预付款按 25%预付，主要材料价款占工程总价款的 62.5%，工期 4 个月，计划各月的施工产值如表 7-2 所示。试求如何按月结算工程进度款。

表 7-2 某建筑安装工程计划各月的施工产值

月份	2	3	4	5
月产值/万元	100	140	180	180

【案例解析】

由题意知，工程总价款为 600 万元；工程预付款按 25%预付；主要材料价款占工程总价款的 62.5%；工期为 4 个月；各月施工产值：第 2 月 100 万元，第 3 月 140 万元，第 4 月 180 万元，第 5 月 180 万元。

① 工程预付款：$M=600\times25\%=150$（万元）。

② 起扣点：$T=600-150/62.5\%=600-240=360$（万元）。

③ 2 月完成产值 100 万元 $<T$，可结算 100 万元。

④ 3 月完成产值 140 万元，累计 240 万元 $<T$，可结算 140 万元。

⑤ 4 月完成产值 180 万元，累计 420 万元 $>T$；因此 $T-$上月累计 240 万元 $=360-240=120$（万元），本月可结算 $=120+60\times(1-62.5\%)=120+22.5=142.5$（万元）。

⑥ 5 月完成产值 180 万元，应结算 $180\times(1-62.5\%)=67.5$（万元）。

7.4.4 工程保修金结算

1. 保修金的概念

按照《建设工程质量保证金管理暂行办法》的规定,保修金也就是建设工程质量保证金,是指发包人与承包人在建设工程承包合同中约定,从应付的工程款中预留,用以保证承包人在保修期内对建设工程出现的缺陷进行维修的资金。缺陷是指建设工程质量不符合工程建设强制性标准、设计文件,以及承包合同的约定。

2. 保修金扣除

全部或者部分使用政府投资的建设项目,按工程价款结算总额5%左右的比例预留保证金,待工程项目保修期结束后拨付。保修金扣除有以下两种方法。

① 当工程进度款拨付累计额达到该建筑安装工程造价的一定比例时,停止支付。预留一定比例的剩余尾款作为保修金。

② 保修金的扣除也可以从发包人向承包人第一次支付的工程进度款开始,在每次承包人应得到的工程进度款中扣留投标书中的规定金额作为保修金,直至保修金总额达到投标书中规定的限额。如某项目合同约定,保修金每月按工程进度款的5%扣留。若第一个月完成产值100万元,则扣留5%的保修金后,实际支付:$100-100\times5\%=95$(万元)。

7.4.5 工程竣工结算

工程竣工结算是指承包人按照合同规定的内容全部完成所承包的工程,经验收质量合格,并符合合同要求之后,与发包人进行的最终工程价款结算,结算双方应按照合同价款及合同价款调整内容和索赔事项,进行工程竣工结算。

1. 工程竣工结算方式

工程竣工结算分为单位工程竣工结算、单项工程竣工结算和建设项目竣工总结算。

2. 工程竣工结算编审

① 单位工程竣工结算由承包人编制,发包人审查;实行总承包的工程,由具体承包人编制,在总包人审查的基础上,发包人审查。

② 单项工程竣工结算或建设项目竣工总结算由总(承)包人编制,发包人可直接进行审查,也可以委托具有相应资质的工程造价咨询机构进行审查。政府投资项目由同级财政部门审查。单项工程竣工结算或建设项目竣工总结算经发、承包人签字盖章后有效。

承包人应在合同约定期限内完成项目竣工结算编制工作,未在规定期限内完成的并且提不出正当理由延期的,责任自负。

3. 工程竣工结算审查期限

单项工程竣工后,承包人应在提交竣工验收报告的同时,向发包人递交竣工结算报告及完整的竣工结算资料,发包人应按以下规定时限进行核对(审查)并提出审查意见。工程竣工结算报告金额审查时间如下。

① 500万元以下,从接到竣工结算报告和完整的竣工结算资料之日起20天。

② 500万～2000万元，从接到竣工结算报告和完整的竣工结算资料之日起30天。

③ 2000万～5000万元，从接到竣工结算报告和完整的竣工结算资料之日起45天。

④ 5000万元以上，从接到竣工结算报告和完整的竣工结算资料之日起60天。

建设项目竣工总结算在最后一个单项工程竣工结算审查确认后15天内汇总，送发包人后30天内审查完成。

4. 工程竣工价款结算程序

《建设工程施工合同（示范文本）》关于竣工结算的程序如下。

① 工程竣工验收报告经发包人认可后28天内，承包人向发包人递交竣工结算报告及完整的竣工结算资料，双方按照协议书约定的合同价款及专用条款约定的合同价款调整内容，进行工程竣工结算。

② 发包人收到承包人递交的完整的竣工结算资料后28天内核实，给予确认或者提出修改意见。承包人收到竣工结算价款后14天内将竣工工程交付发包人。

③ 发包人收到竣工结算报告及完整的竣工结算资料后28天内无正当理由不支付工程竣工结算价款，从第29天起按承包人同期向银行贷款利率支付拖欠工程价款的利息，并承担违约责任。

④ 发包人收到竣工结算报告及完整的竣工结算资料后28天内不支付工程竣工结算价款，承包人可以催告发包人支付结算价款。发包人在收到竣工结算报告及完整的竣工结算资料56天内仍不支付的，承包人可以与发包人协议将该工程折价，也可以由承包人向法院申请将该工程拍卖，承包人就该工程折价或拍卖的价款优先受偿。

⑤ 工程竣工验收报告经发包人认可28天后，承包人未向发包人递交竣工结算报告及完整的竣工结算资料，造成工程竣工结算不能正常进行或工程竣工结算价款不能及时支付，发包人要求交付工程的，承包人应当交付，发包人不要求交付工程的，承包人承担保管责任。

5. 工程竣工价款结算的基本公式

工程竣工结算价款＝合同价款＋施工过程中合同价款调整数额－预付及已结算工程价款－保修金 (7－11)

 应用案例 7-12

【案例概况】

某工程合同价款总额为300万元，施工合同规定工程预付款为合同价款的25%，主要材料价款占工程总价款的62.5%，在每月的工程进度款中扣留5%作为保修金，每月实际完成工作量如表7-3所示，求工程预付款、每月结算工程款。

表 7-3 某工程每月实际完成工作量　　　　　　　　　单位：万元

月份	1	2	3	4	5	6
月产值	20	50	70	75	60	25

【案例解析】

由题意知，

① 工程预付款＝300×25％＝75（万元）
② 起扣点＝300－75/62.5％＝180（万元）
③ 1月：累计完成20万元，结算工程款 20－20×5％＝19（万元）
2月：累计完成70万元，结算工程款 50－50×5％＝47.5（万元）
3月：累计完成140万元，结算工程款 70×（1－5％）＝66.5（万元）
4月：累计完成215万元，超过起扣点180万元
结算工程款＝75－（215－180）×62.5％－75×5％＝49.375（万元）
5月：累计完成275万元
结算工程款＝60－60×62.5％－60×5％＝19.5（万元）
6月：累计完成300万元
结算工程款＝25×（1－62.5％）－25×5％＝8.125（万元）

7.4.6　工程价款动态结算

工程项目建设周期长，在整个建设期内会受到物价浮动等多种因素的影响，其中主要是人工、材料、施工机具等的动态影响。因此，在工程价款结算时要充分考虑动态因素，把多种因素纳入结算过程，使工程价款结算能反映工程项目的实际消耗费用。工程价款动态结算主要有以下几种方法。

1. 实际价格结算法

这种方法也称票据法，即施工企业可凭发票按实报销。由于是实报实销，因而承包人对降低成本不感兴趣。所以，一般由地方主管部门定期公布最高结算限价，同时在合同文件中规定建设单位或监理单位有权要求承包人选择更廉价的资源采购渠道。

2. 工程造价指数调整法

这种方法是采取当地当时的预算或概算单价计算出承包合同价，待竣工时根据合理的工期及当地工程造价管理部门所公布的该月度（或季度）的工程造价指数，对原承包合同价予以调整，重点调整那些由于人工费、材料费、施工机具使用费等费用上涨及工程变更因素造成的价差。调整后的合同价的计算公式为

$$调整后的合同价 = 原合同价 \times 造价指数调整系数$$
$$= 原合同价 \times \frac{调整日期的造价指数}{基准日期的造价指数} \times 100\% \quad (7-12)$$

应用案例 7-13

【案例概况】

某工程合同价款总额为1000万元，当年10月签订合同并开工，次年8月竣工。据当地工程造价管理部门公布的数据，当年10月的造价指数为102.05，次年8月的造价指数为108.60，则调整后的合同价为多少？

【案例解析】

由题意知，根据式（7-12）有

$$调整后的合同价 = 1000 \times \frac{108.60}{102.05} \times 100\% \approx 1064.18（万元）$$

3. 调价文件计算法

这种方法是按当时预算价格承包，在合同期内，按造价管理部门文件的规定，或定期发布主要材料供应价格和管理价格，进行补差。该方法适用于使用的材料品种较多，相对而言，每种材料使用量较小的房屋建筑与装饰工程等。

$$调差值 = \sum 各项材料用量 \times (结算期预算指导价 - 原预算价格) \qquad (7-13)$$

4. 调值公式法

按照国际惯例，对建设项目工程价款结算常常采用这种方法。大部分国际工程项目中，在签订合同时就明确列出调值公式，以此作为价差调整的依据。

建筑安装工程调值公式包括固定部分和调值部分。

$$P = P_0 \left(a_0 + a_1 \times \frac{A}{A_0} + a_2 \times \frac{B}{B_0} + a_3 \times \frac{C}{C_0} + a_4 \times \frac{D}{D_0} + \cdots \right) \qquad (7-14)$$

式中，P——调值后的合同价或工程实际结算价款；

P_0——合同价款中的工程预算进度款；

a_0——合同固定部分，即不能调整部分占合同总价的比重；

$a_1, a_2, a_3, a_4, \cdots$——调值部分（人工、钢材、水泥、运输等各项费用）在合同总价中所占的比例；

$A_0, B_0, C_0, D_0, \cdots$——基准日期对应的各项费用基准价格指数或价格；

$A, B, C, D, \cdots$——调整日期对应的各项费用现行价格指数或价格，指约定的付款证书相关周期最后一天的前42天各项费用的价格指数或价格。

调值公式法应用时应注意以下事项。

① 权重的确定。合同固定部分的比重，通常取值范围为 0.15～0.35。调值部分的比重，在许多招标文件中要求承包人在投标中提出，或由发包人在招标文件中规定一个范围，由投标人在此范围中选定。各项权重之和等于1。

② 调值费用项目的选择。调值费用项目的选择一般选择用量大、价格高且具有代表性的一些典型人工、材料，通常是大宗水泥、砂石、钢材、木材、沥青等，并用它们的价格指数变化综合代表材料费的价格变化。

③ 调值各项费用要与合同条款一致。一般在签订合同时，双方商定调整的有关费用、因素及物价波动到何种程度才进行调整。在国际工程中，一般在波动±5%以上才进行调整。如有的合同规定，在应调整金额不超过合同原始价的5%时，由承包人自己承担；在5%～20%时，承包人负担10%，发包人负担90%；超过20%时，则必须另行签订附加条款。

典型考题：
工程价款调整

④ 承包人工期延误后的价格调整。由于承包人原因未在约定的工期内竣工的，则对原约定竣工日期后继续施工的工程，在使用调值公式时，应采用原约定竣工日期与实际竣工日期的两个价格指数中较低的一个作为现行价格指数。

该方法适用于使用的材料品种较少，但每种材料使用量较大的土木工程，如公路、水坝等工程。

第7章 建设工程施工阶段建设工程造价控制与管理

 应用案例 7-14

【案例概况】

某工程合同总价为1000万元，合同基准日期为2022年5月，固定部分占工程价款的20%。经测算，调值的费用中，人工费和钢材费分别占工程价款的40%和10%。2023年1月完成的工程款占合同总价的10%，人工费、钢材费在2022年5月的价格指数分别为100和150，12月的价格指数分别为110和180，则2023年1月经调值后的工程款为多少万元？

【案例解析】

由题意知，根据调值公式，有

$$P = P_0 \left(a_0 + a_1 \times \frac{A}{A_0} + a_2 \times \frac{B}{B_0} + a_3 \times \frac{C}{C_0} + a_4 \times \frac{D}{D_0} + \cdots \right)$$

$$P = 1000 \times 10\% \times \left(20\% + 40\% \times \frac{110}{100} + 10\% \times \frac{180}{150} + 30\% \times \frac{100}{100} \right) = 106 \text{（万元）}$$

《中华人民共和国简明标准施工招标文件》

 应用案例 7-15

【案例概况】

2022年10月实际完成的某工程，2022年6月签约时的价格为1000万元，该工程固定部分占工程价款的20%，各参加调值的品种中，除钢材的价格上涨了10%外，其他都未发生变化，钢材费占调值部分的50%，按调值公式法动态结算的工程款为多少万元？

【案例解析】

由题意知，调值部分为0.8，因为钢材费占调值部分50%，题意中并未给出其他费用的占比，那么可确定只有钢材费和人工费，也就可算出人工费为调值部分的50%，即人工费占比为50%×0.8=40%。根据调值公式，有

$$P = P_0 \left(a_0 + a_1 \times \frac{A}{A_0} + a_2 \times \frac{B}{B_0} + a_3 \times \frac{C}{C_0} + a_4 \times \frac{D}{D_0} + \cdots \right)$$

$$P = 1000 \times \left[20\% + 40\% \times \frac{100 \times (1+10\%)}{100} + 40\% \times \frac{100}{100} \right] = 1040 \text{（万元）}$$

《中华人民共和国标准设计施工总承包招标文件》

 应用案例 7-16

【案例概况】

某土建工程，合同规定结算款为100万元，合同原始报价日期为2022年3月，固定部分占工程价款的15%。工程于2023年5月建成交付使用，工程人工费、材料费构成比例及有关价格指数如表7-4所示，计算实际结算款。

表7-4 某土建工程人工费、材料费构成比例及有关价格指数

项目	人工费	钢材	水泥	骨料	红砖	砂	木材
比例（%）	45	11	11	5	6	3	4
2022年3月价格指数	100	100.8	102.0	93.6	100.2	95.4	93.4
2023年5月价格指数	110.1	98.0	112.9	95.9	98.9	91.1	117.9

【案例解析】

由题意知,固定部分为15%,调值部分分别为:人工费占45%,钢材费占11%,水泥费占11%,骨料费占5%,红砖费占6%,砂费占3%,木材费占4%。根据调值公式,则

典型考题:
工程价款结算

$$P = P_0 \left(a_0 + a_1 \times \frac{A}{A_0} + a_2 \times \frac{B}{B_0} + a_3 \times \frac{C}{C_0} + a_4 \times \frac{D}{D_0} + \cdots \right)$$

$$P = 100 \times \left(15\% + 45\% \times \frac{110.1}{100} + 11\% \times \frac{98.0}{100.8} + 11\% \times \frac{112.9}{102.0} + 5\% \times \frac{95.9}{93.6} + 6\% \times \frac{98.9}{100.2} + 3\% \times \frac{91.1}{95.4} + 4\% \times \frac{117.9}{93.4} \right)$$

$$\approx 106.40 \text{(万元)}$$

7.5 资金使用计划的编制与应用

7.5.1 资金使用计划的编制对工程造价的影响

建设工程周期长、规模大、造价高,施工阶段是资金投入最直接、量最大、效果最明显的阶段。施工阶段资金使用计划的编制与控制在整个建设管理中处于重要的地位,它对工程造价有着重要的影响,表现如下。

① 编制资金使用计划,可以合理确定造价控制目标值,包括造价的总目标值、分目标值、各详细目标值,为工程造价的控制提供依据,并为资金的筹集与协调打下基础。有了明确的目标值后,就能将工程实际支出与目标值进行比较,找出偏差,分析原因,采取措施纠正偏差。

② 编制资金使用计划,可以对未来工程项目的资金使用和进度控制进行预测,消除不必要的资金浪费和进度失控,也能够避免在今后的工程项目中由于缺乏依据而进行轻率判断所造成的损失,减少盲目性,让现有资金充分发挥作用。

③ 在建设项目的实施过程中,通过资金使用计划的严格执行,可以有效地控制工程造价的上升,最大限度地节约投资,提高投资效益。

④ 对脱离实际的工程造价目标值和资金使用计划,应在科学评估的前提下,允许修订和修改,使工程造价更加趋于合理水平,从而保障建设单位和承包人各自的合法利益。

7.5.2 资金使用计划的编制

编制资金使用计划过程中最重要的步骤就是项目投资目标的分解。根据投资控制目标和要求的不同,投资目标的分解可以分为按投资构成、按子项目、按时间进度分解三种类型。相应地,资金使用计划也可分为按投资构成分解的资金使用计划、按子项目分解的资金使用计划和按时间进度分解的资金使用计划。

1. 按投资构成分解的资金使用计划

工程项目的投资主要分为建筑安装工程投资、设备及工(器)具购置投资及工程建设

其他投资。由于建筑工程和安装工程在性质上存在较大差异，投资的计算方法和标准也不尽相同，因此，在实际操作中往往将建筑工程投资和安装工程投资分解开来。这样，工程项目投资的总目标就可以按图 7.3 分解。

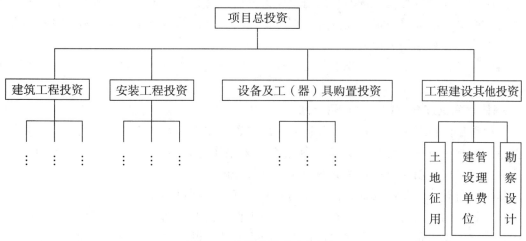

图 7.3　按投资构成分解目标

图 7.3 中的建筑工程投资、安装工程投资、设备及工（器）具购置投资可以进一步分解。另外，在按项目投资构成分解时，可以根据以往的经验和建立的数据库来确定适当的比例。必要时也可以做适当的调整。例如，如果估计所购置的设备大多包括安装费，则可将安装工程投资和设备购置投资作为一个整体来确定他们所占的比例，然后再按具体情况决定细分或不细分。按投资构成来分解的方法比较适用于有大量经验数据的工程项目。

2. 按子项目分解的资金使用计划

大中型的工程项目通常是由若干单项工程构成的，而每个单项工程包括了多个单位工程，每个单位工程又是由若干个分部分项工程构成，因此，首先要把项目总投资分解到单项工程和单位工程中，如图 7.4 所示。

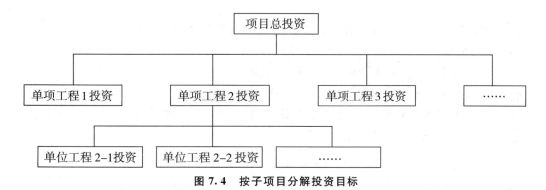

图 7.4　按子项目分解投资目标

一般来说，由于概算和预算大都是按照单项工程和单位工程来编制的，因此将项目总投资分解到各单项工程是比较容易的。需要注意的是，按照这种方法分解项目总投资，不能只是分解建筑工程投资、安装工程投资、设备及工（器）具购置投资，还应该分解项目的其他投资。但项目的其他投资所包含的内容既与具体单项工程或单位工程直接有关，也与整个建设项目有关，因此必须采取适当的方法将项目其他投资合理地分解到各个单项工程和单位工程中。最常用的也是最简单的方法就是按照单项工程的建筑安装工程投资和设备及工（器）具购置投资之和的比例分摊，但其结果可能与实际支出相差甚远。因此实践中一般应对工程项目其他投资的具体内容进行分析，将其中与各单项工程和单位工程有关的投资分离出来，按照一定比例分解到相应工程内容上。其他与整个项目有关的投资则不分解到单项工程和单位工程上。

另外，对各单位工程的建筑安装工程投资还需要进一步分解，在施工阶段一般可分解到分部分项工程。

3. 按时间进度分解的资金使用计划

工程项目的投资总是分阶段、分期支出的，资金使用是否合理与资金的时间安排有密切关系。编制项目资金使用计划，是为了合理筹措资金，尽可能减少资金占用和利息支出，因此有必要将项目总投资按其使用时间进行分解。

编制按时间进度分解的资金使用计划，通常可利用项目进度计划网络图进一步扩充而得。即在建立网络图时，一方面确定完成各项工作所需的时间，另一方面确定完成这一工作的合适投资支出预算。在实践中，将工程项目分解为既能方便地表示时间，又能方便地表示投资支出预算的工作是不容易的，通常如果项目分解程度对时间控制合适的话，则对投资支出预算可能分配过细，以至于不可能对每项工作确定其投资支出预算；反之亦然。因此，在编制网络计划时应在充分考虑进度控制对项目划分要求的同时，考虑确定投资支出预算对项目划分的要求，做到二者兼顾。

按时间进度分解的资金使用计划通常采用横道图、时标网络图、S形曲线、香蕉图等形式。

横道图是用不同的横道标识已完工程计划投资、实际投资及拟完工程计划投资，横道的长度与其数额成正比。横道图的优点是形象直观，但信息量少，一般用于管理的较高层次。

时标网络图是在确定施工计划网络图的基础上，将施工进度与工期相结合而形成的网络图。

这两种方法将在后文中详细介绍，下面主要介绍S形曲线、香蕉图两种方法。

（1）S形曲线

S形曲线即时间—投资累计曲线。S形曲线绘制步骤如下。

① 确定工程进度计划，编制进度计划的横道图。

② 根据每单位时间内完成的实物工程量或投入的人力、物力和财力，计算单位时间（月或旬）的投资，如表7-5所示。

表7-5 单位时间的投资

时间/月	1	2	3	4	5	6	7	8	9	10	11	12
投资/万元	200	200	300	500	700	800	800	700	800	600	500	400

③ 将各单位时间 t 计划完成的投资额累计，得到计划累计完成的投资额，计算方法为：各单位时间计划完成的投资额累加求和，可按下式计算。

$$Q_t = \sum_{n=1}^{t} q_n \qquad (7-15)$$

式中，Q_t——某时间 t 计划累计完成投资额；

q_n——单位时间 n 的计划完成投资额；

t——规定的计划时间。

根据投资额的累加计算公式，表 7-5 中某项目的各时间计划累计完成的投资额具体计算结果如表 7-6 所示。

表 7-6 单位时间的投资

时间/月	1	2	3	4	5	6	7	8	9	10	11	12
投资/万元	200	200	300	500	700	800	800	700	800	600	500	400
计划累计投资/万元	200	400	700	1200	1900	2700	3500	4200	5000	5600	6100	6500

④ 按各规定时间的计划累计完成的投资额，绘制 S 形曲线，如图 7.5 所示。

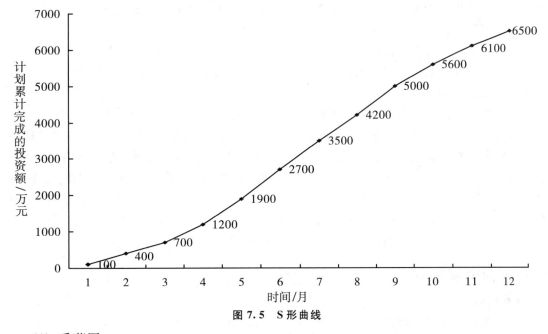

图 7.5 S 形曲线

（2）香蕉图

香蕉图即香蕉形曲线，是两条 S 形曲线组合成的闭合曲线，从 S 形曲线中得知，按某一时间开始的施工项目的进度计划，其计划实施过程中时间与累计完成任务量的关系都可以用一条 S 形曲线表示。对于一个施工项目的网络计划，在理论上总是分为最早和最迟两种开始与完成时间的。因此，一般情况下，任何一个施工项目的网络计划，都可以绘制出两条曲线：其一是计划以各项工作的最早开始时间安排进度而绘制的 S 形曲线，称为 ES 曲线；其二是计划以各项工作的最迟开始时间安排进度而绘制的 S 形曲线，称为 LS 曲线。

两条 S 形曲线都是从计划的开始时刻开始和完成时刻结束，因此两条曲线是闭合的。

一般情况下，其余时刻 ES 曲线上的各点均落在 LS 曲线相应点的左侧，形成一个形如香蕉的曲线，故此称为香蕉图，如图 7.6 所示。

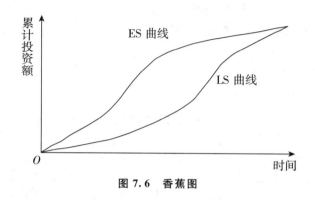

图 7.6 香蕉图

在项目的实施中进度控制的理想状况是任一时刻按实际进度描绘的点，应落在该香蕉形曲线的区域内。建设单位可根据编制的投资支出预算来合理安排资金，同时也可根据筹措的资金来调整 S 形曲线，即通过调整非关键线路上工作的最早或最迟开工时间，力争将实际的投资支出控制在预算范围内。

一般而言，所有工作都按最迟时间开始，对节约资金贷款利息是有利的，但同时也降低了项目按期竣工的保证率，因此必须合理确定投资支出计划，以达到既节约投资支出，又能控制项目工期的目的。

以上三种编制资金使用计划的方法并不是相互独立的。在实践中，往往是将这几种方法结合起来使用，从而达到扬长避短的效果。例如，将按子项目分解项目总投资与按投资构成分解项目总投资两种方法相结合，横向按子项目分解，纵向按投资构成分解，或相反。这种分解方法有助于检查各单项工程和单位工程投资构成是否完整，有无重复计算或缺项；同时还有助于检查各项具体的投资支出对象是否明确或落实，并且可以从数字上校核分解的结果有无错误。或者还可将按子项目分解项目总投资与按时间分解项目总投资结合起来，一般是纵向按子项目分解，横向按时间分解。

应用案例 7-17

【案例概况】

已知某施工项目的数据资料见表 7-7，绘制该项目的 S 形曲线。

表 7-7 某施工项目的数据资料

编码	项目名称	最早开始时间/月	工期/月	投资强度/(万元/月)
11	场地平整	1	1	20
12	基础施工	2	3	15
13	主体工程施工	4	5	30
14	砌筑工程施工	8	3	20
15	屋面工程施工	10	2	30
16	楼地面施工	11	2	20

第7章 建设工程施工阶段建设工程造价控制与管理

(续)

编码	项目名称	最早开始时间/月	工期/月	投资强度/(万元/月)
17	室内实施安装	11	1	30
18	室内装饰	12	1	20
19	室外装饰	12	1	10
20	其他工程		1	10

【案例解析】

由题意知,绘制该施工项目的时间—投资累计曲线,应根据其绘制步骤进行。

(1) 确定工程进度计划,编制进度计划的横道图,如表7-8所示。

表7-8 进度计划的横道图

编码	项目名称	工期/月	投资强度/(万元/月)	1	2	3	4	5	6	7	8	9	10	11	12
11	场地平整	1	20	—											
12	基础施工	3	15		——	——	——								
13	主体工程施工	5	30					——	——	——	——	——			
14	砌筑工程施工	3	20								——	——	——		
15	屋面工程施工	2	30										——	——	
16	楼地面施工	2	20										——	——	
17	室内实施安装	1	30											——	
18	室内装饰	1	20												——
19	室外装饰	1	10												——
20	其他工程	1	10												——

(2) 根据每单位时间内完成的实物工程量或投入的人力、物力和财力,计算单位时间(月或旬)的投资,如表7-9所示。

表7-9 某施工项目单位时间的投资

时间/月	1	2	3	4	5	6	7	8	9	10	11	12
投资/万元	20	15	15	45	30	30	30	50	20	50	80	50

(3) 将各单位时间 t 计划完成的投资额累计,得到计划累计完成的投资额,如表7-10所示。

表7-10 单位时间的投资

时间/月	1	2	3	4	5	6	7	8	9	10	11	12
投资/万元	20	15	15	45	30	30	30	50	20	50	80	50
计划累计投资/万元	20	35	50	95	125	155	185	235	255	305	385	435

271

（4）按各规定时间的计划累计完成的投资额，绘制 S 形曲线，如图 7.7 所示。

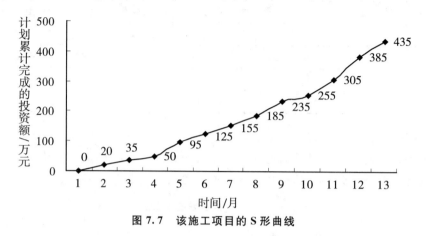

图 7.7 该施工项目的 S 形曲线

7.5.3 施工阶段投资偏差分析

1. 投资偏差的概念

在施工阶段，由于施工过程中随机因素和风险因素较多，使得工程实际情况与计划情况出现差异，这个差异就是偏差。在项目实施过程中，具体的偏差有两种，即投资偏差和进度偏差。投资的实际值与计划值的差异叫作投资偏差，实际工程进度与计划工程进度的差异叫作进度偏差。

其中，进度偏差对投资偏差分析的结果有重要影响，如果不加以考虑，就不能正确反映投资偏差的实际情况。如某一阶段的投资超支，可能是由于进度超前导致的，也可能是由于物价上涨导致的。为此，投资偏差分析必须引入进度偏差的概念。

用公式表示即为

$$投资偏差 = 已完工程实际投资 - 已完工程计划投资 \qquad (7-16)$$

式中

$$已完工程实际投资 = \sum 已完工程量（实际工程量）\times 实际单价 \qquad (7-17)$$
$$已完工程计划投资 = \sum 已完工程量（实际工程量）\times 计划单价 \qquad (7-18)$$

投资偏差为正，表示投资超支；投资偏差为负，表示投资节约。

$$进度偏差 = 已完工程实际时间 - 已完工程计划时间 \qquad (7-19)$$

为了与投资偏差联系起来，进度偏差也可表示为

$$进度偏差 = 拟完工程计划投资 - 已完工程计划投资 \qquad (7-20)$$

其中，拟完工程计划投资是指根据进度计划安排在某一确定时间内所应完成的工程内容的计划投资。通俗地讲，拟完工程计划投资是指"计划进度下的计划投资"，已完工程计划投资是指"实际进度下的计划投资"，已完工程实际投资是指"实际进度下的实际投资"，即

$$拟完工程计划投资 = \sum 拟完工程量（计划工程量）\times 计划单价 \qquad (7-21)$$

进度偏差为正，表示工期拖延；进度偏差为负，表示工期提前。

应用案例 7-18

【案例概况】

某分项工程计划在 4、5、6 周施工,每周计划完成工程量 1000 m^3,计划单价为 20 元/m^3;实际该分项工程于 4、5、6、7 周完成,每周完成工作量 750 m^3,第 4、5 周的实际单价为 22 元/m^3,第 6、7 周的实际单价为 25 元/m^3。则第 6 周该分项工程的进度偏差和投资偏差分别为多少元?

【案例解析】

由题意知,本题考核施工阶段投资偏差的分析和进度偏差的分析。

投资偏差 = 已完工程实际投资 − 已完工程计划投资
= 实际工程量 × (实际单价 − 计划单价)

进度偏差 = 拟完工程计划投资 − 已完工程计划投资
= (拟完工程量 − 实际工程量) × 计划单价

本题中,投资偏差分两部分:第 4、5 周的投资偏差 = 750 × 2 × (22 − 20) = 3000(元),第 6 周的投资偏差 = 750 × (25 − 20) = 3750(元),所以总投资偏差 = 3000 + 3750 = 6750(元),故投资超支。

进度偏差也分两部分:第 4、5 周的进度偏差 = (1000 × 2 − 750 × 2) × 20 = 10000(元),第 6 周的进度偏差 = (1000 − 750) × 20 = 5000(元),所以总的进度偏差为 10000 + 5000 = 15000(元),故工期拖延。

此部分常以计算题的形式出现,应分清各种偏差之间的关系,准确记忆计算公式,并注意相对的两种偏差之间的区别和联系。

2. 其他偏差的概念

(1) 局部偏差和累计偏差

局部偏差有两层含义:一层含义是对于整个项目而言,指各单项工程、单位工程及分部分项工程的投资偏差;另一层含义是对于整个项目已经实施的时间而言,是指每一控制周期所发生的投资偏差。累计偏差是一个动态的概念,其数值总是与具体时间联系在一起,第一个累计偏差在数值上等于局部偏差,最终的累计偏差就是整个项目的投资偏差。

局部偏差的引入,可以使项目投资管理人员清楚地了解偏差发生的时间、所在的单项工程,这有利于分析其发生的原因;而累计偏差所涉及的工程内容较多、范围较大,且原因也较复杂,因而累计偏差分析必须以局部偏差分析为基础。从另一方面看,因为累计偏差分析是建立在对局部偏差进行综合分析的基础上的,所以其结果更能显示出代表性和规律性,对投资控制工作在较大范围内具有指导作用。

(2) 绝对偏差和相对偏差

绝对偏差是指投资实际值与计划值比较所得到的差额,绝对偏差的结果很直观,有助于投资管理人员了解项目投资出现偏差的绝对数额,并依此采取一定措施,制订或调整投资支付计划和资金筹措计划。但是,绝对偏差有其不容忽视的局限性。如同样是 10 万元的投资偏差,对于总投资 1000 万元的项目和总投资 1 亿元的项目而言,其严重性显然是不同的,因此绝对偏差仅适用于对同一项目进行偏差分析。于是我们又引入相对偏差这一参数。它不受项目层次的限制,也不受项目实施时间的限制,在各种投资比较中均可采用。与绝对偏差一样,相对偏差可正可负,且两者同正负。正值表示投资超支,负值表示投资节约。

(3) 偏差程度

投资偏差程度是指投资实际值与投资计划值的偏离程度,其表达式为

$$投资偏差程度 = \frac{投资实际值}{投资计划值} \qquad (7-22)$$

投资偏差程度>1,表示超支,即实际投资大于计划投资;投资偏差程度<1,表示节支,即实际投资小于计划投资。

将投资偏差程度与进度结合起来,引入进度偏差程度的概念,其表达式为

$$进度偏差程度 = \frac{拟完工程计划时间}{已完工程计划时间} \qquad (7-23)$$

$$进度偏差程度 = \frac{拟完工程计划投资}{已完工程计划投资} \qquad (7-24)$$

进度偏差程度>1,表示进度延误,即实际进度比计划进度慢;进度偏差程度<1,表示进度提前,即实际进度比计划进度快。

3. 投资偏差的分析方法

偏差分析可采用不同的方法,常用的有横道图法、时标网络图法、表格法和曲线法。

(1) 横道图法

横道图法进行投资偏差分析是用不同的横道标识已完工程计划投资、拟完工程计划投资和已完工程实际投资。在实际工程中需要根据拟完工程计划投资和已完工程实际投资确定已完工程计划投资后,再确定投资偏差、进度偏差。具体做法是:已完工程计划进度横道长度与已完工程实际进度横道长度一致,投资额按拟完工程计划投资额加总平均确定。

应用案例 7-19

【案例概况】

某小学教学楼工程的计划进度与实际进度如表 7-11 所示。表中粗实线表示计划进度(进度线上方的数据为每周计划完成工作预算成本),粗虚线表示实际进度(进度线上方的数据为每周实际发生成本),假定各分项工程每周计划完成总工程量和实际完成总工程量相等,且进度均匀。

表 7-11 某小学教学楼工程计划进度与实际进度 单位:万元

分项工程	进度计划/周								
	1	2	3	4	5	6	7	8	9
A	9 9	9 8							
B			10 9	10 10	10 9				
C						7 8	7 7	7 6	
D							5 4	5 4	5 5

问题：

① 计算每周成本数据，并将结果填入表 7-12 中。

表 7-12 投资数据   单位：万元

项目	进度计划/周								
	1	2	3	4	5	6	7	8	9
每周拟完工程计划投资									
拟完工程计划投资累计									
每周已完工程实际投资									
已完工程实际投资累计									
每周已完工程计划投资									
已完工程计划投资累计									

② 分析第 4 周末和第 7 周末的投资偏差和进度偏差。

③ 计算第 8 周末的投资偏差程度和进度偏差程度并分析投资和进度状况。

【案例解析】

由题意知，本题考核施工阶段如何采用横道图法分析投资偏差和进度偏差。按照横道图法原理：已完工程计划进度横道长度与已完工程实际进度横道长度一致，投资额按拟完工程计划投资额加总平均确定，可以确定该工程已完工程计划进度和每周的计划投资额，如表 7-13 所示。其中细实线表示已完工程计划进度，上方的数据表示每周的计划投资额。

表 7-13 工程计划进度与实际进度   单位：万元

分项工程	进度计划/周								
	1	2	3	4	5	6	7	8	9
A	9 9 9 8 9 9								
B			10 10 10 9 10 9 10 10 10						
C					7 7 7 8 7 6 7 7 7				
D							5 5 5 4 4 5 5 5 5		

① 按照表 7-13 的分析，完成表 7-12，结果见表 7-14。

表 7-14 投资数据　　　　　　　　　　　　　　　单位：万元

项目	进度计划/周								
	1	2	3	4	5	6	7	8	9
每周拟完工程计划投资	9	19	10	10	7	7	12	5	5
拟完工程计划投资累计	9	28	38	48	55	62	74	79	84
每周已完工程实际投资	9	8	9	10	17	7	10	4	5
已完工程实际投资累计	9	17	26	36	53	60	70	74	79
每周已完工程计划投资	9	9	10	10	17	7	12	5	5
已完工程计划投资累计	9	18	28	38	55	62	74	79	84

② 分析第 4 周末和第 7 周末的投资偏差和进度偏差。

A. 从表 7-14 中看出，第 4 周末的投资偏差＝36－38＝－2（万元）＜0，表示项目投资节支 2 万元；进度偏差＝48－38＝10（万元）＞0，表示项目进度拖延。

B. 从表 7-14 中看出，第 7 周末的投资偏差＝70－74＝－4（万元）＜0，表示项目投资节支 4 万元；进度偏差＝74－74＝0（万元），表示项目实际进度与计划进度保持一致。

③ 计算第 8 周末的投资偏差程度和进度偏差程度，并分析投资和进度状况。

A. 投资偏差程度＝74/79≈0.94＜1，表示投资节支。

B. 进度偏差程度＝79/79＝1，表示实际进度与计划进度保持一致。

横道图法具有形象、直观、一目了然等优点，它能够准确表达投资的绝对偏差，而且能一眼感受到偏差的严重性。但是这种方法反映的信息量少，一般在项目的较高管理层应用。

（2）时标网络图法

双代号时标网络图以水平时间坐标尺度表示工作时间，时标的时间单位根据需要可以是天、周、月等。在时标网络计划中，实箭线表示工作，实箭线的长度表示工作持续时间，虚箭线表示虚工作，波浪线表示工作与其紧后工作的时间间隔。点画线表示对应施工检查日（用▲表示）施工的实际进度，某一检查日各个工作的实际进度的连线叫实际进度前锋线。图中实箭线上标入的数字表示实箭线对应工作的单位时间的计划投资值。如图 7.8 中工作 1—2 上的 5 即表示该工作每月计划投资 5 万元；图中对应 4 月有 2—3、2—5、2—4 三项工作列入计划，由上述数字可确定 4 月拟完工程计划投资为 3＋4＋3＝10（万元）。表 7-15 中第一行数字为拟完工程计划投资逐月累计值，例如 4 月为 5＋5＋10＋10＝30（万元）；表格中第二行数字为已完工程实际投资逐月累计值，是表示工程进度实际变化所对应的实际投资值。

表 7-15 某工程投资数据　　　　　　　　　　　　　　　单位：万元

项目	月份														
	1	2	3	4	5	6	7	8	9	10	11	12	13	14	15
拟完工程计划投资的逐月累计值	5	10	20	30	40	50	60	70	80	90	100	106	112	115	118
已完工程实际投资的逐月累计值	5	15	25	35	45	53	61	69	77	85	94	103	112	116	120

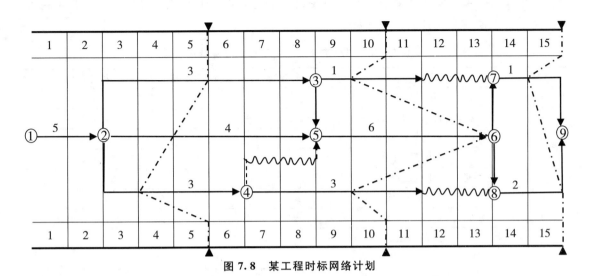

图 7.8 某工程时标网络计划

图 7.8 中如果不考虑实际进度前锋线，可以得到每月的拟完工程计划投资。如 4 月有 3 项工作投资额分别为 3 万元、4 万元、3 万元，则 4 月拟完工程计划投资值为 10 万元。将各月中的数字累计计算即可产生拟完工程计划投资逐月累计值，即表 7－15 中的第一行数字，第二行数字为已完工程实际投资逐月累计值，其数字根据实际工程开支单独给出。如果考虑实际进度前锋线，则可以得到对应月的已完工程计划投资。

第 5 个月月底：

已完工程计划投资＝2×5+3×3+4×2+3＝30（万元）

投资偏差＝已完工程实际投资－已完工程计划投资＝45－30＝15（万元）

表示该工程投资增加 15 万元。

进度偏差＝拟完工程计划投资－已完工程计划投资＝40－30＝10（万元）

表示该工程进度拖延。

第 10 个月月底：

已完工程计划投资＝5×2+3×6+4×6+3×4+1+6×4+3×3＝98（万元）

投资偏差＝已完工程实际投资－已完工程计划投资＝85－98＝－13（万元）

表示该工程投资节约 13 万元。

进度偏差＝拟完工程计划投资－已完工程计划投资＝90－98＝－8（万元）

表示该工程进度提前。

(3) 表格法

表格法是进行偏差分析最常用的一种方法，它将项目编号、名称、各投资参数及投资偏差数等综合归纳入一张表格中，并且直接在表格中进行比较。具体见以下用表格法进行投资偏差分析的例子。

 应用案例 7－20

【案例概况】

某城市图书馆工程项目，结构主体已施工完成，目前进行装饰装修工程的施工，其中门窗子分部工程中有塑料窗安装、特种门安装、木门安装三个分项工程,在上个月的施工中,主要技术经济参数如表7-16所示。

表7-16 装饰装修工程主要技术经济参数

序号	项目名称	塑料窗安装	特种门安装	木门安装
1	计划单位投资/元	78	120	50
2	拟完成的工程量/m²	250	36	100
3	拟完成工程计划投资/元			
4	已完工程量/m²	230	36	115
5	已完工程计划投资/元			
6	实际单位投资/元	66	138	62
7	已完工程实际投资/元			
8	投资偏差/元			
9	投资偏差局部程度			
10	进度偏差/元			
11	进度偏差局部程度			

问题:确定工程中塑料窗安装、特种门安装、木门安装的施工投资偏差和进度偏差。

【案例解析】

根据投资偏差和进度偏差的计算公式,完成上述表7-16,结果如表7-17所示。

表7-17 装饰装修工程技术经济参数

序号	项目名称	计算式	塑料窗安装	特种门安装	木门安装
1	计划单位投资/元		78	120	50
2	拟完成的工程量/m²		250	36	100
3	拟完成工程计划投资/元	1×2	19500	4320	5000
4	已完工程量/m²		230	36	115
5	已完工程计划投资/元	1×4	17940	4320	5750
6	实际单位投资/元		66	138	62
7	已完工程实际投资/元	4×6	15180	4968	7130
8	投资偏差/元	7−5	−2760	648	1380
9	投资偏差局部程度	7/5	0.846	1.15	1.24
10	进度偏差/元	3−5	1560	0	−750
11	进度偏差局部程度	3/5	1.087	1.00	0.870

由表7-17可知,塑料窗安装投资偏差为−2760元,表明投资节约2760元;进度偏差为1560元,表明工期拖延。特种门安装投资偏差为648元,表明投资超支648元;进度偏差为0元,表明实际进度与计划进度一致。木门安装投资偏差为1380元,表明投资超支1380元;进度偏差为−750元,表明工期提前。

由于各偏差参数都在表中列出,使投资管理者能够综合地了解并处理这些数据。用表格法进行偏差分析具有如下优点:灵活适用性强,可根据实际需要设计表格,进行增减项；信息量大，可以反映偏差分析所需的资料，从而有利于投资控制人员及时采取针对措施，加强控制；表格处理可以借助于计算机，从而节约大量数据处理所需的人力，并大大提高速度。

（4）曲线法

曲线法是用时间－投资累计曲线（S形曲线）来进行投资偏差分析的一种方法，如图7.9所示，其中a表示实际投资曲线，p表示计划投资曲线，两条曲线之间的竖向距离表示投资偏差。

在用曲线法进行投资偏差分析时，首先要确定投资计划曲线。投资计划曲线是与确定的进度计划联系在一起的。同时，也要考虑实际进度的影响，应当引入3条投资参数曲线，即已完工程实际投资曲线a，已完工程计划投资曲线b和拟完工程计划投资曲线p，如图7.10所示。图中曲线a和曲线b的竖向距离表示投资偏差，曲线b和曲线p的水平距离表示进度偏差。

图 7.9 时间－投资累计曲线

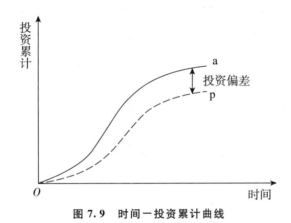

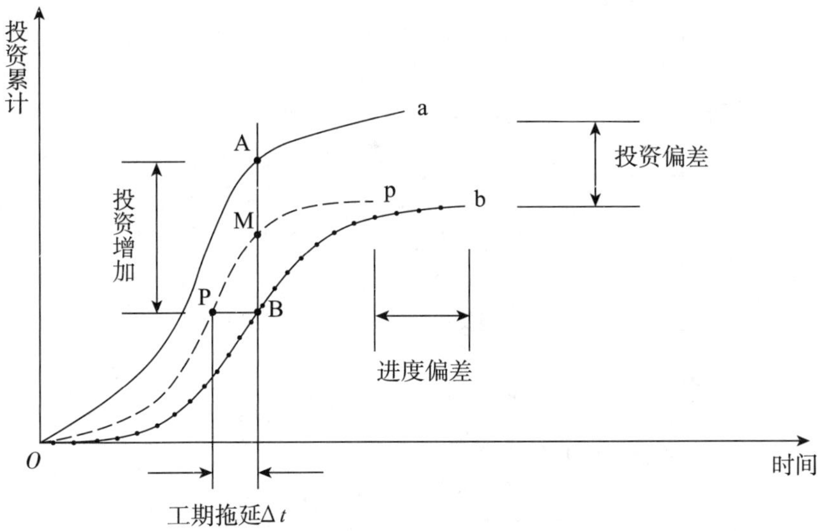

图 7.10 三条投资参数曲线

图 7.10 反映的偏差为累计偏差。用曲线法进行偏差分析同样具有形象、直观的特点,但这种方法很难用于定量分析,只能对定量分析起到一定的指导作用。

7.5.4 偏差形成原因及纠偏措施

1. 投资偏差原因分析

(1) 引起偏差的原因

偏差分析的一个重要目的就是找出引起偏差的原因,从而采取有针对性的措施,减少或避免相同原因的再次发生。在进行偏差原因分析时,首先应当将已经导致和可能导致偏差的各种原因逐一列举出来。导致不同工程项目产生投资偏差的原因具有一定共性,因而可以通过对已建设项目的投资偏差原因进行归档、总结,为该项目采用防御措施提供依据。

一般来讲,引起投资偏差的原因主要有四个方面,即客观原因、业主原因、设计原因和施工原因,如图 7.11 所示。

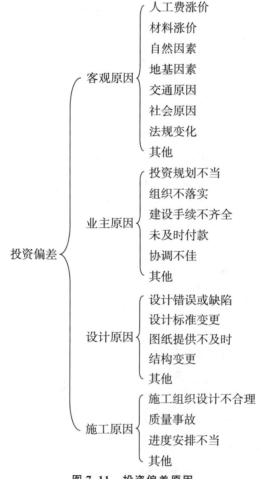

图 7.11 投资偏差原因

(2) 偏差的类型

偏差分为四种形式。

① 投资增加且工期拖延。这种类型是纠正偏差的主要对象。

② 投资增加但工期提前。这种情况下要适当考虑工期提前带来的效益。如果增加的资金值超过增加的效益，应采取纠偏措施，若这种收益与增加的投资大致相当甚至高于投资增加额，则未必需要采取纠偏措施。

③ 工期拖延但投资节约。这种情况下是否采取纠偏措施要根据实际需要。

④ 工期提前且投资节约。这种情况是最理想的，不需要采取纠偏措施。

2. 纠偏措施

对偏差原因进行分析的目的是有针对性地采取纠偏措施，从而实现投资的动态控制和主动控制。

纠偏首先应确定纠偏的主要对象（如偏差原因），有些原因是无法避免和控制的，如客观原因，充其量只能对其中少数原因做到防患未然，力求减少该原因所产生的经济损失。对于施工原因所导致的经济损失通常是由承包人自己承担的，从投资控制的角度只能加强合同的管理，避免被承包人索赔。所以，这些偏差原因都不是纠偏的主要对象。纠偏的主要对象是发包人原因和设计原因造成的投资偏差。

确定了纠偏的主要对象后，需要采取有针对性的纠偏措施，纠偏可采用组织措施、经济措施、技术措施和合同措施等。

(1) 组织措施

组织措施是指从投资控制的组织管理方面采取的措施，包括：①落实投资控制的组织机构和人员；②明确各级投资控制人员的任务、职能分工、权利和责任；③改善投资控制工作流程等。

组织措施往往容易被忽视，其实它是其他措施的前提和保障，而且一般无须增加什么费用，运用得当可以收到很好的效果。

(2) 经济措施

经济措施主要指审核工程量和签发支付证书，最易被人们接受。但是，在应用中不能把经济措施简单地理解为就是审核工程量和签发支付证书，而应从全局出发来考虑问题，如检查投资目标分解是否合理；资金使用计划有无保障，会不会与施工进度计划发生冲突；工程变更有无必要，是否超标等，解决这些问题往往是标本兼治，事半功倍。另外，通过偏差分析和未完工程的预测还可以发现潜在的问题，及时采取预防措施，从而取得造价控制的主动权。

(3) 技术措施

技术措施主要指对工程方案进行技术经济比较。从造价控制的要求来看，技术措施并不都是因为有了技术问题才加以考虑的，也可以因为出现较大的投资偏差而加以运用。不同的技术措施往往会有不同的经济效果，因此运用技术措施纠偏时，要对不同的技术方案进行技术经济分析后加以选择。

(4) 合同措施

合同措施在纠偏方面主要指索赔管理。施工过程中，索赔事件的发生是难免的，在发生索赔事件后，工程师要认真审查有关索赔依据是否符合合同规定，索赔计算是否合理等,从主动控制的角度出发,加强日常的合同管理,落实合同规定的责任。

综合应用案例

【案例概况】

某施工单位与某建设单位签订施工合同,合同工期为38天。合同中约定,工期每提前(或拖后)1天奖(或罚)5000元,乙方得到工程师同意的工程施工网络计划如图7.12所示。

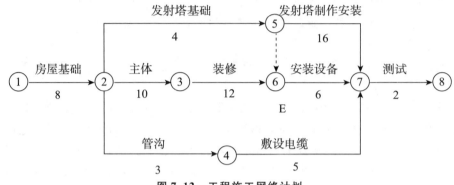

图 7.12　工程施工网络计划

实际施工中发生了如下事件。

(1) 在房屋基槽开挖后,发现局部有软弱下卧层,按甲方代表指示,乙方配合地质复查,配合用工10个工日。地质复查后,根据经甲方代表批准的地基处理方案增加工程费用4万元,因地基复查和处理使房屋基础施工延长3天,工人窝工15个工日。

(2) 在发射塔基础施工时,因发射塔坐落位置的设计尺寸不当,甲方代表要求修改设计,拆除已施工的基础、重新定位施工。由此造成工程费用增加1.5万元,发射塔基础施工延长2天。

(3) 在房屋主体施工中,因施工机械故障,造成工人窝工8个工日,房屋主体施工延长2天。

(4) 在敷设电缆时,因乙方购买的电缆质量不合格,甲方代表令乙方重新购买合格电缆,由此造成敷设电缆施工延长4天,材料损失费1.2万元。

(5) 鉴于该工程工期较紧,乙方在房屋装修过程中采取了加快施工技术措施,使房屋装修施工缩短3天,该项技术措施费为0.9万元。

其余各项工作持续时间和费用与原计划相符。假设工程所在地人工费标准为30元/工日,应由甲方给予补偿的窝工人工补偿标准为18元/工日,企业管理费、利润等均不予补偿。

问:

(1) 在上述事件中,乙方可以就哪些事件向甲方提出工期补偿和费用补偿?

(2) 该工程实际工期为多少?

(3) 在该工程中,乙方可得到的合理费用补偿为多少?

【案例解析】

(1) 工程施工网络计划时间参数的计算如图7.13所示。各事件的处理如下。

事件1:可以提出工期索赔和费用索赔。因为地质条件的变化属于有经验的承包商无法合理预见的,且该工作位于关键线路上。

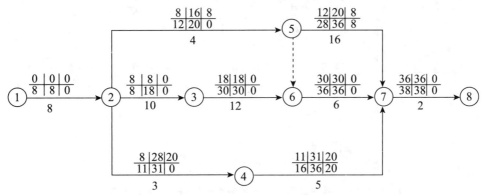

图 7.13 工程施工网络计划时间参数的计算

事件 2：可提出费用补偿要求，不能提出工期补偿。因为设计变更属于甲方应承担的责任，甲方应给予经济补偿，但该工序为非关键工序且延误时间 2 天未超过其总时差，故没有工期补偿。

事件 3：不能提出工期和费用补偿。施工机械故障属于乙方自身应承担的责任。

事件 4：不能提出费用和工期补偿。乙方购买的电缆质量问题是乙方自己的责任。

事件 5：不能提出费用和工期的补偿。因为双方在合同中约定采用奖励方法解决乙方加速施工的费用补偿，故赶工措施费由乙方自行承担。

(2) 实际施工进度时间参数的计算如图 7.14 所示。

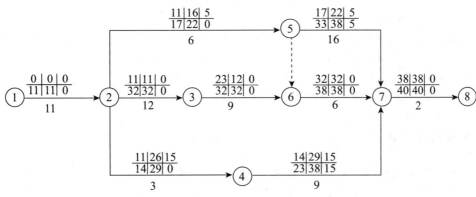

图 7.14 实际施工进度时间参数的计算

按实际情况计算得实际工期为 40 天。由于甲方原因而导致的进度计划时间参数的计算如图 7.15 所示。

经计算工期为 41 天，与原合同工期相比延长 3 天，即实际合同工期应为 41 天，而实际工期为 40 天，实际工期比合同工期提前了 1 天，按照合同应给予奖励。

(3) 费用补偿。

事件 1。

增加人工费：10×30＝300（元）

窝工费：15×18＝270（元）

增加工程费用：40000 元

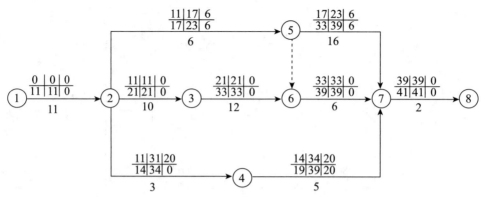

图 7.15 甲方原因而导致的进度计划时间参数的计算

事件 2。

增加工程费：15000 元

提前工期奖励：1×5000＝5000（元）

合计补偿：300＋270＋40000＋15000＋5000＝60570（元）

本章小结

本章结合全国造价工程师、一级建造师执行资格考试用书，主要介绍了施工阶段工程造价控制和管理的主要任务，详细讲述了工程变更、工程索赔、工程价款的结算及资金使用计划的编制与使用。

通过本章的学习，学习者能掌握施工阶段控制工程造价的各方面内容，并解决工程实践中的工程变更程序、变更价款的确定、工程索赔的计算与程序、工程价款的结算，并能根据资金使用计划的编制和使用来合理安排资金的使用和筹措，对施工过程中的投资偏差和进度偏差进行掌控和纠偏。

推荐阅读资料

1.《建设工程计价》（全国造价工程师执业资格考试培训教材）
2.《建设工程项目管理》（全国一级建造师执业资格考试用书）
3.《建设工程管理与实务复习题集》（全国二级建造师执业资格考试辅导）

习 题

一、单项选择题

1. FIDIC 合同条件下，工程量的变更直接造成该项工作每单位工程量费用的变动超过（　）时，允许对某一项工作的费率或单价加以调整。

A. 10％　　　　B. 0.01％　　　　C. 1％　　　　D. 15％

2. 关于 FIDIC 合同条件下要求承包商递交建议书后再确定的变更，下列说法错误的是（　　）。
   A. 承包商在等待答复期间，暂时停止所有工作
   B. 工程师发出每一项实施变更的指令，应要求承包商记录支出的费用
   C. 承包商提出的变更建议书只是作为工程师决定是否实施变更的参考
   D. 除了以总价方式支付的情况，每一项变更均应依据计量工程量进行估价和支付

3. 在 FIDIC 合同条件下，工程师发布删减工作的变更指示后承包商不再实施部分工作，承包商可以就其损失向工程师发出通知并提供具体的证明材料，但这一损失不包括（　　）。
   A. 直接费　　　B. 间接费　　　C. 税金　　　D. 利润

4. 工程索赔是当事人一方向另一方提出索赔要求的行为，相对来说，（　　）的索赔更加困难一些。
   A. 发包人向供应商　　　B. 供应商向发包人
   C. 发包人向承包人　　　D. 承包人向发包人

5. 由于设计变更、追加或取消某些工作造成承包人损失的，这种索赔原因可归结为（　　）。
   A. 监理人指令　　　B. 合同缺陷
   C. 当事人违约　　　D. 合同变更

6. 依据《建设工程工程量清单计价规范》，下列关于建设工程索赔程序的说法正确的是（　　）。
   A. 设计变更发生后，承包人应在 28 天内向发包人提交索赔通知
   B. 索赔事件在持续进行，承包人应在事件终了后立即提交索赔报告
   C. 索赔通知发出后的 14 天内，承包人应向工程师提交索赔报告及有关资料
   D. 工程师在收到承包人送交的索赔报告的有关资料后 28 天内未予答复或未对承包人进一步要求，视为该项索赔已被认可

7. 根据 FIDIC 合同条件，承包人递交详细索赔报告的时限是（　　）。
   A. 索赔事件发生 28 天内
   B. 察觉或应当察觉索赔事件 28 天内
   C. 察觉或应当察觉索赔事件 42 天内
   D. 索赔事件发生 56 天内

8. 根据《中华人民共和国标准设计施工总承包招标文件（2012 年版）》，某施工合同在履行过程中，先后在不同时间发生了如下事件：因监理人对隐蔽工程复检而导致某关键工作停工 2 天，隐蔽工程复检合格；因异常恶劣天气导致工程全面停工 3 天；因季节大雨导致工程全面停工 4 天。则承包商可索赔的工期为（　　）天。
   A. 2　　　B. 3　　　C. 5　　　D. 9

9. 某建设项目业主与施工单位签订了可调价格合同。合同中约定，主导施工机械一台，为施工单位自有设备，台班单价为 900 元/台班，折旧费为 150 元/台班，人工日工资单价为 40 元/工日，工人窝工费为 10 元/工日。合同履行中，①因场外停电全场停工 2 天，造成人员窝工 20 个工日；②因业主指令增加一项新工作，完成该工作需要 5 天时间，

施工机械 5 台班，人工 20 个工日，材料费 5500 元，则施工单位可向业主提出直接费补偿额为（　　）元。

　　A. 5800　　　　B. 11300　　　　C. 34000　　　　D. 495000

10. 某土方工程业主与施工单位签订了土方施工合同，合同约定的土方工程量为 8000 m³，合同工期为 16 天，合同约定：工程量增加 20% 以内为施工方应承担的工期风险。挖运过程中，因出现了较深的软弱下卧层，致使土方量增加 10200 m³，则施工方可提出的工期索赔为（　　）天。

　　A. 1　　　　B. 4　　　　C. 17　　　　D. 14

11. 某建设单位建一厂房，预计工期为 5 个月，土建合同价款为 50 万元，该工程采用（　　）的方式较为合理。

　　A. 按月结算　　　　　　　　　　B. 按目标价款结算
　　C. 实际价格调整法结算　　　　　D. 竣工后一次结算

12. 若工程竣工结算报告金额为 4800 万元，则发包人应从收到竣工结算报告和完整计算资料之日起（　　）天内核对并提出审核意见。

　　A. 30　　　　B. 45　　　　C. 60　　　　D. 20

13. 已知某项目 6 月底计划工程量为 200 m³，计划单价为 1000 元/m³，实际完成工程量为 220 m³，实际单价为 1200 元/m³，则该项目 6 月底进度偏差为（　　）万元。

　　A. －2　　　　B. －4.4　　　　C. 4.4　　　　D. 2

14. 某工程计划 3 个月完成，每月计划完成工程量为 600 m³、1000 m³、800 m³，计划单价为 20 元/m³；工程按计划开工，但工期延长 1 个月，每月实际完成工程量依次为 300 m³、800 m³、900 m³ 和 400 m³，每月实际单价为 20 元/m³、20 元/m³、23 元/m³ 和 23 元/m³。则对该工程第 3 月末的投资偏差表述正确的是（　　）。

　　A. 投资节约 2700 元　　　　　　B. 投资增加 2700 元
　　C. 投资节约 5300 元　　　　　　D. 投资增加 5300 元

15. 在纠偏措施中，从投资控制的组织管理方面采取的措施是指（　　）。

　　A. 组织措施　　　　　　　　　　B. 经济措施
　　C. 制度措施　　　　　　　　　　D. 技术措施

二、多项选择题

1. 根据我国现行合同条款，下列情形属于工程变更的是（　　）。

　　A. 取消合同中任何一项工作，但被取消的工作不能转由发包人或其他人实施
　　B. 改变合同中任何一项工作的质量或其他特性
　　C. 改变合同工程的基线、标高、位置或尺寸
　　D. 改变合同中任何一项工作的施工时间或改变已批准的施工工艺或顺序
　　E. 新增工程按单独合同对待

2. 下列关于变更的阐述正确的是（　　）。

　　A. 没有监理人的变更指示，承包人不得擅自变更
　　B. 为完成工程需要追加的额外工作也属于变更
　　C. 发包人同意承包人根据变更意向书要求提交的变更实施方案的，直接发出变更指示
　　D. 变更指示只需说明变更的目的、范围、变更内容及变更的工程量即可

E. 监理人收到承包人书面建议后，应在收到承包人书面建议后的 28 天内做出变更指示

3. 根据我国现行合同条款，变更引起的价格调整应遵循的处理原则有（　　）。
   A. 已标价工程量清单中有适用于变更工作子目的，采用该子目的单价
   B. 已标价工程量清单中有类似子目的，可在合理范围内参照类似子目的单价，由监理人商定或确定变更工作的单价
   C. 已标价工程量清单中无适用或类似子目的单价，可按照成本加利润的原则确定变更工作的单价
   D. 因非承包人原因引起措施项目发生变化，已有的措施项目，按原措施费调整；没有的措施项目由承包人提出措施费变更，发包人确认后调整
   E. 已标价工程量清单中无适用或类似子目的单价，可由发包人提出适当的单价记取

4. FIDIC 合同条件下，工程变更的范围包括（　　）。
   A. 删减任何合同约定的工作内容
   B. 任何部分标高、尺寸、位置改变
   C. 因施工需要，施工机械日常检修时间变更
   D. 工作质量和其他特性变更
   E. 合同中工程量改变

5. 工程索赔依据不同的标准可以进行不同的分类，依据索赔事件的性质分为（　　）。
   A. 工程延误、加速索赔
   B. 工程变更索赔
   C. 合同被迫终止索赔
   D. 意外风险和不可预见因素索赔
   E. 合同中暗示的索赔

6. 可以进行索赔的费用包括（　　）。
   A. 直接工程费
   B. 税金
   C. 保函手续费
   D. 迟延付款利息
   E. 企业管理费和利润

7. 下列有关工期索赔的说法中，正确的是（　　）。
   A. 因业主原因造成的某项工作施工进度拖延，属于可原谅的延期
   B. 因业主原因造成的某项工作施工进度拖延，承包商可按所拖延时间索赔工期
   C. 因第三方原因造成的某项工作施工进度拖延，属于不可原谅的延期
   D. 因承包商原因造成的某项工作施工进度拖延，承包商不可索赔工期
   E. 因工程师造成的某项工作施工进度拖延，承包商可提出工期索赔

8. 下列关于工程进度款支付，符合《中华人民共和国标准施工招标文件（2007年版）》规定的是（　　）。
   A. 采用综合单价的子目，当清单中工程量有偏差时，可以在工程进度款支付即中间结算时调整
   B. 采用总价包干的子目，其计量和支付应以总价为基础，不因物价波动引起的价格调整的因素而进行调整

C. 发包人应在接到承包人递交的报告后 7 天内，按施工图纸核对已完工程量，并应在计量前 12 小时通知承包人

D. 发包人应在收到承包人的工程进度款支付申请后 28 天内核对完毕

E. 发包人应在批准工程进度款支付申请的 14 天内，按不低于计量工程价款的 60%，不高于计量工程价款的 90% 向承包人支付工程进度款

9. 根据《建设工程施工合同（示范文本）》，下列有关工程预付款的叙述中，正确的是（　　）。

A. 工程预付款主要用于采购建材、招募工人和租赁设备

B. 建筑工程的预付款额度一般不超过当年建筑工程量的 30%

C. 安装工程的预付款额度一般不超过当年建筑工程量的 15%

D. 工程预付款的预付时间应不迟于约定的开工日期前 7 天

E. 承发包双方应在专用条款内约定发包人向承包人预付工程款的时间和额度

10. 关于工程预付款额度的要求，以下（　　）是正确的。

A. 原则上工程预付款的比例不低于合同金额（扣除暂列金额）的 15%

B. 不高于合同金额（扣除暂列金额）的 20%

C. 不高于合同金额（扣除暂列金额）的 30%

D. 对于重大工程项目，按年度工程计划逐年预付

E. 实行工程量清单计价的工程，实体性消耗和非实体性消耗部分宜在合同中分别约定预付款的比例（或金额）

三、简答题

1. 按照我国《建设工程施工合同（示范文本）》的有关规定，构成设计变更的事项包括哪些？

2. 简述工程变更价款调整或确定方法。

3. 简述《建设工程施工合同（示范文本）》中索赔的程序。

4. 简述工程索赔报告的内容。

5. 投资偏差纠偏措施有哪些？

四、案例分析

1. 某施工单位根据领取的某 2000 m³ 两层厂房工程项目招标文件和全套施工图纸，采用低价策略编制了投标文件，并获得中标。该施工单位（乙方）于某年某月某日与建设单位（甲方）签订了该工程项目的固定价格施工合同。合同工期为 8 个月。甲方在乙方进入施工现场后，因资金短缺，无法如期支付工程款，口头要求乙方暂停施工一个月，乙方也口头答应。工程按合同规定期限验收时，甲方发现工程质量有问题，要求返工。两个月后，返工完毕。结算时甲方认为乙方迟延交付工程，应按合同约定偿付逾期违约金。乙方认为临时停工是甲方要求的。乙方为抢工期，加快施工进度才出现了质量问题，因此延迟交付的责任不在乙方。甲方则认为临时停工和不顺延工期是当时乙方答应的。乙方应履行承诺，承担违约责任。

在工程施工过程中，遭受到多年不遇的强暴风雨的袭击，造成了相应的损失，施工单位及时向监理工程师提出索赔要求，并附有与索赔有关的资料和证据。索赔报告中的基本要求如下：

(1) 遭受多年不遇的强暴风雨的袭击属于不可抗力事件，不是因乙方原因造成的损失，故应由甲方承担赔偿责任。

(2) 给已建部分工程造成破坏损失18万元，因由甲方承担修复的经济责任，乙方不承担修复的经济责任。

(3) 乙方人员因此灾害导致数人受伤，处理伤病医疗费用和补偿总计3万元，甲方应给予赔偿。

(4) 乙方进场的在使用施工机械、设备受到损坏，造成损失8万元，由于现场停工造成台班费损失4.2万元，甲方应负担赔偿和修复的经济责任。工人窝工费3.8万元，甲方应予以支付。

(5) 因暴风雨造成的损失现场停工8天，要求合同工期顺延8天。

(6) 由于工程破坏，清理现场需花费2.4万元，甲方应支付。

问题：

(1) 该工程采用固定价格合同是否合适？

(2) 该施工合同的变更形式是否妥当？此合同争议依据合同法律规定范围应如何处理？

(3) 监理工程师接到乙方提交的索赔申请后，应进行哪些工作？

(4) 因不可抗力发生的风险，承担的原则是什么？对乙方提出的要求有哪些？应如何处理？

2. 某项工程业主与承包商签订了施工合同，合同中含有两个子项目。工程量清单中，A工作工程量为2300 m^3，B工作工程量为3200 m^3，经协商合同价A工作180元/m^3，B工作160元/m^3。

第7章
在线答题

承包合同规定如下。

(1) 开工前业主应向承包商支付合同价20%的预付款。

(2) 业主自第1个月起，从承包商的工程款中按5%的比例扣留保修金。

(3) 当子项目工程实际工程量超过估算工程量的10%时，可进行调价，调整系数是0.9。

(4) 动态结算根据市场情况规定调整系数平均按1.2计算。

(5) 工程师签发月度付款最低金额为25万元。

(6) 预付款在最后两个月扣除，每月扣50%。

承包商每月实际完成并经工程师签证确认的工程量见表7-18。

表7-18 某工程每月实际完成并经工程师签证确认的工程量　　　　　单位：m^3

项目	月份/月			
	1	2	3	4
A工作	500	800	800	600
B工作	700	900	800	600

问题：

(1) 工作预付款是多少？

(2) 每月工程量价款、工程师应签证的工程款、实际签发的付款凭证各是多少？

第8章 建设工程竣工验收阶段建设工程造价控制与管理

教学目标

本章介绍了建设工程竣工验收阶段的建设工程造价控制与管理。学生通过学习工程的竣工验收、竣工决算和保修费用的处理，应掌握竣工验收的条件、内容和程序，竣工决算的内容和编制步骤，保修期限和范围，学会在实践中确定新增资产价值及保修费用的处理。

思维导图

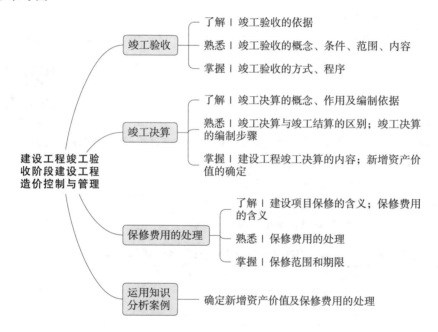

第8章 建设工程竣工验收阶段建设工程造价控制与管理

引例

【背景】

某6层砖混结构的住宅楼，基础为钢筋混凝土条形基础，委托A监理公司监理，经过招标投标，B建筑工程有限公司中标，并于2021年3月8日开工。

施工过程验收时，验收小组发现部分砌体施工存在质量问题，要求返工重做，然后再行验收。2022年2月18日工程整体竣工，并交付使用。

于2023年3月，某单元顶层一房间用户使用过程中屋面漏水，墙面出现渗漏现象，墙体抹灰面脱落，屋面板出现两道裂缝，造成了重大的质量隐患。

问题：

(1) 该砖混结构住宅楼达到什么条件方可竣工验收？
(2) 施工单位完成工程整体后，如何申请竣工验收？
(3) 建设单位进行竣工验收的依据是什么？
(4) 验收完毕，建设单位需要施工单位提供哪些资料编制竣工决算？
(5) 竣工决算编制的步骤是什么？
(6) 对于交付使用后的工程出现屋面漏水等质量问题，该如何解决？

【案例解析】

(1) 该砖混结构住宅楼达到《建设工程质量管理条例》规定的竣工验收条件，方可竣工验收。建设工程竣工验收应当具备以下条件。

① 完成建设工程设计和合同约定的各项内容。
② 有完整的技术档案和施工管理资料。
③ 有工程使用的主要建筑材料、建筑构配件和设备的进场试验报告。
④ 有勘察、设计、施工、工程监理等单位分别签署的质量合格文件。
⑤ 有施工单位签署的工程保修书。

(2) 施工单位完成工程整体后，可申请交工验收。施工单位施工的工程达到竣工条件后，应先进行预检验，对不符合要求的部位和项目，确定修补措施和标准，修补有缺陷的工程部位；对于设备安装工程，要与建设单位和监理工程师共同进行无负荷的单机和联动试车。施工单位在完成上述工作和准备好竣工资料后，即可向建设单位提交"工程竣工报验单"。一般按基层施工单位自验、项目经理自验、公司级预验三个层次进行竣工预验收，亦称竣工预验，为正式竣工验收做好准备。

(3) 建设单位进行竣工验收的依据包括以下几方面。

① 上级主管部门对该项目批准的各种文件。
② 可行性研究报告。
③ 施工图设计文件及设计变更洽商记录。
④ 国家颁布的各种标准和现行的施工验收规范。
⑤ 工程承包合同文件。
⑥ 技术设备说明书。
⑦ 建筑安装工程统一规定及主管部门关于工程竣工的规定。
⑧ 从国外引进的新技术和成套设备的项目及中外合资建设项目，应按照签订的合同和进口国提供的设计文件等进行验收。

⑨ 利用世界银行等国际金融机构贷款的建设项目，应按世界银行规定，按时编制《项目完成报告》。

（4）验收完毕，建设单位需要施工单位提供编制竣工决算的资料：设计交底或图纸会审纪要、设计变更记录、施工记录或施工签证单及其他施工发生的费用记录；工程结算等有关资料；竣工平面示意图、竣工验收资料；设备、材料调价文件和调价记录；等等。

（5）竣工决算编制的步骤如下。
① 收集、整理和分析有关原始依据资料。
② 清理各项财务、债务和结余物资。
③ 填写竣工决算报表。
④ 编制建设工程竣工决算说明。
⑤ 做好工程造价对比分析。
⑥ 清理、装订好竣工图。
⑦ 上报主管部门审查。

（6）对于交付使用后的工程出现案例中的屋面漏水等质量问题，施工单位应承担维修责任。一方面该问题是由施工单位在施工过程中未按设计要求施工造成的；另一方面，该问题出现的时间仍属于施工单位质量保修期限以内。

8.1 竣工验收

建设项目竣工验收是指由建设单位、施工单位和项目验收委员会，以项目批准的设计任务书和设计文件，以及国家或部门颁发的施工验收规范和质量检验标准为依据，按照一定的程序和手续，在项目建成并试生产合格后（工业生产性项目），对工程项目的总体进行检验、认证、综合评价和鉴定的活动。

建设项目竣工验收按被验收的对象不同，可分为单位工程竣工验收、单项工程竣工验收、全部工程竣工验收。通常所说的建设项目竣工验收，指的是"动用验收"。

竣工验收是建设项目建设全过程的最后一个程序，是全面考核建设工作，检查设计工程质量是否符合要求，审查投资使用是否合理的重要环节，是投资成果转入生产或使用的标志。竣工验收对保证工程质量，促进建设项目及时投产，发挥投资效益，总结经验教训都有重要作用。

8.1.1 竣工验收的条件和范围

《房屋建筑和市政基础设施工程竣工验收规定》

1. 竣工验收的条件

《建设工程质量管理条例》规定，建设工程竣工验收应当具备以下条件。
① 完成建设工程设计和合同约定的各项内容。
② 有完整的技术档案和施工管理资料。
③ 有工程使用的主要建筑材料、建筑构配件和设备的进场试验报告。
④ 有勘察、设计、施工、工程监理等单位分别签署的质量合格文件。

⑤ 有施工单位签署的工程保修书。

2. 竣工验收的范围

国家颁布的建设法规规定，凡新建、扩建、改建的基本建设项目和技术改造项目（所有列入固定资产投资计划的建设项目或单项工程），已按国家批准的设计文件所规定的内容建成，符合验收标准，即工业投资项目经负荷试车考核，试生产期间能够正常生产出合格产品，形成生产能力的；非工业投资项目符合设计要求，能够正常使用的，不论是属于哪种建设性质，都应及时组织验收，办理固定资产移交手续。

对于某些特殊情况，工程施工虽未全部按设计要求完成，也应进行验收，这些特殊情况主要包括以下内容。

① 因少数非主要设备或某些特殊材料短期内不能解决，虽然工程内容尚未全部完成，但已可以投产或使用的工程项目。

② 规定要求的内容已完成，但因外部条件的制约，如流动资金不足、生产所需原材料不能满足等，而使已建工程不能投入使用的项目。

③ 有些建设项目或单项工程，已形成部分生产能力，但近期内不能按原设计规模续建，应从实际情况出发，经主管部门批准后，可缩小规模对已完成的工程和设备组织竣工验收，移交固定资产。

8.1.2　竣工验收的依据和内容

1. 竣工验收的依据

工程竣工验收的依据主要有以下几个方面。
① 上级主管部门对该项目批准的各种文件。
② 可行性研究报告。
③ 施工图设计文件及设计变更洽商记录。
④ 国家颁布的各种标准和现行的施工验收规范。
⑤ 工程承包合同文件。
⑥ 技术设备说明书。
⑦ 建筑安装工程统一规定及主管部门关于工程竣工的规定。
⑧ 从国外引进的新技术和成套设备的项目及中外合资建设项目，要按照签订的合同和进口国提供的设计文件等进行验收。
⑨ 利用世界银行等国际金融机构贷款的建设项目，应按世界银行规定，按时编制《项目完成报告》。

2. 竣工验收的内容

不同的建设项目，其竣工验收的内容不完全相同，但一般均包括工程资料验收和工程内容验收两部分。

（1）工程资料验收

工程资料验收包括工程技术资料、工程综合资料和工程财务资料验收三个方面的内容。

① 工程技术资料验收的内容。

A. 工程地质、水文、气象、地形、地貌、建筑物、构筑物、重要设备安装位置、勘察报告与记录。

B. 初步设计、技术设计或扩大初步设计、关键的技术试验、总体规划设计。

C. 土质试验报告、基础处理。

D. 建筑工程施工记录、单位工程质量检验记录、管线强度、密封性试验报告、设备和管线安装施工记录及质量检查、仪表安装施工记录。

E. 设备试车、验收运转、维修记录。

F. 产品的技术参数、性能、图纸、工艺说明、工艺规程、技术总结、产品检验与包装、工艺图。

G. 设备的图纸、说明书。

H. 涉外合同、谈判协议、意向书。

I. 各单项工程及全部管网竣工图等资料。

② 工程综合资料验收的内容。

工程综合资料验收的内容包括项目建议书及批件，可行性研究报告及批件、项目评估报告、环境影响评估报告书、设计任务书；土地征用申报及批准的文件；招投标文件、承包合同；项目竣工验收报告、验收鉴定书。

③ 工程财务资料验收的内容。

A. 历年建设资金供应（拨、贷）情况和应用情况。

B. 历年批准的年度财务决算。

C. 历年年度投资计划、财务收支计划。

D. 建设成本资料。

E. 支付使用的财务资料。

F. 设计概算、预算资料。

G. 施工决算资料。

（2）工程内容验收

工程内容验收包括建筑工程验收、安装工程验收两部分。

① 建筑工程验收的内容。

A. 建筑物的位置、标高、轴线是否符合设计要求。

B. 对基础工程中的土石方工程、垫层工程、砌筑工程等资料的审查。

C. 结构工程中的砖木结构、砖混结构、内浇外砌结构、钢筋混凝土结构的审查验收。

D. 对屋面工程的木基层、望板、油毡、屋面瓦、保温层、防水层等的审查验收。

E. 对门窗工程的审查验收。

F. 对装修工程的审查验收（抹灰、油漆等工程）。

② 安装工程验收的内容。

A. 建筑设备安装工程（指民用建筑物中的上下水管道、暖气、煤气、通风、电气照明等安装工程）应检查这些设备的规格、型号、数量、质量是否符合设计要求，检查安装时的材料、材质、材种，检查试压、闭水试验、照明。

B. 工艺设备安装工程应检查设备的规格、型号、数量、质量、设备安装的位置、标高、机座尺寸、质量、单机试车、无负荷联动试车、有负荷联动试车、管道的焊接质量、清洗、吹扫、试压、试漏及各种阀门等。

C. 动力设备安装工程包括：有自备电厂的项目或变配电室（所）、动力配电线路的验收。

8.1.3 竣工验收的方式

1. 单位工程竣工验收

单位工程验收又称中间验收，是承包人以单位工程或某专业工程为对象，独立签订建设工程施工合同，达到竣工条件后，承包人可单独进行交工，发包人根据竣工验收的依据和标准，按施工合同约定的工程内容组织竣工验收，这阶段工作由监理单位组织，发包人和承包人派人参加验收工作，单位工程验收资料是最终验收的依据。

2. 单项工程竣工验收

单项工程竣工验收是在一个总体建设项目中，一个单项工程已完成设计图纸规定的工程内容，能满足生产要求或具备使用条件，或合同内约定有分部分项移交的工程已达到竣工标准，可移交给发包人投入试运行，这时承包人可向监理单位提交"工程竣工报告"和"工程竣工报验单"，经鉴认后向发包人发出"交付竣工验收通知书"，说明工程完工情况、竣工验收准备情况、设备无负荷单机试车情况，具体约定单项工程竣工验收的有关工作。这阶段工作由发包人组织，会同承包人、监理单位、设计单位和使用单位等有关部门完成。

3. 全部工程竣工验收

全部工程竣工验收是建设项目已按设计规定全部建成、达到竣工验收条件，初验结果全部合格，且竣工验收所需资料已准备齐全，由发包人组织设计、施工、监理等单位和档案部门进行全部工程的竣工验收。

大中型和限额以上项目由国家发展改革委或由其委托的项目主管部门或地方政府部门组织验收。小型和限额以下项目由项目主管部门组织验收。验收委员会由银行、物资、环保、劳动、统计、消防及其他有关部门组成。发包人、监理单位、承包人、设计单位和使用单位参加验收工作。

8.1.4 竣工验收的程序

1. 承包人申请交工验收

承包人在完成合同工程或按合同约定可分步移交工程的，可申请交工验收。交工验收一般为单项工程，但在某些特殊情况下也可以是单位工程的施工内容，诸如特殊基础处理工程、发电站单机机组完成后的移交等。承包人施工的工程达到竣工条件后，应先进行预检验，对不符合要求的部位和项目，确定修补措施和标准，修补有缺陷的工程部位；对于设备安装工程，要与发包人和监理工程师共同进行无负荷的单机和联动试车。承包人在完成上述工作和准备好竣工资料后，即可向发包人提交"工程竣工报验单"。一般按基层施工单位自验、项目经理自验、公司级预验这三个层次进行竣工预验收，亦称竣工预验，为正式竣工验收做好准备。

2. 监理工程师现场初步验收

监理工程师收到"工程竣工报验单"后，应由监理工程师组成验收组，对竣工工程项目的竣工资料和各专业工程的质量进行初步验收，在初步验收中发现的质量问题，要及时书面通知承包人，令其修理甚至返工。经整改合格后监理工程师签署"工程竣工报验单"，并向发包人提出质量评估报告，至此现场初步验收工作结束。

3. 正式竣工验收

由发包人或监理工程师组织，由发包人、监理单位、设计单位、承包人、工程质量监督站等单位参加的验收是正式竣工验收。正式竣工验收的工作程序如下。

① 参加工程项目竣工验收的各方对已竣工的工程进行目测检查，逐一核对工程资料所列内容是否齐备和完整。

② 举行各方参加的现场验收会议，由项目经理对工程施工情况、自验情况和竣工情况进行介绍，并出示竣工资料；由项目总监理工程师通报工程监理中的主要内容，发表竣工验收的监理意见；然后暂时休会，由质检部门会同发包人及监理工程师讨论正式验收是否合格；最后复会，由包发人或总监理工程师宣布验收结果，质检站人员宣布工程质量等级。

③ 办理竣工验收签证书，三方签字盖章。

4. 单项工程竣工验收

单项工程竣工验收又称交工验收，即验收合格后发包人方可投入使用。由发包人组织的交工验收，监理单位、设计单位、承包人、工程质量监督站等参加，主要依据国家颁布的有关技术规范和施工承包合同，对以下几方面进行检查或检验。

① 检查、核实竣工项目准备移交给发包人的所有技术资料的完整性、准确性。

② 按照设计文件和合同，检查已完工程是否漏项。

③ 检查工程质量、隐蔽工程验收资料，关键部位的施工记录等，考察施工质量是否达到合同要求。

④ 检查试车记录及试车中发现的问题是否得到改正。

⑤ 在交工验收中发现需要返工、修补的工程，明确规定完成期限。

⑥ 其他涉及的有关问题。

验收合格后，发包人和承包人共同签署《交工验收证书》，然后由发包人将有关技术资料、试车记录、试车报告及交工验收报告一并上报主管部门，经批准后该部分工程即可投入使用。验收合格的单项工程，在全部工程验收时，原则上不再办理验收手续。

5. 全部工程竣工验收

全部工程竣工验收是指全部施工过程完成后，由国家主管部门组织的竣工验收。发包人参与全部工程竣工验收分为验收准备、预验收和正式验收三个阶段。其具体步骤如下。

① 发出《竣工验收通知书》。施工单位应在正式竣工验收日的前10天，向建设单位发送《竣工验收通知书》。

② 组织验收工作。竣工验收工作由建设单位组织勘察、设计、施工、监理等单位及建设主管部门参加。

③ 签发《竣工验收证明书》并办理移交。建设单位验收完毕并确认工程符合竣工标准和合同条款规定要求后，向施工单位签发《竣工验收证明书》。

④ 进行工程质量评定。验收委员会或验收组按照工程设计要求、验收规范和质量标准验收后，确认工程符合竣工标准和合同条款规定，签发竣工验收合格证书。

⑤ 整理各种技术文件资料，办理工程档案资料移交。竣工验收前，各技术文件由各有关单位整理，交由建设单位分类立卷；竣工验收时，交生产单位统一保管，同时将与所在地区有关的文件交当地档案管理部门备案存档。

⑥ 办理固定资产移交手续。工程验收完毕后，施工单位应向建设单位逐项移交固定资产，并办理移交手续，签订交接验收证书，办理工程结算。

典型考题：竣工验收

⑦ 办理工程决算。全部工程竣工验收后，由建设单位编制竣工决算，上报建设主管部门。

⑧ 签署竣工验收鉴定书。竣工验收鉴定书是表示建设项目已经竣工，并交付使用的重要文件，是全部固定资产交付使用和建设项目正式动用的依据，也是承包商对建设项目消除法律责任的证件。

8.2 竣工决算

8.2.1 建设工程竣工决算的概念与作用

1. 建设工程竣工决算的概念

建设工程竣工决算是指所有建设项目竣工后，建设单位按照国家有关规定在新建、改建和扩建工程建设项目竣工验收阶段编制的竣工决算报告。竣工决算是建设项目从筹建到竣工投产或使用全过程的全部实际支出费用的文件，反映了建设项目的实际造价和投资效果，是竣工验收报告的重要组成部分，是正确核定固定资产价值、考核分析投资效果、建立健全经济责任制的依据。

2. 竣工决算与竣工结算的区别

竣工决算不同于竣工结算。两者的区别表现在四个方面。

① 编制单位不同。竣工决算由建设单位的财务部门负责编制，而竣工结算由施工单位的预算部门负责编制。

② 性质不同。竣工决算反映建设单位工程的投资效益，竣工结算反映施工单位完成的施工产值。

③ 反映内容不同。竣工决算反映建设项目从开始筹建到竣工交付使用为止所发生的全部建设费用，竣工结算反映施工单位承包施工的建筑安装工程的全部费用。

④ 作用不同。竣工决算是建设单位办理交付、验收、核定各类新增资产的依据，而竣工结算是施工单位与建设单位办理工程价款结算的依据。

3. 竣工决算的作用

建设工程竣工决算的作用主要体现在如下几方面。

① 竣工决算是国家对基本建设投资实行计划管理的重要手段；
② 竣工决算是对基本建设实行"三算"对比的基本依据；
③ 竣工决算是竣工验收的主要依据；
④ 竣工决算是确定建设单位新增资产价值的依据；
⑤ 竣工决算是基本建设成果和财务的综合反映。

8.2.2 建设工程竣工决算的内容

竣工决算包括四个部分的内容，即竣工财务决算说明书、竣工财务决算报表、建设工程竣工图和工程造价比较分析，前两个部分称之为建设项目竣工财务决算，是竣工决算的核心内容和重要组成部分。

1. 竣工财务决算说明书

竣工财务决算说明书也称为竣工决算报告情况说明书，主要反映竣工工程的建设成果和经验，是对竣工决算报表进行分析和补充说明的文件，是全面考核分析工程投资与造价的书面总结，是竣工财务决算的组成部分，主要包括以下内容。

① 建设项目概况，对工程总的评价，主要从工程进度、质量、安全、造价等方面进行分析和说明。
② 资金来源及运用等财务分析，包括工程价款的结算、会计账务的处理、财产物资情况及债权债务的清偿情况。
③ 基本建设收入、投资包干结余、竣工结余资金的上交分配情况。
④ 各项经济技术指标的计算、分析。例如概算执行情况分析，应根据实际投资完成额与概算进行对比分析。
⑤ 工程建设的经验、项目管理和财务管理工作及竣工财务决算中有待解决的问题，并提出建议。
⑥ 需要说明的其他事项。

2. 竣工财务决算报表

按照国家关于基本建设项目规模的大小，建设项目竣工决算可分为大中型建设项目决算和小型建设项目竣工决算两大类。而建设项目竣工财务决算报表按有关规定应按大中型建设项目和小型建设项目分别编制。其中，大中型建设项目竣工决算报表包括：建设项目竣工财务决算审批表；大中型建设项目概况表；大中型建设项目竣工财务决算报表；大中型建设项目交付使用资产总表。小型建设项目竣工财务决算报表包括：建设项目竣工财务决算审批表、竣工财务决算总表、建设项目交付使用资产明细表。

> **特别提示**
>
> 在编制大中型建设项目竣工财务决算报表时,应注意资金来源中的"项目资本金"和"项目资本公积金"的区别。
>
> 项目资本金是指经营性项目投资者按国家有关项目资本金的规定,筹集并投入项目的非负债资金,在项目竣工后,相应转为生产经营企业的国家资本金、法人资本金、个人资本金和外商资本金。
>
> 项目资本公积金是指经营性项目对投资者实际缴付的出资额超过其资金的差额(包括发行股票的溢价净收入)、资产评估确认价值或合同、协议约定价值与原账面净值的差额、接收捐赠的财产、资本汇率折算差额,在项目建设期间作为资本公积金,项目建成交付使用并办理竣工决算后,转为生产经营企业的资本公积金。
>
> 大中型建设项目竣工财务决算报表中,基建结余资金可以按照以下公式计算。
>
> 基建结余资金=基建拨款+项目资本金+项目资本公积金+基建投资借款+企业债券基金+待冲基建支出-基本建设支出-应收生产单位投资借款

3. 建设工程竣工图

建设工程竣工图是真实地记录各种地上、地下建(构)筑物等情况的技术文件,是工程进行交工验收、维护改建和扩建的依据,是国家的重要技术档案。国家规定:各项新建、扩建、改建的基本建设工程,特别是基础、地下建筑、管线、结构、井巷、桥梁、隧道、港口、水坝及设备安装等隐蔽部位,都要编制竣工图。为了提供真实可靠的资料,必须在施工过程中(不能在竣工后)及时做好隐蔽工程检查记录,整理好设计变更文件。其具体要求如下。

① 凡按图竣工没有变动的,由施工单位在原施工图上加盖"竣工图"标志后,即作为竣工图。

② 凡在施工过程中,虽有一般性设计变更,但能将原施工图加以修改补充作为竣工图的,可不重新绘制,由施工单位负责在原施工图(必须是新蓝图)上注明修改部分,并附以设计变更通知单和施工说明,加盖"竣工图"标志后,作为竣工图。

③ 凡结构形式改变、施工工艺改变、平面布置改变、项目改变及有其他重大改变,不宜再在原施工图上修改、补充时,应重新绘制改变后的竣工图。竣工图的绘制应区分不同责任分别由不同的责任单位绘制。如因设计原因造成的,由原设计单位负责重新绘制;因施工原因造成的,由施工单位负责重新绘图;因其他原因造成的,由建设单位自行绘制或委托设计单位绘制。施工单位负责在新图上加盖"竣工图"标志,并附以有关记录和说明,作为竣工图。

为了满足竣工验收和竣工决算需要,还应绘制反映竣工工程全部内容的工程设计平面示意图。

4. 工程造价比较分析

工程造价比较分析是对控制工程造价所采取的措施、效果及其动态变化进行认真比较,总结经验教训。批准的概算是考核建设工程造价的依据。在分析时,可先对比整个项目的总概算,然后将建筑安装工程费、设备工(器)具费和其他工程费逐一与竣工决算表中所提供的实际数据和相关资料,以及批准的概算指标、预算指标、实际的工程造价进行对比分析，以确定竣工项目总造价是节约还是超支，并在对比的基础上，总结先进经验，找出节约和超支的内容和原因，提出改进措施。在实际工作中，应主要分析以下内容。

① 主要实物工程量。对于实物工程量出入比较大的情况，必须查明原因。

② 主要材料消耗量，考核主要材料消耗量，应按照竣工决算报表中所列明的三大材料实际超概算的消耗量，查明是在工程的哪个环节超出量最大，再进一步查明超耗的原因。

③ 考核建设单位管理费、措施费和间接费的取费标准。建设单位管理费、措施费和间接费的取费标准要按照国家和各地的有关规定，根据竣工决算报表中所列的建设单位管理费与概预算所列的建设单位管理费数额进行比较，依据规定查明是否有多列或少列的费用项目，确定其节约超支的数额，并查明原因。

8.2.3 建设工程竣工决算的编制

1. 竣工决算的编制依据

竣工决算编制的依据主要有以下内容。

① 经批准的可行性研究报告、投资估算书、初步设计或扩大初步设计、修正总概算及其批复文件。

② 设计交底或图纸会审纪要、设计变更记录、施工记录或施工签证单及其他施工发生的费用记录。

③ 经批准的施工图预算或标底造价、承包合同、工程结算等相关资料。

④ 竣工平面示意图、竣工验收资料。

⑤ 历年基建计划、历年财务决算及批复文件。

⑥ 设备、材料调价文件和调价记录。

⑦ 其他相关资料。

2. 竣工决算的编制步骤

按照财政部关于建设工程竣工决算的要求，竣工决算的编制步骤如下。

（1）收集、整理和分析有关原始依据资料

在编制竣工决算文件前，应系统收集和整理所有的技术资料、工程结算的经济文件、施工图纸、各种变更与签证资料，并进行分析，确保资料的准确性、完整性、全面性。准确、完整、全面的资料是准确而迅速编制竣工决算的必要条件。

（2）清理各项财务、债权、债务和结余物资

在收集、整理和分析有关资料时，要特别注意建设工程从筹建到竣工投产或使用的全部费用的各项财务、债权和债务的清理，做到工程完毕账目清晰，即要核对账目，又要查点库有实物的数量，做到账与物相等，账与账相符，对结余的各种材料、工（器）具和设备，要逐项清点核实，妥善管理，并按规定及时处理，收回资金。对各种往来款项要及时进行全面清理，为编制竣工决算提供准确的数据和结果。

（3）填写竣工决算报表

按照建设工程决算表格中的内容，根据编制依据中的有关资料进行统计或计算各个项目和数量，并将其结果填到相应表格的栏目内，完成所有报表的填写。

(4) 编制建设工程竣工决算说明

按照建设工程竣工决算说明的内容要求，根据编制依据材料填写报表，编写文字说明。

(5) 做好工程造价对比分析

(6) 清理、装订好竣工图

(7) 上报主管部门审查

按照上述的七步，将编写的文字说明和填写的表格核对无误，装订成册，即为建设工程竣工决算文件。

应用案例 8-1

【案例概况】

某一大型建设项目 2021 年开工建设，2022 年年底有关财务核算资料如下。

(1) 已经完成部分单项工程，经验收合格后，已经交付使用的资产包括以下几方面。

① 固定资产价值 75540 万元。

② 为生产准备的使用期限在一年以内的备品备件、设备及工（器）具等流动资产价值 30000 万元，期限在一年以上，单位价值在 1500 元以下的工具 60 万元。

③ 建设期间购置的专利权、非专利技术等无形资产 2000 万元，摊销期 5 年。

④ 筹建期间发生的开办费 80 万元。

(2) 基本建设支出的未完成项目包括以下几方面。

① 建筑安装工程支出 16000 万元。

② 设备及工（器）具投资 44000 万元。

③ 建设单位管理费、勘察设计费等待摊投资 2400 万元。

④ 通过出让方式购置的土地使用权形成的其他投资 110 万元。

(3) 非经营项目发生的待核销基建支出 50 万元。

(4) 应收生产单位投资借款 1400 万元。

(5) 购置需要安装的器材 50 万元，其中待处理器材 16 万元。

(6) 货币资金 470 万元。

(7) 预付工程款及应收有偿器材款 18 万元。

(8) 建设单位自用的固定资产原值 60550 万元，累计折旧 10022 万元。

反映在资金平衡表上的各类资金来源的期末余额如下。

① 预算拨款 52000 万元。

② 自筹资金拨款 58000 万元。

③ 其他拨款 520 万元。

④ 建设单位向商业银行借入的借款 110000 万元。

⑤ 建设单位当年完成交付生产单位使用的资产价值中，200 万元属于利用投资借款形成的待冲基建支出。

⑥ 应付器材销售商 40 万元贷款和尚未支付的应付工程款 1916 万元。

⑦ 未交税金 30 万元。

根据上述有关资料编制该项目竣工财务决算报表。

【案例解析】

根据案例背景,该案例属于大型建设项目,因此要按照大中型建设项目竣工财务决算报表来编制,具体见表8-1。

表8-1 大中型建设项目竣工财务决算报表

建设项目名称:××建设项目　　　　　　　　　　　　　　　　　　　　　　　单位:万元

资金来源	金额	资金占用	金额	补充资料
一、基建拨款	110520	一、基本建设支出	170240	1.基建投资借款期末余额
1.预算拨款	52000	1.交付使用资产	107680	
2.基建基金拨款		2.在建工程	62510	2.应收生产单位投资借款期末余额
3.进口设备转账拨款		3.待核销基建支出	50	
4.器材转账拨款		4.非经营项目转出投资		3.基建结余资金
5.煤代油专用基金拨款		二、应收生产单位投资借款	1400	
6.自筹资金拨款	58000	三、拨款所属投资借款		
7.其他拨款	520	四、器材	50	
二、项目资本金		其中:待处理器材损失	16	
1.国家资本		五、货币资金	470	
2.法人资本		六、预付及应收款	18	
3.个人资本		七、有价证券		
三、项目资本公积金		八、固定资产	50528	
四、基建借款	110000	固定资产原值	60550	
五、上级拨入投资借款		累计折旧	10022	
六、企业债券资金		固定资产净值	50528	
七、待冲基建支出	200	固定资产清理		
八、应付款	1956	待处理固定资产损失		
九、未交款	30			
1.未交税金	30			
2.未交基建收入				
3.未交基建包干节余				
4.其他未交款				
十、上级拨入资金				
十一、留成收入				
合计	222706	合计	222706	

第8章 建设工程竣工验收阶段建设工程造价控制与管理

8.2.4 新增资产价值的确定

建设项目竣工投入运营后，所花费的总投资形成相应的资产。按照新的财务制度和企业会计准则，新增资产按资产性质可分为固定资产、流动资产、无形资产、递延资产和其他资产五大类。

1. 新增固定资产价值的确定

新增固定资产价值是以独立发挥生产能力的单项工程为对象的。新增固定资产价值的构成包括：①工程费用，包括设备及工（器）具的购置费、建筑工程费、安装工程费；②工程建设其他费，包括建设单位管理费、研究试验费、设计勘察费、工程监理费、联合试运转费、引进技术和进口设备的其他费等；③预备费；④建设期贷款利息。因此，单项工程建成经有关部门验收鉴定合格，正式移交生产或使用，即应计算新增固定资产价值。一次交付生产或使用的工程一次计算新增固定资产价值，分期分批交付生产或使用的工程，应分期分批计算新增固定资产价值。

在计算时应注意以下几种情况。

① 对于为了提高产品质量、改善劳动条件、节约材料、保护环境而建设的附属辅助工程，只要全部建成，正式验收交付使用后就要计入新增固定资产价值。

② 对于单项工程中不构成生产系统，但能独立发挥效益的非生产性项目，如住宅、食堂、医务所、托儿所、生活服务网点等，在建成并交付使用后，也要计算新增固定资产价值。

③ 凡购置达到固定资产标准不需安装的设备、工（器）具，应在交付使用后计入新增固定资产价值。

④ 属于新增固定资产价值的其他投资，应随同受益工程交付使用的同时一并计入。

⑤ 交付使用财产的成本，应按下列内容计算。

A. 房屋、建筑物、管道、线路等固定资产的成本包括建筑工程成本和应分摊的待摊投资。

B. 动力设备和生产设备等固定资产的成本包括需要安装设备的采购成本、安装工程成本、设备基础支柱等建筑工程成本或砌筑锅炉及各种特殊炉的建筑工程成本、应分摊的待摊投资。

C. 运输设备及其他不需要安装的设备、工（器）具、家具等固定资产一般仅计算采购成本，不计分摊的"待摊投资"。

⑥ 共同费用的分摊方法。新增固定资产的其他费用，如果属于整个建设项目或两个以上单项工程的，在计算新增固定资产价值时，应在各单项工程中按比例分摊。分摊的具体规定是：建设单位管理费按建筑工程、安装工程、需安装设备价值总额的比例分摊；而土地征用费、勘察设计费则按建筑工程造价分摊。

✓ 应用案例 8-2

【案例概况】

某建设项目及其主要生产车间的有关费用如表 8-2 所示，则该车间新增固定资产价值为多少万元。

表 8-2 某建设项目及其主要车间的有关费用表　　　　　　　　　单位：万元

项目名称	建筑工程费	设备安装费	需安装设备价值	建设单位管理费	土地征用费	勘察设计费
建设项目竣工决算	1000	450	600	40	50	30
生产车间竣工决算	250	100	280			

【案例解析】

本案例考查新增固定资产价值的确定。按照共同费用的分摊方法，建设单位管理费按建筑工程、安装工程、需安装设备价值总额的比例分摊，而建设单位管理费、土地征用费、勘察设计费等费用则按建筑工程造价分摊。其计算过程如下：

生产车间应分摊的单位管理费 $=\dfrac{250+100+280}{1000+450+600}\times 40=12.29$（万元）

生产车间应分摊的土地征用费 $=\dfrac{250}{1000}\times 50=12.5$（万元）

生产车间应分摊的勘察设计费 $=\dfrac{250}{1000}\times 30=7.5$（万元）

新增固定资产价值 $=250+100+280+12.29+12.5+7.5=662.29$（万元）

2. 新增流动资产价值的确定

流动资产是指可以在一年内或者超过一年的一个营业周期内变现或者运用的资产，包括现金和各种存款，其他货币资金、短期投资、存货、应收和预付款项，以及其他流动资产等。

新增流动资产价值的确定是依据投资概算拨付的项目铺地流动资金，由建设单位直接移交给使用单位。企业流动资产一般包括：①货币资金，包括现金、各种银行存款及其他货币资金；②原材料、库存商品；③未达到固定资产使用标准的工（器）具的购置费。企业应按照这些流动资产的实际价值确认。

3. 新增无形资产价值的确定

无形资产是指特定主体所控制的，不具有实物形态，对生产经营长期发挥作用且能带来经济利益的资源。无形资产包括专利权、非专利技术、商标权、商誉、著作权、特许权、土地使用权等。

（1）无形资产的计价原则

① 投资者按无形资产作为资本金或者合作条件投入时，按评估确认或合同协议约定的金额计价。

② 购入的无形资产，按照实际支付的价款计价。

③ 企业自创并依法申请取得的，按开发过程中的实际支出计价。

④ 企业接受捐赠的无形资产，按照发票账单所载金额或者同类无形资产市场价作价。

无形资产计价入账后，应在其有效使用期内分期摊销，即企业为无形资产支出的费用应在无形资产的有效期内得到及时补偿。

第8章 建设工程竣工验收阶段建设工程造价控制与管理

（2）无形资产的计价方法

① 专利权的计价。专利权分为自创专利权和外购专利权两类。自创专利权的价值为开发过程中的实际支出。由于专利权是具有独占性并能带来超额利润的生产要素，因此，外购专利权价格不按成本估价，而是按照其所能带来的超额收益计价。

② 非专利技术的计价。非专利技术具有使用价值和价值，使用价值是非专利技术本身应具有的，非专利技术的价值在于非专利技术的使用所能产生的超额获利能力，应在研究分析其直接和间接的获利能力的基础上，准确计算出其价值。如果非专利技术是自创的，一般不作为无形资产入账，自创过程中发生的费用，按当期费用处理。对于外购非专利技术，应由法定评估机构确认后再进行估价，其方法往往通过能产生的收益采用收益法进行估价。

③ 商标权的计价。如果商标权是自创的，一般不作为无形资产入账，而将商标设计、制作、注册、广告宣传等发生的费用直接作为销售费用计入当期损益。只有当企业购入或转让商标时，才需要对商标权计价。商标权的计价一般根据被许可方新增的收益确定。

④ 土地使用权的计价。根据取得土地使用权的方式不同，土地使用权可有以下几种计价方式：当建设单位向土地管理部门申请土地使用权并为之支付一笔出让金时，土地使用权作为无形资产核算；当建设单位获得土地使用权是通过行政划拨的，这时土地使用权就不能作为无形资产核算；在将土地使用权有偿转让、出租、抵押、作价入股和投资，按规定补交土地出让价款时，才作为无形资产核算。

 应用案例 8-3

【案例概况】

某工程竣工验收后确定新增资产价值。其中单位开办费 100 万元，土地使用费 200 万元，购入的软件费 50 万元，自创的非专利技术费 30 万元。则应计入无形资产价值是多少万元？

【案例解析】

本案例考查新增无形资产价值的确定。案例中的土地使用费、购入的软件费、自创的非专利技术三项属于无形资产，但是按照上述无形资产的计价方法，其中自创的非专利技术一般不作为无形资产入账，自创过程中发生的费用，按当期费用处理。因此，应计入的无形资产价值＝200＋50＝250（万元）。

4. 新增递延资产价值的确定

递延资产是指不能全部计入当年损益，应当在以后年度分期摊销的各种费用，如开办费、以经营租赁方式租入的固定资产改良工程支出等。

（1）开办费的计价。筹建期间建设单位管理费中未计入固定资产的其他各项费用，如建设单位经费，包括筹建期间工作人员工资、办公费、差旅费、印刷费、注册登记费等，以及不计入固定资产和无形资产的汇兑损益、利息支出等。按照新财务制度规定，除筹建期间不计入资产价值的汇兑净损失外，开办费从企业开始生产经营月份的次月起，按照不短于五年的期限平均摊入管理费中。

（2）以经营租赁方式租入的固定资产改良工程支出的计价。以经营租赁方式租入的固定资产改良工程支出是指能增加以经营租赁方式租入的固定资产的效用或延长其使用寿命的改装、翻修、改建等的支出，应在租赁有效期限内分期摊入制造费或管理费中。

5. 新增其他资产价值的确定

其他资产是指具有专门用途，但不参加生产经营的经国家批准的特种物资、银行冻结存款和冻结物资、涉及诉讼的财产等。其他资产价值的确定主要以实际入账价值核算。

特别提示

有些教材中将新增递延资产和其他资产统称为其他资产，其价值的核定与上述并不矛盾。

在这些资产价值的确定中，要注意区分各类资产的含义和包含的内容，不要混为一谈。尤其要注意区分土地征用费和土地使用权出让金。土地使用权属于无形资产，而不是固定资产，因此土地使用权出让金应归于无形资产价值；土地征用费则属于固定资产价值。

 应用案例 8-4

【案例概况】

某建设项目企业自有资金400万元，向银行贷款450万元，其他单位投资350万元。建设期完成建筑工程300万元，安装工程100万元，需安装设备90万元，不需安装设备60万元，另发生建设单位管理费20万元，勘察设计费105万元，商标费40万元，非专利技术费35万元，生产培训费4万元，原材料费45万元。

问题：试计算各类新增资产的价值。

【案例解析】

本案例考查各类新增资产价值的确定。按照各类新增资产价值的确定方法，分别计算。

（1）新增固定资产包括建筑工程、安装工程、需安装设备、不需安装设备、建设单位管理费、勘察设计费，因此新增固定资产价值＝300＋100＋90＋60＋20＋105＝675（万元）。

（2）新增流动资产包括原材料费，因此新增流动资产价值＝45万元。

（3）新增无形资产包括商标费、非专利技术费，因此新增无形资产价值＝40＋35＝75（万元）。

（4）新增递延资产包括生产培训费，因此新增递延资产价值＝4万元。

（5）本案例中没有包含其他资产的内容，故没有新增其他资产价值。

8.3 保修费用的处理

8.3.1 建设项目保修

1. 建设项目保修的含义

保修是指建设工程办理完交工验收手续后，在规定的保修期限内（按合同有关保修期的规定），因勘察设计、施工、材料等原因造成的质量缺陷，应由责任单位负责维修。

建设项目保修是项目竣工验收交付使用后，在一定期限内由施工单位到建设单位或用户进行回访，对于工程发生的确实是由于施工单位责任造成的建筑物使用功能不良或无法使用的问题，由施工单位负责修理，直至达到正常使用标准。保修回访制度属于建筑工程竣工后管理范畴。

建设工程质量保修制度是国家所确定的重要法律制度，对于促进施工单位加强质量管理、保护用户及消费者的合法权益起到重要的作用。

《房屋建筑工程质量保修办法》

《建设工程质量管理条例》

2. 保修的范围

在正常使用条件下，建设项目的保修范围应包括地基基础工程、主体结构工程、屋面防水工程和其他土建工程，以及电气管线、上下水管线的安装工程，供热、供冷系统工程等项目。

3. 保修的期限

保修的期限应当按照保证建筑物合理寿命内正常使用，维护使用者合法权益的原则确定。具体的保修范围和最低保修期限，按照国务院《建设工程质量管理条例》第四十条的规定执行。

① 基础设施工程、房屋建筑的地基基础工程和主体结构工程，为设计文件规定的该工程的合理使用年限。

② 屋面防水工程、有防水要求的卫生间、房间和外墙面的防渗漏，为5年。

③ 供热与供冷系统，为2个采暖期和供冷期。

④ 电气管线、给排水管道、设备安装和装修工程，为2年。

⑤ 其他项目的保修范围和保修期限由发包方与承包方约定。建设工程的保修期，自竣工验收合格之日起计算。

建设工程在保修范围和保修期限内发生的质量问题，施工单位应当履行保修义务，并对造成的损失承担赔偿责任。凡是由于用户使用不当而造成建筑功能不良或损坏的，不属于保修范围；凡属于工业产品项目发生问题的，也不属于保修范围。以上两种情况应当由建设单位自行组织修理。

8.3.2　保修费用及其处理

1. 保修费用的含义

保修费用是指对保修期间和保修范围内所发生的维修、返工等各项费用的支出。保修费用应按合同和有关规定合理确定和控制。保修费用一般可参照建筑安装工程造价的确定程序和方法计算，也可以按照建筑安装工程造价或承包工程合同价的一定比例计算（目前取5%）。

2. 保修费用的处理

根据《中华人民共和国建筑法》规定，在保修费用的处理问题上，必须根据修理项目的性质、内容及检查修理等多种因素的实际情况，区别保修责任的承担问题，对于保修的经济责任的确定，应当由有关责任方承担。由建设单位和施工单位共同商定经济处理办法。通常按照"谁的责任，由谁负责"的原则执行，具体规定如下：

① 施工单位未按国家有关规范、标准和设计要求施工造成的质量缺陷，由施工单位负责返修并承担经济责任。如果在合同规定的时间和程序内施工单位未到现场修理，建设单位可根据具体情况另行委托其他单位修理，所产生的修理费用由原施工单位承担。

② 由于勘察、设计方面的原因造成的质量缺陷，由勘察、设计单位承担经济责任，可由施工单位负责维修，其费用按有关规定通过建设单位向设计单位索赔，不足部分由建设单位负责协同有关各方解决。

③ 因建筑材料、建筑构配件和设备质量不合格引起的质量缺陷，属于施工单位采购的或经其验收同意的，由施工单位承担经济责任；属于建设单位采购的，由建设单位承担经济责任。

典型考题：
保修费用的处理

④ 由于发包人指定的分包人或者不能肢解而肢解发包的工程，导致施工接口不好，造成质量问题的，应由发包人自行承担经济责任。

⑤ 因使用单位使用不当造成的损坏问题，由使用单位自行负责。

⑥ 因地震、洪水、台风等不可抗力原因造成的损坏问题，施工单位、设计单位不承担经济责任，由建设单位负责处理。

⑦ 根据《中华人民共和国建筑法》第七十五条的规定，建筑施工企业违反该法规定，不履行保修义务或者拖延履行保修义务的，责令改正，可以处以罚款，并对在保修期内因屋顶、墙面渗漏、开裂等质量缺陷造成的损失，承担赔偿责任。

综合应用案例

【案例概况】

星海公司与某建筑公司签订一项建设合同。该项目为生产用厂房及部分职工宿舍、职工食堂等。施工范围包括土建工程和水、电、通风等安装工程。合同总价款为 5300 万元，建设期为两年。按照合同约定，建设单位向施工单位支付预付款和进度款，并进行工程结算。第一年已经完成 2500 万元，第二年应完成 2800 万元。

合同规定如下。

（1）业主应向承包商支付当年合同价款的 25% 作为预付款。

（2）施工单位应按照合同要求完成建设项目，并收集保管重要资料，工程交付使用后作为建设单位编制竣工决算的依据。

（3）除设计变更和其他不可抗力因素外，合同价款不做调整。

（4）施工过程中，施工单位根据施工要求购置合格的设备、工（器）具及建筑材料。

（5）双方按照《建设工程质量管理条例》第四十条规定确定建设项目的保修期限。

项目经过两年建设按期完成，办理相应竣工结算手续后，交付星海公司。建设项目中两个生产用厂房、职工宿舍、职工食堂发生的费用见表 8-3。

表 8-3 某建设项目有关费用表 单位：万元

项目名称	建筑工程费	安装工程费	设备购置费	生产工（器）具费
生产厂房	1900	300	320	40
职工宿舍	1100	180		20
职工食堂	900	150	120	30
合计	3900	630	440	90

第8章 建设工程竣工验收阶段建设工程造价控制与管理

其中生产工具未达到固定资产预计可使用状态，另外建设单位支付土地征用补偿费用450万元，购买一项专利权300万元，商标权25万元。

问题：

（1）建设单位第二年应向施工单位支付的工程预付款是多少？

（2）如果施工单位在施工过程中，经工程师批准进行了工程变更，该项变更为一般性设计变更，与原施工图相比变动较小。建设单位编制竣工决算时，应如何处理竣工平面示意图？

（3）建设单位编制竣工决算时，施工单位应该向其提供哪些资料？

（4）如果该建设项目为小型建设项目，竣工财务决算报表中应包括哪些内容？

（5）建设项目的新增资产分别有哪些内容？

（6）生产厂房的新增固定资产价值应是多少？

（7）建设项目的无形资产价值是多少？

（8）如果该项目在正常使用一年半后出现排水管道排水不畅等故障，建设单位应如何处理？

（9）该项目所在地为沿海城市，在一次龙卷风袭击后发生厂房部分毁损，产生维修费用40万元，建设单位应如何处理？

【案例分析】

（1）第二年建设单位向施工单位支付的预付款＝2800×25％＝700（万元）。

（2）按照规定：凡在施工过程中，虽有一般性设计变更，但能将原施工图加以修改补充作为竣工图的，可不重新绘制，由施工单位负责在原施工图（必须是新蓝图）上注明修改部分，并附以设计变更通知单和施工说明，加盖"竣工图"标志后，作为竣工图。

（3）施工单位向建设单位提供的资料包括：所有的技术资料、工程结算的经济资料、施工图纸、施工记录和各种变更与签证资料等。

（4）小型建设项目竣工财务决算报表的内容包括：建设项目竣工财务决算审批表、竣工财务决算总表、建设项目交付使用资产明细表。

（5）建设项目新增资产包括：新增固定资产和新增无形资产。

（6）生产厂房新增固定资产的价值包括：

分摊土地征用补偿费＝450×(1900/3900)≈219（万元）

生产厂房的新增固定资产价值＝1900＋300＋320＋219＝2739（万元）

（7）新增无形资产价值＝300＋25＝325（万元）。

（8）该故障在建设工程的最低保修期限内，建设单位应该组织施工单位进行修理并查明故障出现的原因，由责任人支付保修费用。

（9）龙卷风属于不可抗力因素。不可抗力因素导致的建设工程毁损所产生的维修费用，应由建设单位自行承担。

本章小结

本章结合全国造价工程师、一级建造师执行资格考试用书，详细阐述建设工程竣工验收、竣工决算和保修费用的处理。本章主要内容包括：竣工验收的条件、范围、依据、内容、程序；竣工决算的概念、作用、内容、编制步骤和新增资产价值的确定；保修的含义、范围、期限、保修费用的处理。

通过本章的学习，学习者能掌握我国建设工程竣工验收的方式和程序，能编制竣工决算，确定新增资产的价值，能区分实践中出现质量问题保修费用的处理。

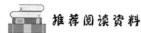

推荐阅读资料

1. 《建设工程计价》（全国造价工程师执业资格考试培训教材）
2. 《建设工程经济》（全国一级建造师执业资格考试用书）
3. 《建设工程造价案例分析》（全国造价工程师执业资格考试培训教材）

习 题

一、单项选择题

1. 发包人参与的全部工程竣工验收分为三个阶段，其中不包括（　　）。
   A. 验收准备　　　B. 预验收　　　C. 初步验收　　　D. 正式验收

2. 根据有关文件规定，建设竣工项目验收程序的第一步是（　　）。
   A. 承包人申请动用验收
   B. 承包人申请交工验收
   C. 承包人组织初步验收
   D. 承包人会同监理工程师现场初步验收

3. 属于小型项目竣工决算报表而不属于大中型项目竣工决算报表的是（　　）。
   A. 交付使用财产明细表　　　B. 竣工财务决算总表
   C. 竣工财务决算表　　　　　D. 竣工工程概况表

4. 在竣工决算报告情况说明书中，下列内容不属于资金来源及运用分析的是（　　）。
   A. 工程价款结算　　　　　　B. 竣工结余资金的上交分配情况
   C. 会计账务的处理　　　　　D. 债权债务的清偿情况

5. 下列不属于建设项目竣工决算报告情况说明书内容的是（　　）。
   A. 新增生产能力效益分析　　B. 债权债务的清偿情况分析
   C. 工程价款结算情况分析　　D. 主要实物工程量分析

6. 某建设项目，基建拨款为2000万元，项目资金为2000万元，项目资本公积金200万元，基建投资借款1000万元，待冲基建支出400万元，应收生产单位投资借款1000万元，基本建设支出3300万元，则基建结余资金为（　　）万元。
   A. 400　　　　　B. 900　　　　　C. 1300　　　　　D. 1900

7. 某建设项目及其主要生产车间的有关费用如表8-4所示，则该车间新增固定资产价值为（　　）万元。

表8-4　某建设项目及其主要车间的有关费用表　　　　　　　　　　　　　单位：万元

项目名称	建筑工程费	设备安装费	需安装设备价值	土地征用费
建设项目竣工决算	1000	450	600	50
生产车间竣工决算	250	100	280	

　　　　A. 645.37　　　　B. 830.00　　　　C. 642.50　　　　D. 792.70

8. 某工程竣工验收后确定新增资产价值。其中单位开办费100万元，勘察设计费10万元，土地使用费300万元，购入的软件费80万元，外购的专有技术费30万元，原材料费10万元。则应计入无形资产价值是（　　）万元。

　　　　A. 530　　　　B. 510　　　　C. 410　　　　D. 380

9. 某工程由于设计不当，竣工后建筑物出现不均匀沉降，保修的经济责任应由（　　）负责。

　　　　A. 施工单位　　　B. 设计单位　　　C. 建设单位　　　D. 勘察单位

10. 竣工决算是指（　　）。

　　　　A. 业主与承包商的最终决算
　　　　B. 甲乙双方签订的建筑安装工程承包合同终结的凭证
　　　　C. 建设工程从筹建开始到竣工交付使用为止的全部建设费用
　　　　D. 竣工验收时业主与承包商的结算

11. 在工程项目交付使用资产总表中，融资费用应列入（　　）。

　　　　A. 固定资产　　　B. 流动资产　　　C. 无形资产　　　D. 其他资产

12. 工程项目竣工投入运营后，生产准备费形成新增（　　）。

　　　　A. 固定资产　　　B. 流动资产　　　C. 无形资产　　　D. 递延资产

13. （　　）是承包方将所承包的工程按照合同规定全部完工交付之后，向发包单位进行的最终工程价款结算。

　　　　A. 竣工结算（乙方编制）　　　　B. 竣工决算（甲方编制）
　　　　C. 竣工结算（甲方编制）　　　　D. 竣工决算（乙方编制）

14. 新增固定资产价值的计算是以独立发挥生产能力的（　　）为对象的。

　　　　A. 建筑安装工程　　　　B. 单位工程
　　　　C. 建设项目　　　　　　D. 单项工程

15. 在竣工决算中，作为无形资产入账的是（　　）。

　　　　A. 通过政府无偿划拨的土地使用权
　　　　B. 土地使用权出让
　　　　C. 开办费
　　　　D. 广告宣传费

二、多项选择题

1. 建设项目竣工决算的内容包括（　　）。

　　　　A. 竣工财务决算报表　　　　B. 竣工决算报告说明书
　　　　C. 投标报价书　　　　　　　D. 新增资产价值的确定
　　　　E. 工程造价比较分析

2. 按照国务院颁布的《建设工程质量管理条例》，下列有关保修期的确认，正确的是（　　）。

　　　　A. 基础设施工期50年
　　　　B. 屋面防水工程、有防水要求的卫生间、房间和外墙面的防渗漏，为5年
　　　　C. 供热与供冷系统，为2个采暖期和供热期

  D. 电气管线、给排水管道、设备安装和装修工程，为 2 年

  E. 建设工程的保质期，自工程开工日起计算

3. 下列各项在新增固定资产价值计算时应计入新增固定资产价值的是（　　）。

  A. 建成的附属辅助工程

  B. 单项工程中不构成生产系统，但能独立发挥效益的非生产性项目

  C. 开办费、以经营租赁方式租入的固定资产改良工程支出

  D. 凡购置达到固定资产标准不需安装的工（器）具

  E. 属于新增固定资产价值的其他投资

4. 按照国务院颁布的《建设工程质量管理条例》，下列工程内容保修期为 5 年的是（　　）。

  A. 主体结构工程　　　　　　　　　B. 外墙面的防渗漏

  C. 供热与供冷系统　　　　　　　　D. 装修工程

  E. 屋面防水工程

5. 新增资产分为（　　）。

  A. 固定资产　　　　　　　　　　　B. 流动资产

  C. 无形资产　　　　　　　　　　　D. 递延资产

  E. 其他资产

6. 建设工程竣工决算时，计入新增固定资产的有（　　）。

  A. 生产准备费　　　　　　　　　　B. 工程监理费

  C. 土地使用权出让金　　　　　　　D. 联合试运转费

  E. 预备费

7. 竣工决算的编制依据有（　　）。

  A. 经批准的项目建议书及其投资估算

  B. 竣工图及各种竣工验收资料

  C. 经批准的施工图设计及其施工图预算

  D. 设计交底或图纸会审纪要

  E. 招投标的标底、承包合同、工程结算资料

8. 建设工程竣工决算的编制步骤有（　　）。

  A. 收集、整理、分析原始资料

  B. 清理各项财务、债务和结余物资

  C. 对照、核实工程变动情况，重新核实各单位工程、单项工程造价

  D. 编制建设工程竣工决算说明

  E. 按规定上报、审批、存档

9. 大中型建设项目竣工财务决算报表与小型建设项目竣工财务决算报表相同的有（　　）。

  A. 工程项目竣工财务决算审批表

  B. 大中型工程项目概况表

  C. 大中型工程项目竣工财务决算表

  D. 小型工程项目竣工财务决算总表

E. 工程项目交付使用资产明细表

10. 无形资产包括（　　）等。
    A. 专利权　　　　　　　　　　B. 商标权
    C. 专有技术　　　　　　　　　D. 著作权
    E. 土地使用权

三、简答题

1. 简述建设工程竣工验收的条件。
2. 建筑工程验收包括哪些内容？
3. 竣工决算与竣工结算有何区别？
4. 确定新增固定资产价值时，共同费用如何分摊？
5. 国务院颁布的《建设工程质量管理条例》是如何规定建设工程保修期限的？

四、案例分析

1. 某一大型建设项目2021年开工建设，2022年年底有关财务核算资料如下。

(1) 已经完成东区工程建设（包括两个单项工程），经验收合格后，已经交付使用，待核定的资产包括以下。

① 建筑安装工程投资18200万元，折旧年限为40年；
② 机器设备价值为10350万元，折旧年限为12年；
③ 建设单位管理费为300万元；
④ 勘察设计费为700万元；
⑤ 土地征用费3000万元；
⑥ 为生产准备的、使用年限在一年以内的备品备件、设备及工（器）具等流动资产价值6800万元，期限在一年以上、单位价值在800~1500元的工具60万元；
⑦ 建造期间购置的专利权、非专利技术等无形资产12000万元，摊销期5年；
⑧ 筹建期间发生的开办费80万元。

(2) 基本建设支出的项目（在建工程）包括以下几点。

① 建筑安装工程支出25400万元；
② 设备及工（器）具投资18700万元；
③ 建设单位管理费、勘察设计费等待摊投资500万元；
④ 通过出让方式购置的土地使用权形成的其他投资230万元。

(3) 其他资金占用包括以下几点。

① 非经营项目发生待核销基建支出60万元；
② 应收生产单位投资借款1500万元；
③ 购置需安装的器材50万元，其中待处理器材20万元；
④ 货币资金600万元；
⑤ 预付工程款及应收有偿调出器材款20万元；
⑥ 建设单位自用的固定资产原值43200万元，累计折旧5800万元。

(4) 反映在资金平衡表上的各类资金来源的期末余额包括以下几点。

① 预算拨款70000万元；
② 自筹资金拨款40000万元；

③ 其他拨款 320 万元；

④ 建设单位向商业银行借款 10000 万元；

⑤ 建设单位当年完成交付生产单位使用的资产价值中，250 万元属于利用投资借款形成的待冲基建支出；

⑥ 应付器材销售商 20 万元贷款和尚未支付的应付工程款 120 万元；

⑦ 未交税金 40 万元；

⑧ 其余为法人资本金。

问题：

(1) 根据表 8-5 的数据确定东区两个单项工程的新增固定资产价值。

表 8-5 分摊费用计算表　　　　　　　　　　单位：万元

项目名称	建筑工程费	安装工程费	需安装设备价值	不需安装设备价值	达到固定资产标准的工（器）具费	合计
生产车间	5200	6000	8000	1400	500	21100
辅助车间	3000	4000	250	100	100	7450
合计	8200	10000	8250	1500	600	28550

(2) 填写交付使用资产与在建工程数据表（表 8-6）中的数据。

表 8-6 交付使用资产与在建工程数据表　　　　　　单位：万元

资金项目	金额	资金项目	金额
（一）交付使用资产		（二）在建工程	
1. 固定资产		1. 建筑安装工程投资	
2. 流动资产		2. 设备投资	
3. 无形资产		3. 待摊投资	
4. 递延资产		4. 其他投资	

(3) 编制大中型建设项目竣工财务决算表（表 8-7）。

表 8-7 大中型建设项目竣工财务决算表　　　　　　单位：万元

资金来源	金额	资金占用	金额	补充资料
一、基建拨款		一、基本建设支出		1. 基建投资借款期末余额
1. 预算拨款		1. 交付使用资产		
2. 基建基金拨款		2. 在建工程		2. 应收生产单位投资借款期末余额
3. 进口设备转账拨款		3. 待核销基建支出		
4. 器材转账拨款		4. 非经营项目转出投资		3. 基建结余资金
5. 煤代油专用基金拨款		二、应收生产单位投资借款		
6. 自筹资金拨款		三、拨款所属投资借款		

（续）

资金来源	金额	资金占用	金额	补充资料
7. 其他拨款		四、器材		
二、项目资本金		其中：待处理器材损失		
1. 国家资本		五、货币资金		
2. 法人资本		六、预付及应收款		
3. 个人资本		七、有价证券		
三、项目资本公积金		八、固定资产		
四、基建借款		固定资产原值		
五、上级拨入投资借款		累计折旧		
六、企业债券资金		固定资产净值		
七、待冲基建支出		固定资产清理		
八、应付款		待处理固定资产损失		
九、未交款				
1. 未交税金				
2. 未交基建收入				
3. 未交基建包干节余				
4. 其他未交款				
十、上级拨入资金				
十一、留成收入				
合计		合计		

（4）计算基建结余资金。

第8章
在线答题

参 考 文 献

陈正，涂群岚，2006. 建筑工程招投标与合同管理实务[M]. 北京：电子工业出版社.

董洪日，2003. 社会主义市场经济概论[M]. 济南：山东大学出版社.

金敏求，2003. 建筑经济学[M]. 2版. 北京：中国建筑工业出版社.

林密，2013. 工程项目招投标与合同管理[M]. 3版. 北京：中国建筑工业出版社.

刘力，钱雅丽，2007. 建设工程合同管理与索赔[M]. 2版. 北京：机械工业出版社.

刘诗白，2011. 社会主义市场经济理论[M]. 2版. 成都：西南财经大学出版社.

全国二级建造师执业资格考试用书编写委员会，2018. 建筑工程管理与实务[M]. 北京：中国建筑工业出版社.

全国建设工程招标投标从业人员培训教材编写委员会，2002. 建设工程招标实务[M]. 北京：中国计划出版社.

全国一级建造师执业资格考试用书编写委员会，2022. 建设工程经济[M]. 北京：中国建筑工业出版社.

全国一级建造师执业资格考试用书编写委员会，2019. 建设工程项目管理[M]. 北京：中国建筑工业出版社.

全国造价工程师执业资格考试教材编审委员会，2017. 建设工程计价[M]. 北京：中国计划出版社.

全国造价工程师执业资格考试培训教材编审委员会，2017. 建设工程造价案例分析：2017年版[M]. 北京：中国城市出版社.

全国造价工程师执业资格考试培训教材编审委员会，2017. 建设工程造价管理[M]. 北京：中国计划出版社.

王俊安，2005. 招标投标案例分析[M]. 北京：中国建材工业出版社.